建筑改造设计策略

张鹏举　刘　恒◎著

中国建筑工业出版社

图书在版编目（CIP）数据

建筑改造设计策略 / 张鹏举，刘恒著. —北京：
中国建筑工业出版社，2024.4
ISBN 978-7-112-29468-8

Ⅰ.①建… Ⅱ.①张… ②刘… Ⅲ.①建筑物－改造
Ⅳ.①TU746.3

中国国家版本馆CIP数据核字（2023）第244895号

责任编辑：刘　静　徐　冉
责任校对：赵　力

建筑改造设计策略
张鹏举　刘　恒　著
*
中国建筑工业出版社出版、发行（北京海淀三里河路9号）
各地新华书店、建筑书店经销
北京锋尚制版有限公司制版
北京富诚彩色印刷有限公司印刷
*
开本：787毫米×1092毫米　1/16　印张：18　字数：363千字
2024年4月第一版　2024年4月第一次印刷
定价：**128.00**元
ISBN 978-7-112-29468-8
（42211）

摘　要

本书在背景概述的基础上，总结归纳了建筑改造的设计策略，形成与《建筑设计资料集》（第三版）第8分册“建筑改造设计”专题并行且互为补充的设计参考书。本书抛开改建、增建、保护等类型以及规划、布局、功能等范畴的研究角度，从改造的共性问题出发，分为提升物理性能和营造空间品质两大策略：前者立足于建筑本体，是建筑改造设计不可回避的基础策略；后者拓展至使用者主体，是建筑改造设计关注空间感受的主题策略。在此基础上，以不同类型的案例分析为主要方式，总结建筑改造策略的统合、多效问题，使众多个体策略经统合后达到少用功、多效能的目的，即用一个或尽可能少的策略照应多个问题，从而使建筑改造设计趋于简明、更加绿色，同时也贴合设计工作的综合属性。

全书结构采用类导则形式，整体内容力争图文并茂，所选案例均为国内外优秀案例，同时，为方便读者参阅，每个案例均绘制对应的分析导图，希望对保护、改建、增建等建筑改造设计类型均有参考价值。

序

二十多年前，我第一次去欧洲参加在巴黎举办的当代中国建筑展。展览地点在德方斯大广场下的一个展厅内。从展厅走上广场便是宏伟的新凯旋门和周边高大靓丽的现代化建筑群，那景象让我们十分激动，大家纷纷拿出相机拍个不停。那次在巴黎逗留期间，我还碰到一个热情的法国青年建筑师，他请我去家中做客。闲聊中我问他有没有设计些作品，他略有羞涩地说："我们这些小建筑师哪有机会设计那些大建筑啊，我的工作就是给一些老房子修修补补、刷刷涂料、改改内装，虽然赚不了几个钱，但还是很有意思的。"他带我到巴黎的老城里去逛，边走边讲，讲沿街建筑的历史和更新，让我看到了这座美丽城市的另一副面孔所透出的不断更新和进化的生命力。

之所以回想起这段往事，是因为张鹏举大师和刘恒编著了这本《建筑改造设计策略》。我翻看书中的优秀案例时不禁感慨，城市生长的规律不以人的意志为转移，二十多年前（也许更长）欧洲城市已经进入停滞和更新的阶段，今天也轮到了我们。看来是早晚的事儿！

这两年经济下行、地产下滑，建筑设计行业忧心忡忡。存量发展怎么做？城市更新如何推动？建筑少拆多留、改造利用是否可行，投入有多大，如何可持续？疏解和收储之后城市的活力还要不要？一大堆问题摆在我们面前，令人困惑。记得前些年就在一个旧改的项目现场，听到某位领导说：我们以前都会"大干快上"，擅长把城市搞热闹了，现在要疏解，要学会让城市安静下来，要换个思路。当时大家都很惊愕，不理解，没想到让领导言中了。的确，做城市更新、既有建筑改造不仅要换个思路，主要还是要换个态度，要从快变到慢，要从异想天开变到处处受限，要从主观介入变到客观观察，要从一招制胜变到耐心陪伴，要从大刀阔斧变到“绣花”功夫。总之，随着城市静下来，我们也要静下来。只有静下来，才能在庞杂的城市中发现值得珍惜的东西；只有静下来，才能在破旧的建筑中厘清思路、找准问题、对症下药、精准设计；只有静下来，才能想出少花钱、多办事、办好事的好招，才能找到那个“巧”字。

但是时间不等人啊！在许多人还没从灰心、抱怨、浮躁中静下来的时候，各个城市的更新工作就已经启动，在许多人还没有掌握城市更新的要点和建筑改造的方法时，项目和任务就已经摆在了眼前，还是要快、要好。因此鹏举和刘恒两位编著的这本书就正逢其时、正当其用。这里不仅有国内外优秀的案例，还有依据这些案例提炼出的设计方法，不仅有文字的要点，也有分析的简图，清晰地表述了建筑改造中保什么、留什么、用什么的思路，易懂、可学、管用。相信建筑师看了这本书，除了可学到旧改中的设计方法和技术之外，也可以对旧改中的创新更有信心。相信业主看了这本书，除了看明白这些旧建筑的使用价值之外，也可以对投资成本心中有底。相信政府领导看了这本书，除了对城市存量发展做到心中有数，也会对新旧融合的更新美、有历史信息的文化美、有循环经济价值的绿色美、有理性创新的朴素美的认识有所提高。

我赞美这本书的出版，也期待它能发挥应有的作用！

崔愷

2023年7月24日

前　言

关于建筑改造设计，《建筑设计资料集》（第三版）第8分册在“建筑改造设计”专题的总论中作如下定义：“建筑改造设计，指根据城市发展需要和大众生活需求，使不同类型既有建筑物的功能、体量、结构及使用性能等方面发生变更，以合理化建筑物的使用状况、延长建筑生命周期、提高环境质量的再设计活动。包括对既有建筑进行改建、扩建（加建）等方面的再设计。”

既有建筑改造，是对资源持续利用的重要体现。应该说，改造活动自人类兴建永久性房屋时就开始了，在漫长的社会发展进程中，改造脉络时隐时现。多数时候，改造活动流于形式或仅作为一种临时的应对措施而被忽视，真正开展大规模的持续性的改造再利用活动则是在能源危机之后，而当下的“低碳建造”更是把基于资源利用、注重改造的建设方式普遍上升为国家和地区的一项重要政策。

在我国，随着城镇化水平的提升、建筑存量的增加，既有建筑改造的量也在逐年增加。如何使既有建筑改造尽快步入良性发展轨道，自然成为我国当前可持续发展的一项要务，也成为全社会特别是建筑设计研究人员的普遍共识。因此，在对改造意义和改造原则具有普遍认知的情况下，面向具体操作的改造策略就显得十分重要。近几年，很多建筑师都不同程度地有了改造设计的实践经历，也建成了许多成功的经典作品。那么，归纳其成功的设计经验，尤其是总结出超越类型的改造设计策略，是广大建筑师和建筑院校师生所迫切需要的。

立足于此，本书所作的策略归纳依据与设计关联的程度和顺序，分为提升物理性能和营造空间品质两大部分：前者是任何一项改造设计都面临的基础设计工作，包括处理场地、保障安全、改良性能、更新界面等，是针对建筑本体的物理策略，与技术性的处理有关；后者是在前者基础上的再次提升，包括传承记忆、建立秩序、营造氛围、提升功效等，是针对人的体验和感受的场所策略，与空间性的组织有关。

以上述内容为主体构成的策略部分（对应书中的贰、叁），是本书的核心内容。其前面的绪论（对应书中的壹）梳理了建筑改造设计的发展历程、内容、模式，是主体策略部分的铺垫；其后面安排了“改造案例与策略统合”（对应书中的肆），以综合呈现优秀案例的方式，总结多种策略在一个项目中的统合问题，意在强调少用功、多效能，使建筑改造设计趋于简明、绿色，是对单独提炼的策略在完整性上的补充。

需要说明的是，为便于查找参考，主体策略部分（贰、叁）采取类导则的呈现方式，每个部分分解为词条式独立策略。为便于解读，每项策略附一二案例，并用分析图的方式呈现策略的具体做法。同时，两大策略按内容类别使用不同颜色，再用字母编码，进行分类表述，因此，策略部分在书中自成独立系统，并呈开放状态，便于增减。

本书由中国建筑工业出版社建筑与城乡规划图书中心徐冉主任发起，她参与了编撰全过程，并对内容、结构提出了极有建设性的意见。特别要说明的是，本书编写工作还得到了崔愷院士的全程指导和支持，并亲自作序，在此深表感谢。

张鹏举

2023年秋

目　录

摘要

序

前言

壹 绪论　001

建筑改造设计的历程　002

国外建筑改造设计的历程　002

国内建筑改造设计的历程　007

建筑改造设计的内容与模式　013

改造设计的内容　013

改造设计的模式　018

建筑改造设计的策略　024

提升物理性能　024

营造空间品质　027

贰 提升物理性能 031

A 处理场地 032

A1 城市界面接驳 033
A2 既有环境利用 035
A3 建筑废渣处理 038

B 保障安全 042

B1 结构被动加固 043
B2 局部主动加强 046

C 改良性能 047

C1 基础性能匹配 048
C2 过渡空间利用 052
C3 自然通风采光 056
C4 设备体系优选 061

D 更新界面 063

D1 屋面界面优化 064
D2 外墙围护提升 068
D3 局部构件改良 072

叁 营造空间品质 077

E 传承记忆 078

E1 旧痕再现与重塑 079
E2 新旧并置与互融 083

F 建立秩序 087

F1 秩序延续 088
F2 秩序重构 091

G 营造氛围 094

G1 光氛围营造 095
G2 时间性氛围营造 100

H 提升功效 105

H1 提升空间的当下功效 106
H2 提升空间的持久功效 110

肆 改造案例与策略统合 115

功能确定的改造案例与策略统合 116

01 隆福大厦改造 118

02 “仓阁”首钢工舍智选假日酒店 124

03 江苏省园艺博览会主展馆A筒仓改造 130

04 文里·松阳三庙文化交流中心 136

05 金陵美术馆 142

06 艺仓美术馆 148

07 成府路150号 154

08 贵州美术馆 160

09 角门西改造 166

10 北京首钢三高炉博物馆及全球首发中心 172

11 北京首钢六工汇购物中心 178

12 内蒙古工业大学建筑馆 184

功能弹性的改造案例与策略统合 190

01 锦溪祝家甸砖厂改造 192

02 雄安设计中心 198

03 陶溪川国际陶瓷文化产业园示范区实施规划设计及陶瓷工业博物馆、美术馆建筑设计 204

04 绿之丘 杨浦滨江原烟草公司机修仓库改造 210

05 民国小院改造 216

06 798CUBE美术馆 222

07 熙南里大师工作室 228

08 沙井村民大厅 234

09 所城里社区图书馆 240

10 南京小西湖街区的保护与再生——花迹行旅 246

附录 国内外优秀建筑改造案例简明信息 252

图片来源 266

后记 274

壹

绪论

建筑改造设计的历程

建筑改造设计的内容与模式

建筑改造设计的策略

建筑改造设计的历程

建筑改造活动古已有之，国外和国内的状况差别极大，发展历程也非常不同，而有意识的改造设计活动更是在起步时间、系统性、目标、内容等方面都有明显差异。西方国家既有建筑改造更新活动已经持续了五十多年，而我国则刚刚兴起二十余年，同西方国家相比，我国起步较晚、差距较大。

国外建筑改造设计的历程

国外建筑改造设计的历程可以追溯到古代欧洲。

欧洲奴隶制时期，建筑改造主要有以古希腊为代表的功能性扩建和以古罗马为代表的由神权主导的纪念性建筑的更新和修复。

中世纪欧洲的建筑改造主要围绕神权展开，集中于教堂、清真寺等大型宗教建筑，圣索菲亚大教堂的改造是最著名实例。

欧洲资本主义萌芽时期，建筑改造的对象从宗教建筑逐渐转向公共建筑，产生了众多享誉后世的作品，如帕拉第奥的维琴察巴西利卡改造。此时期，教会仍是制约和影响建筑改造发展的重要因素，圣彼得大教堂反复的拆、改、建过程是人文主义和教会旧势力斗争的集中反映。

法国古典主义时期，改造的数量、类型都有一定程度的扩大，总体而言是绝对君权主导下的“官方”建筑更新，以宫殿的改扩建最为典型，如凡尔赛宫的改扩建和卢浮宫东立面的改建。

资产阶级革命时期，社会形态的变更及现代城市的形成对建筑的发展提出了新的要求。同时最早进行资产阶级革命的英国经历了封建复辟和立宪，建筑更新表现出较为强烈的封建色彩，较为著名的实例有索莫塞特大厦改扩建和罕帕顿宫改建等。

18世纪，工业革命持续推进，人口的激增同旧体系之间的矛盾日益尖锐，从根本上动摇了持续数千年的建筑体系和思想，如法国的启蒙运动，通过回归传统理性，探讨了古典主义形式的精神实质，并试图建立新的建筑体系和秩序。

19世纪至20世纪初，新建筑在快速城市化对建筑的新要求和技术、材料快速发展的共同作用下诞生了，为以替换结构和构件为更新手段的建筑改造提供了可能性，如夏特尔教堂的木屋顶被金属结构替换。此时期，对于处于现代化进程中的欧洲，温柔、折中地对旧建筑体系进行缓慢改良显然无法解决新社会与生产之间的矛盾，相对于改造，“大拆大建”更具有时代的适宜性。

总体上，旧建筑的改造和再利用并不是资产阶级革命时期建筑发展的主题。但是对旧建筑的大规模拆除，唤醒了社会对古代建筑遗存和遗产保护的意识。开始于此，出于保护目的进行的历史建筑修缮型更新，就成为西方19世纪到20世纪70年代建筑更新领域的主流思想和方式。建筑理论家勒-杜克关于历史建筑保护的风格性修复理论对世界建筑保护研究和实践的影响一直持续至今，其基本思想是新增的建筑元素尽可能与想象中的原建筑保持一致，尽量将历史建筑或古迹修复至“可能的原貌”状态。巴黎圣母院修复工程就是在此理论指导下最为经典的实践之一。

西方现代时期（1919年至今），建筑发展同生产力变革息息相关，据此旧建筑改造的发展可分为四个阶段：1919年至二战结束、20世纪50年代至70年代初、20世纪70年代至20世纪末及新世纪以后。

两次世界大战带来的混乱和萧条，使建筑改造陷入停滞，仅有局部的亮点支撑着支离破碎的发展脉络。1939年阿尔瓦·阿尔托设计的纽约世界博览会芬兰馆是对旧工业建筑的改造，突破了两次世界大战前后建筑改造领域以历史建筑为对象的“惯例”。相对于历史建筑，工业建筑的改造限制较少，可以更大地激发建筑师的热情，阿尔瓦·阿尔托的实践对后世工业建筑的改造影响深远。

世界大战的摧残使西方学界在厌战情绪的主导下对20世纪以来建筑的发展进行了反思。现代建筑作为新生事物在技术、手段和思想上为旧建筑改造提供全新支持的同时，也在一定程度上限制了其发展。出人意料的是，受战争损毁最大的意大利和德国成为建筑更新领域的先锋。

意大利在建筑改造上延续了二战前关于传统建筑再利用的思想并在现代建筑体系的支撑下有了新的发展。卡洛·斯卡帕是此时期意大利历史建筑更新领域最杰出的代表。他反对以旧形式、旧秩序主导建筑更新，主张通过植入当代的形式、材料、技术及秩序使其具有强烈的“时代识别性”和清晰的“历史透明度”。维罗纳古堡博物馆作为其历史建筑改造的经典作品在场地梳理、景观布置、建筑修复、功能植入、秩序重组、视线引导、构件替换等方面集中体现了其对于新旧关系的把控（图1）。

二战后德国对于旧建筑的更新相对保守，精心修复并保留了城市重建和更新中残存的历史建筑痕

图1　意大利维罗纳古堡博物馆

迹。对于少量的文物式历史建筑的更新，因功能植入的限制与社会对大量性的功能需求存在矛盾，并非当时建筑改造发展的主流。但以慕尼黑老艺术馆内部空间改造为代表的对于新旧关系判断和重组的尝试，为日后建筑更新领域的发展进行了有益的探索。

1964年的《威尼斯宣言》从思想上使旧建筑更新重新回到了学界重点关注的范围。以此为起点，如何使旧建筑在满足社会新需求的基础上实现物质和精神生命的延续与发展成为建筑改造领域思考的重点。与之相适应，以功能移植和置换为主要目的的工业建筑改造成为此时的实践主流。美国旧金山吉拉德里广场、英国斯内普麦芽音乐厅就是工业建筑改造的早期试验。

20世纪70年代两次石油危机的爆发成为欧美建筑改造领域发展的转折点。相较于新建，对旧建筑的再利用是解决社会需求更经济、更有效、更直接的途径。在此背景下，各国分别出台了旧建筑改造方面的政策和规范。经济的萧条和产业的转型使大批工厂失去了原有的活力，加之工业建筑本身的空间特征为功能置换提供了更大的灵活性，工业建筑的更新进入发展的高潮。在其改造优势带动下，改造的对象逐渐向公共建筑和居住建筑方向拓展。同时，对于能耗和室内环境的关注，也使得改造的层面不仅限于功能和形式的更新，旧建筑物理性能的提升和优化逐渐成为更新的重要内容。

20世纪70年代到20世纪末是西方建筑学多元发展的繁荣时期。建筑改造作为行业繁荣的组成部分，也是建筑师研究、实践的重点，建筑改造都带有建筑师明显的个人倾向。

贝聿铭以空间、形式、材料、技术的深度推敲和抽象运用来表达他对建筑及其社会责任的深刻理解。在建筑改造方面，其最具影响力的作品当属法国卢浮宫改建。贝聿铭通过“消隐”的手段实现了新旧关系的和谐。他将新的功能主体置于地下，最大限度地保护了卢浮宫及外部空间的原有秩序，同时以纯净的、若隐若现的玻璃金字塔作为整个博物馆新秩序的起点，在历史文物中若有若无地留下了新时代的印记（图2）。

图2　法国卢浮宫

让·努维尔常通过玻璃、钢和光的运用塑造出极具视觉冲击的建筑空间和形象以呼应社会对于文脉传承的心理需求。对于努维尔而言，建筑不是最终结果，而是社会、文脉、地区、时代用来传达信息的一种符号或片段。在贝尔福市立剧院改造中，他通过极富“反喻”意味的手法，以“粗暴”的整体切割方式将建筑的剖面戏剧性地转化为建筑立面。

詹姆斯·斯特林认为，后现代建筑应具有清晰的、可识别的历史根源，同时也需要和所在的建成环境产生复杂的联系。利物浦泰特美术馆是其主持的基于利物浦阿尔伯特码头仓库的改造项目，斯特林通过符号化的手法和“不合时宜”的尺度对比在建筑内外形成对历史的“反喻”和形式的转换，有意在视觉上形成新、旧建筑语言的不断碰撞和混乱。

弗兰克·盖里的解构主义倾向影响了他在建筑更新实践中对于新旧矛盾的处理。盖里对自己位于加州的住宅的改建，通过片段拼接的手法在建筑内外创造出一种“未完成”的、不稳定的杂乱状态。从发展脉络上说，盖里自宅的改建并非出于再利用的目的，对于本体的更新多存在于形式层面、出于自身设计思想和哲学的表达，更像是一个试验品，是一个“非典型”的更新作品。

伯纳德·屈米作为解构主义建筑理论的领军人物，对二元对立的思想进行了进一步的挖掘，认为在建筑更新中应将新、旧元素分解后进行重构，形成更为开放和对立并存的局面。在弗雷斯诺国立当代艺术学校改造中，屈米通过不断强化建筑元素的“拆分”，不分主次地叠合创造出“毫无章法”的建筑形象，给人们创造了更多主观自由的判断空间（图3）。

作为高技派的代表，诺曼·福斯特的作品和思想

图3　法国弗雷斯诺国立当代艺术学校

一直体现着时代技术发展和建筑的高度关联性。德国新国会大厦是其技术倾向同生态、历史、美学结合的集中体现。不仅在不同层面实现了当代技术与建筑、美学、文化的高度融合，在改造项目的物理性能提升方面也突破了“修修补补”的方式，开创了适宜技术主导的建筑物理环境同自然生态系统和谐的先河，对建筑更新领域的影响极为深远（图4）。

二战后，西方建筑更新领域呈现出百花齐放的繁荣景象，在实践中产生的不同倾向为新世纪建筑更新领域作出了有益的探索和铺垫。新世纪以来，国外建筑改造领域延续了上一阶段的繁荣局面，并在此基础上有了新的发展倾向。

数次世界性的能源危机使得各国认识到对环境尊重和保护的重要性。在建筑更新领域，大量的旧建筑在设计和建造时缺乏对环境和能耗的必要关注，造成了大量的能源消耗、浪费，故以提升旧建筑物理性能和生态性能为目的的更新研究和实践，成为新世纪建筑更新的重要发展方向。

图4　德国新国会大厦

德国在对旧建筑物理性能和生态性能提升方面表现较为突出。20世纪70年代便颁布和实施了第一部关于建筑节能的技术性法规，将建筑节能提升到国家政策的高度，并进行了不同方面的研究和尝试，其中以“被动房”最为典型。被动房是指不需要额外采暖或制冷，单纯利用太阳能和周边自然环境能源即可满足室内环境舒适度要求的建筑。在被动房思想的影响下，21世纪以来，欧洲几乎所有的改造项目都考虑和采取了节约能耗的相关策略。赫尔佐格和德梅隆主持改造的位于瑞士巴塞尔的SUVA办公楼虽然实施于1993年，但在其更新过程中已表现出明显的节能思想。赫尔佐格和德梅隆为始建于1950年的老建筑盖上了新的复合玻璃表皮。在表皮中集成了遮阳、保温、隔热、被动式通风、被动式采光和太阳能温控等策略和技术，以实现对建筑室内环境的调控，同时达到了降低建筑使用能耗的目的。

除了对能耗的关注，西方建筑更新领域更加理性地关注更新对象对于城市空间的作用和情感的表达。纽约的高线公园就是典型代表，其改造前是将本应连贯的城市空间粗暴地分成两部分的一条废弃高架铁路。更新分为三个阶段，第一阶段从功能性出发，主要对铁路两侧的植物进行保留和修剪，并对铁路中的主要节点加以改造和利用，以作为周边居民的公共活动空间；第二阶段从历史记忆的保留和激发更新的角度出发，保留了铁路原生的“野性”片段，并植入更新的“激发点”，使其产生历史记忆和更新痕迹的强烈对比，从行为和精神双重维度给参观者和使用者提供发挥其自主性的空间；第三阶段与城市物质空间及场所精神进一步融合，通过自然环境和场所的保留和组织，强化城市历史记忆和更新环境的对比。整个公园消隐于城市的固有肌理之中，成为切尔西西区的“过渡廊道”。

21世纪以来，工业化的建造方式以其低廉的成本和较短的建造周期成为建筑发展的方向之一，也为建筑更新提供了更多方式和可能性。GMP设计的位于慕尼黑的伊萨尔爱乐音乐厅由文物保护建筑——变电站E馆改扩建而成。更新项目采用了模块化的设计和建造方式，在有限的时间和预算内，通过工业化的设计和建造手段为业主提供了国际标准的音响效果与高品质的演出氛围。

整体来说，21世纪以来，国外建筑更新领域呈现出更加多元的发展方向，可以概括为以下几点：

（1）物质与精神并重：既有建筑的更新最初源于对于物质资源的尊重和再利用，经过长期的实践和研究，旧建筑中蕴含的地域及历史意义逐渐被发现，以改造对象为物质载体在精神层面实现了保留与延续。

（2）技术与文脉并重：技术的革新是建筑发展的动力和手段而非最终目的，建筑发展的一个任务是对文脉的记录和传承。相较于新建筑，通过旧建筑的改造和再利用实现文脉的保留与传承是更为直接的手段，成为新世纪建筑更新的发展趋势之一。

（3）效率与生态并重：建筑作为人类文明的物质载体，效率和生态之间的矛盾日益明显。从辩证的角度来讲，建筑更新的出发点即是对效率和生态这一对矛盾的有效化解。相较新建筑，改造可实现对旧建筑的快速转化，再利用也可减少对物质资源的浪费，同时在这一趋势下，改造中对建筑物理性能的关注也由原本的对耐久性、安全性的保障层面扩展到对生态性能和能源效率的提升层面。

（4）多重目标与多重策略的融合：21世纪的建筑更新领域对于以上三对矛盾的化解并不是孤立存在的，物质与精神的统一包含了对技术与文脉的重视；技术的发展为化解效率、生态之间矛盾提供了物质基础；效率与生态的和谐亦是对物质本体的尊重。建筑更新的多重目标是一个完整的闭环，多目标导向下的更新策略之间也存在纷繁复杂的关系，故对于建筑更新的解读和研究并不能以单一的“倾向”概而论之，需要以系统化的思维去判断和解决新时代建筑改造中的各类问题。

国内建筑改造设计的历程

我国古代，改造并不是建筑发展的主流，由于木构架建筑保护较为困难，留存至今的实例很少。

从零散的实例入手可将我国古代建筑改造的特点归结如下：①以统治阶级巩固政权为目的的大型建筑改造和民间自发的建筑修缮为主；②木构建筑单体难以实现自身体量的改变，多以建筑群的更新为主；③功能置换较少，大型建筑的改造往往从礼制、等级层面出发以强化政权和统治，普通建筑则以提升或维持建筑使用性能为目的。总体看来，由于社会生产力的限制，我国古代建筑的改造活动仅在传统体系内发展，在技术、艺术及思想层面并无太大突破，难以形成体系，对后世影响较小。

1840年，我国被动开启了从传统建筑到现代建筑的过渡。物质层面上，建筑改造的最根本动因在于旧建筑对于社会生产力发展及其需求的不适应，近代中国社会的剧烈动荡和变化，使这种不适应表现得尤为突出。我国近代建筑对于西方先进生产力的被动式适应主要表现在两方面：①以旧建筑体系为基础，根据新功能的需求进行程度有限的改造；②通过新的建筑类型和体系满足时代及生产力发展的需求。

从与现代建筑体系融合程度上看，此时旧建筑改造大致经历了两个阶段。①19世纪中后期，木构建筑退出了历史舞台，对传统建筑进行程度有限的改造以实现对于新需求的被动适应，北京东安市场、北京仁立地毯公司王府井铺面和上海杨树浦电厂五号锅炉间是此时期对于传统建筑改造较为典型的实例。②19世纪末到20世纪中，在传统建筑和现代建筑的不断融合中，我国的近代建筑体系基本形成，建筑改造的对象也由传统建筑转向近代建筑。对象的改变和技术进步使改造由原先简单的功能、空间更新发展成对建筑体量的改造。

此时，以杨廷宝先生为代表的留洋建筑师，通过大量的更新实践，为我国近代建筑改造作出了有益的探索。“在完整的建筑群中修建和扩建有时并不一定需要表现你设计的那个个体，而要着眼于群体的协调”，这体现了杨廷宝先生在建筑改扩建中处理新旧关系的协调、统一的思想。其作品，无论在整体布局、功能流线还是在比例、尺度、材料、颜色，都很好地实现了与原有建筑的协调，其实践和思想对于我国近代、现代的建筑改造更新具有积极的探索意义（表1）。

此时期，改造活动没有得到很好的重视，拆除或被动沿用仍然是对于旧建筑常规的处理方式，但从我国近代建筑改造的对象、手段及发展历程中可以看出，此时期的建筑改造活动是我国新旧建筑文化碰撞、适应、融合并动态发展的物质体现，在我国建筑的现代化过程中起到了积极的承上启下的作用。

建筑的演变、发展是时代政治变革、经济发展的外化表现。按照1949年后我国政治、经济变革和发展对建筑学科的影响，可将建筑改造的发展分为1949年至1976年、1976年至2000年、2000年以后三个阶段。

1949年至1976年间，由于政治、经济的特殊情况，我国建筑学科的发展呈现停滞的状态。政治环境的不断变化、经济条件和社会状况的限制，对建筑学的发展产生制约，建筑改造在古已有之的“破旧立新”思想下更是无生存余地。在总体

杨廷宝主持、参与建筑更新项目一览表 表 1

时间（年）	项目名称	更新类型	风格
1930	清华大学图书馆更新	扩建	西方古典
1932	北京古建筑修缮	修缮	中国古典
1933	南京国立中央大学图书馆更新	扩建	西方古典
1946	南京下关车站更新	扩建	现代风格
1946	南京基泰工程司办公楼更新（图5）	扩建	现代风格
1946	南京国际联欢社扩建工程	扩建	现代风格
1957	南京工学院中大院更新	扩建	中国古典
1957	南京工学院大礼堂更新	扩建	中国古典

图5 南京基泰工程司办公楼

停滞的情况下，建筑保护及更新领域仍出现了一些思想及实践案例，如梁思成先生提出的北京城墙环城公园设想、张开济先生主持的北京天安门观礼台加建、上海市人委礼堂的改建、南通市人民剧场改建、广州市泮溪酒家、北京市宋庆龄住宅、上海市消防器材厂改扩建及广州市中国出口商品交易会展览馆等。从仅有的保护、更新思想和实例中可以看出，除个别项目中出现了运用现代技术对原有建筑进行功能、空间和性能的提升外，总体上没有延续近代末期对于建筑改造、更新的积极探索，停留于形式层面关于新旧风格关系的讨论也在政策的不断反复中显得苍白无力。

1976年至2000年，国家的政治经济迅速恢复并快速发展，对于建筑改造、更新的研究和实践重新步入正轨。1978年3月，第三次全国城市工作会议提出了《关于加强城市建设工作的意见》，“对旧城区，要采取充分利用、加强维修、逐步改造的方针”，从政策上对旧城区的改造进行了引导。此时的旧城区改造主要是针对规划和建筑群体层面的更新，区域性的更新通常是通过拆旧建新来实现的，以建筑单体为更新对象的研究和实践缺乏足够样本，不具备典型性。在为数不多的单体建筑改造中，多以功能性改造为主，基本保持了原有建筑的外观，如原广州展览馆改为广州图书馆、四川凌云寺方丈室改为乐山楠楼宾馆等。

20世纪90年代，经济的发展掀起了我国的建设高潮。在建筑改造领域，其研究和实践的对象多以重点建筑为主，对一般性公共建筑的更新仍比较少，较为典型的案例有北京纺织部大楼改建、上海美术馆、北京外研社印刷厂改造等。其中北京外研社印刷厂改造是我国建筑更新领域的里程碑之作。崔愷院士没有以单纯的功能置换、性能和形象提升为目的，而是以场地中的古松为切入点，通过对建筑内外空间秩序的重构，在保持了记忆的同时，实现了既有建筑空间精神和品质的提升，同时通过新与旧的对比与融合，实现了"更新激发点"与旧秩序的协调统一。外研社印刷厂的成功改造使我国关于旧建筑改造的实践与研究从物质层面上升到了精神高度，为我国改造实践提供了新的思路（图6）。

相较于一般公共建筑，对重点建筑的改造通常由政府部门牵头。政府有条件调动各方高水平设计单位和高校参与，间接促进了改造手段、改造技术的研究及其快速发展。在技术层面，主要表现在对旧建筑评估和物理性能提升方面，如非破损

图6　北京外研社印刷厂

检测、结构安全检测及评估、结构加固，以及保温、隔热、隔声提升等；在改造思路与策略层面，从原来的物质更新上升到了精神品质提升，从"为用而改"上升到"为人而改"，从功能置换上升到空间秩序的重构，从"破旧立新"上升到文脉的传承与延续。

21世纪以来，我国经济社会进入了高速发展的时期，随着可持续发展、城市化及"双碳"目标等概念的提出和推进，建筑改造也呈现出新的发展特点。

首先，经过数十年的发展，面对当代的需求，我国各时期的建筑已表现出明显的不适应。在经历了几十年"拆"与"改"的权衡与博弈之后，在可持续发展的引领下，普遍认识到对既有建筑的更新和再利用是较为理性和可行的处理方式。旧建筑的改造、再利用成为建筑行业和社会关注的焦点。

其次，对时代需求的不适应广泛存在于工业建筑、居住建筑、商业建筑、体育建筑等众多建筑类型中。对工业建筑的改造是21世纪以来我国建筑改造研究与实践的起点和突出代表，以20世纪90年代末北京外研社印刷厂改造为开端，先后出现了北京798创意产业园区、上海1933老场坊改造、内蒙古工业大学建筑馆（图7）、上海杨浦滨江工业区更新、上海民生码头八万吨筒仓改造，以及以北京首钢滑雪大跳台为核心的首钢老工业园区改造等优秀实践作品。旧工业建

图7　内蒙古工业大学建筑馆

筑改造热潮的出现绝非偶然。从社会层面角度来看，首先，社会的快速发展表现在生产力的提升和产业结构的进化，工业建筑作为生产的物质载体在整个建筑体系中率先表现出对社会发展的不适应；其次，城镇化的快速推进和城市的快速扩张，使老工业建筑在城市中的位置越来越中心化，工业生产对周边环境的影响使其不得不向城市边缘转移；加之21世纪以来，出于对环境的重视，高污染、高能耗的产业类型逐渐遭到淘汰。以上原因造成了全国范围内出现了大量失去原有功能价值的工业建筑，为工业建筑的更新提供了物质基础。从建筑学科角度来看，20世纪初期，工业建筑遗产概念尚未普及，相较于文物建筑和历史建筑，旧工业建筑的改造限制较少，改造更加灵活；相较于一般公共建筑，工业建筑“大空间”的性质使其在结构、空间和外形的更新和调整上具有较大的可操作性；由于生产流程和工业要求的特殊性，一些工业建筑形成了非常独特的空间和外观，在视觉和体验上具有很强的冲击力；旧工业建筑承载了特定时期特定人群的生活方式、文化和记忆，以改造、更新的方式可以使这种即将逝去的文化和记忆在物质及精神层面得到延续和传承。

从北京、上海、广州等一线城市到呼和浩特等三线城市；从大型工业区的更新到建筑单体的改造；从明星建筑师主持到一般建筑师参与；从改为文化建筑到改为奥运场馆，在多重主、客观因素的影响和刺激下，工业建筑改造更新在不同地区、不同层面、不同规模和不同维度都得到了广泛的发展，一些项目甚至成为一定区域的名片和年轻人的“打卡地”，这些情况都证明了旧工业建筑及其更新的多重维度的价值。

以工业建筑改造更新为激发点，对既有建筑改造的研究和实践，在建筑学领域得到了广泛的关注和发展，如以入学人口比例变化、高校扩招及“校安工程”为动因的教育建筑改扩建；以疫情防控为起因的医疗建筑改造及城市大空间建筑的应急响应改造；以2008年夏季奥运会和2022年冬季奥运会为契机的既有体育场馆更新改造；“每个中等以上城市拥有一所功能齐全的博物馆”政策开启的文化建筑更新；针对老旧居住建筑的无障碍改造及室内外空间优化更新。

旧建筑的“不适应”不仅存在于功能层面。节能、减排、低碳的要求使得对旧建筑性能的改造不再以简单提升外墙面保温、隔热性能为目标，在保证室内、外物理环境舒适度的条件下尽可能减少能源消耗和碳排放成为当代建筑改造的又一个重要目标。在这种背景下，我国建筑师突破了专业习惯和知识壁垒，其对室内外物理环境的判断从感性层面上升到理性高度，在环境模拟技术的支持下，通过主、被动策略和适宜技术的运用，不断探索旧建筑改造的绿色道路。同济大学文远楼就是此时期我国建筑节能改造更新的典范（图8）。文远楼始建于1953年，经过近70年的岁月洗礼已无法满足当代对节能和室内舒适度的要求。2005年至2007年间，设计团队与节能技术专家合作，针对文远楼的物理性能进行了综合性改造。集成了当时较为先进的节能技术（地源热泵、内保温系统、节能窗及Low-E玻璃、太阳能发电、雨水收集、节能照明、屋顶花园、内遮阳系统、智能化控制、冷辐射吊顶及多元通风）。

旧建筑改造的目标也不仅仅停留在功能、技术等物质层面上，对老建筑精神的表达、历史文脉的传承和记忆的延续也是建筑更新在新时代、新需求下需要面对的重要课题。

21世纪以来，虽然我国建筑更新、改造在目的、范围和手段等方面都有较大发展，但是从众多实践中依旧暴露出一些问题。首先，在改造范围和类型不断扩大的同时表现出一定的野蛮生长的趋势，旧建筑状态无法满足更新要求而强行“被改造”的情况时常出现；其次，在建筑改造设计理念快速发展的情况下，政策法规、技术的发展和完善呈现出一定的滞后性，特别是对小型项目诸如店面改造、住宅装修与改造缺乏足够的引导、监管和技术支持，导致功能混乱、形式浮夸，甚至存在安全隐患等问题。

图8　上海同济大学文远楼

改变，而这些“物”的改变也会导致一定程度上精神表达的改变。

建筑改造设计的内容与模式

由建筑改造的发展历程可以看出，建筑改造设计的内容多种多样，相应的改造模式也各有不同。为系统总结改造设计的策略，下面以改造动因为线索梳理改造设计的内容，以新旧关系为线索总结改造设计的模式。

改造设计的内容

建筑改造和更新的原动力在于既有建筑对时代及社会需求的不适应，这种不适应表现为以下几点：功能的不适应、空间的不适应、结构的不适应、性能的不适应、精神表达的不适应等。从建筑学本体角度出发，建筑改造设计的内容对应地表现为：功能转换、空间重构、结构调整、性能优化、精神表达等。

1．功能转换

功能的不适应主要表现为社会生产力发展、人口结构变化及战争、自然灾害等不可抗力造成的对建筑功能需求的变化。可以认为，功能价值是建筑存在的基础，对于既有建筑功能的转换和重新定位是建筑改造无法回避的首要问题，是改造活动的主要内容。对既有建筑功能的改变通常伴随着体量的增减、空间形式和秩序的重构、外观的改变，而这些“物”的改变也会导致一定程度上精神表达的改变。

功能转换应根据使用者的需求及既有建筑的区位、空间形态及结构现状等区别对待。同时，既有建筑功能与新需求的契合程度也是功能转换必须考虑的因素。在改造中，通过对以上要素的分析，既可完全延续既有建筑的原有功能，也可对原功能进行部分转换，还可在原功能基础上加入新功能，或是完全推翻原功能植入新功能。

上海1933老场坊改造是将旧建筑承载的生产功能转化为区域时尚聚集地的典型案例。始建于1933年的老场坊是当时最先进的宰牲场。随着技术的升级及区位功能的变化，旧功能无法同现代城市的核心商业区域定位相匹配。建筑师让区域的商业定位与北外滩的休闲时尚功能形成联动，利用宰牲流程所形成的独特廊桥将植入的不同的休闲娱乐功能有机串联起来，以功能的精准定位和置换提升了废弃建筑的价值（图9）。

北京三里屯CHAO巢酒店是对原有功能延续的改造案例。CHAO巢酒店由20世纪90年代建成的北京城市饭店改造而成。GMP通过对原建筑立面及室内空间的改造使其在具备现代性、可持续性的同时，以全新的形象融入城市环境之中（图10）。

图9　上海1933老场坊

图10　北京CHAO巢酒店

图11　上海江湾体育场

上海江湾体育场改造是部分转换功能的案例。江湾体育场作为一座拥有近百年历史的建筑早已丧失了承载高水平竞技比赛的能力。改造中将体育运动功能的性质由竞赛型转变为全民健身型。原为竞赛辅助用房的看台下空间失去了功能价值，建筑师以此为契机，在看台下空间植入了商业走廊，在保留了江湾体育场主要功能的同时以商业带动体育健身，以体育功能反哺商业发展，使整个区域重新焕发了生机（图11）。

对原有功能的整体置换集中体现于旧工业建筑的改造之中，如内蒙古工业大学建筑馆、北京798艺术区、上海民生码头八万吨筒仓等，都是通过功能的整体置换实现了旧建筑在当代的重生。

2. 空间重构

空间的重构是建筑改造的重要内容之一。空间是功能及活动的物质基础，建筑承载的功能及活动决定了空间的类型与秩序。反过来说，空间类型及秩序与建筑改造的目标功能和精神表达密切相关。在对既有建筑功能及精神表达重新定位后，其空间类型及秩序亦需根据其需求及转换程度进行相应的调整，使之在物质和精神层面与新建筑达到双重契合。

同济大学“一·二九”博物馆是由校园内建于20世纪40年代的校舍改建而成的。根据展示功能的空间需求，改造中将建筑的内墙拆除，使旧校舍的走廊式空间转化为开放式的空间，并根据原有结构的情况将局部楼板及屋面板打通，在实现展示空间竖向交流的同时通过天窗引入自然光，提升了整个建筑的空间氛围（图12）。

内蒙古工业大学建筑馆的空间重构方式恰与“一·二九”博物馆化零为整的方式相反。改造前旧厂房开放的空间类型无法满足教学与行政办公功能的需求，通过化整为零的手法，设计将原有的大空间在水平和垂直方向上分割为不同的空间类型，在空间的收与放之间，既满足了日常教学的需求，又针对建筑学教育与学习的特点将展示和共享空间置于其中（图13）。

图12　上海同济大学“一·二九”博物馆室内

图13　内蒙古工业大学建筑馆室内

3. 结构调整

结构是空间存在的物质基础与技术保障，结构调整是建筑改造的基本内容之一。在对既有结构进行技术及安全性评估的基础上，根据新功能及空间要求对既有结构进行拆除、加固及调整，使之在满足现行技术规范的前提下，更好地与空间融为一体，成为空间表情及精神表达的有力支撑。

熙南里大师工作室由南京日报社改建而成。原建筑砖混结构方式和3.3m的开间无法满足工作室对于开敞空间的需求，设计调整原有结构，转砖混结构为框架结构。具体做法是：在砖柱和砖墙转角处绑扎钢筋并浇筑混凝土作为框架柱；在原

图14　南京熙南里大师工作室

承重墙两侧加设混凝土梁作为框架梁。如此，旧墙体失去了承重作用，可根据功能需求任意拆除，为开敞空间的形成创造了条件（图14）。

在奥地利天然气厂公寓大楼—贮气罐B改造项目中，蓝天组将公寓和办公等小尺度空间植入圆形的巨构物——贮气罐之中。由于原有空间及结构类型与目标功能无法匹配，故结构调整成为整个项目的重点和技术难题。建筑师将一个自承重的壳体结构植入贮气罐圆柱体内部，使其形成贴于圆柱体内壁的环形空间，让新老建筑在保持功能连接的基础上结构互相独立，既减少了对原有结构的影响，也满足了新功能的需要（图15）。

4．性能优化

性能优化指物理性能的优化，优化的内容来自以下几方面性能的不适应：既有建筑因年代久远造成的结构及热工性能的下降；既有建筑因功能转变造成的性能及设备需求的变化；时代及社会需求导致的性能要求的提升，如当代建筑对于生态及节能性能的要求等。故，既有建筑物理性能的

图15　奥地利天然气厂公寓大楼—贮气罐B鸟瞰

提升可分为修缮型提升和生态节能型提升。

修缮型物理性能的提升，主要是针对既有建筑的承重、围护结构进行维修、改造和再利用，目标主要是使既有建筑“益寿延年”，通常通过以下程序实施：首先，通过实地测量和文档查阅明确旧建筑的结构类型、设计负荷、使用年限等；其次，以结构测试手段及技术（内窥镜透视、超声波检查、中子辐射技术及热录像仪等）对既有建筑结构的承载能力、围护构件及其保温、隔热、防水性能进行评估；最后，通过结构维修、加固和改造手段（灌浆补缝、增加结构截面、附加结构、引入新结构体系等）实现对既有结构性能的提升和再利用。

生态节能型物理性能的提升，是建立在保证室内外环境舒适度基础上的适宜技术和策略的运用，主要通过主、被动方式提升既有建筑对自然环境

资源和能源（风、光、热等）的利用程度，以及对传统能源的利用效率，具体途径主要有：对围护结构热工性能的提升、室内外风环境的组织、采光与遮阳的优化，以及利用可再生能源对室内外温、湿度的保障。

需要指出的是，生态节能技术和策略在旧建筑改造中的运用并非以“改造设计+策略/技术”这种本体与手段分离的方式实现，对生态、节能策略的思考和判断，需贯穿建筑全生命周期的各阶段，使其真正成为改造设计的一部分，才能使其发挥最大的作用、达到最佳的效果；同时，对于建筑生态节能具体策略和技术的应用不应以孤立的方式进行判断。生态、节能与建筑本体共同形成了一个完整的设计、实施和评价的闭环，系统中任何要素的变化和调整都会影响其他要素和整个系统功效的发挥，故在整个改造中始终需以整体和动态的思维去理解和判断建筑生态系统中不同要素及其相互关系。

米兰圣拉斐尔医院改扩建于2015年实施，意大利建筑师马里奥・库奇内拉将自然光引入建筑，为患者的康复提供了健康的环境。“玻璃外壳”60%是绝热材料，提高了围护结构的热工性能。同时，外挂的陶瓷百叶可根据太阳角度的变化自行调节，降低热量的摄入，并且还集成了储存热量的功能，节约了60%的能源消耗（图16）。

图16　意大利米兰圣拉斐尔医院

5. 精神表达

精神表达是指既有建筑通过空间与形态的必要改变达到精神属性的变化。历史上，这种改变主要来自于时代的革新、朝代的更替以及教派的改变，改变的内容主要针对原有建筑及空间表达的精神意义的不适应。

精神表达是建筑“相”的表达，许多时候“相”变会成为建筑改造的主导因素，是改造设计的重要内容。“相”变是“物”变的必然结果，“相”变必须以“物”变为基础，这种关系即建筑改造与更新的二元性，是建筑改造的核心意义之一。建筑改造中，功能转换与精神表达的改变互相影响、不可分割。前者以物质的转换为驱动，带动建筑表情传递与精神表达的改变；后者则以精神表达的改变为目的，导致物质秩序的调整。虽然两者的更新目的和动因不同，但实施的对象和路径却大致相同，都以改变原有建筑的空间秩序、结构体系、体量和外观等为路径。

始建于公元532年的圣索菲亚大教堂原为拜占庭帝国的东正教堂，是举行宗教仪式的重要场所。后被土耳其人占领改为伊斯兰清真寺，在教堂四角加建了高耸的伊斯兰式的尖塔，对其空间和形式的改造完全以伊斯兰教义及仪式特点为主导。

瑞士巴塞尔有一座150年前的军营，曾是一片不允许进入的封闭区域，展现出拒人千里之外的面貌。时至今日，其旧建筑基地已发展为巴塞尔市的核心区域，废弃的军事功能和全新的区域定位使其不可能继续以“消极”的表情回应当代的需求。建筑师通过对功能、空间、结构、体量、材料、颜色等要素的转化实现了旧建筑精神表达的改变，由封闭转为开放、由“消极”转为“积极”，成为连接该区域最重要的两个公共空间——莱茵河和军营庭院的纽带（图17）。

图17　瑞士巴塞尔军营主楼

改造设计的模式

建筑改造的模式多种多样，历史上，不同的改造动因叠加不同的改造内容会呈现不同的改造模式。建筑改造设计模式多表现在不同的关系处理上，从操作的角度看，关系改变即意味着模式的改变。在众多关系中，处理“新”“旧”之间的关系，是建筑改造设计的一个永恒主题。这里以《建筑设计资料集》（第三版）第8分册“建筑改造设计”专题中“新旧关系”的总结为切入点，将建筑改造设计的模式分为：旧并入新、新融于旧、新旧并置和新旧隔离。

1．旧并入新

旧并入新指既有建筑在诸多方面经过改造后完全或部分地被新建筑所涵盖的模式。当既有建筑原有功能、空间或结构无法满足目标需求，或既有建筑传达的气氛、表情同新目标差距较大时，旧建筑的大部分物质实体会被新建筑所取代，外观和精神表达也被新的秩序所湮没，新建筑在功能、空间类型、体量外观、材料肌理等各方面都成为整个改造项目的主导。旧并入新的改造模式常见于历史、人文价值较低和保存状况较差的旧建筑更新之中，当然业主和建筑师对改造目标的主观定位和判断也会对模式的选择产生一定的影响。旧并入新的改造模式一般适用于既有建筑存在价值不高或本身已经损毁且不具备维修可能的情况。

大连三十七相由位于大连市老城核心区的一座

废旧工厂改造而成。改造的目标功能为文创时尚聚集地，旧建筑单调且略显乏味的外观与区域性标志及老城区活力激发点的定位差距明显，同时为了体现大连市地理上山与海的交融，改造以银白色的波浪状穿孔铝板将旧建筑整体覆盖，以新的、现代的方式传达了特定的城市特征（图18）。

从宏观的城市区域角度出发，旧并入新的改造模式将历史、人文、艺术及物质价值不高的旧建筑并入新的城市环境之中，在区域中形成较为统一的肌理与形象，是实现老建筑在物质层面上延续生命的途径。

图18　大连三十七相

2. 新融于旧

新融于旧是指以既有建筑为主导，进行适当加建或改建，或仅对损坏部分适当修复及更新的模式。在对既有建筑修复的基础上，局部进行改建或扩建，以实现其价值和记忆的传承和延续。新融于旧不仅体现在建筑的空间秩序、结构类型和外貌上，同时在比例、尺度、材料、外观、氛围和表情等方面也以旧建筑为主导，无论规模和功能是否完全置换，新建筑都全方位处于附属地位。新融于旧改造模式一般适用于旧建筑历史、文化及其他价值较高或保存程度较好的改造项目中，尤其适用于历史建筑的保护性改造中。

建于1829年的圣彼得堡总参谋部大楼由传奇建筑师卡洛·罗西设计，在俄罗斯历史上具有重要的象征意义。2008年其东翼实施改造后成为俄罗斯国家冬宫博物馆（俄罗斯国家冬宫艾尔米塔什博物馆）的延伸部分（图19）。冬宫博物馆与英国大英博物馆、法国卢浮宫、美国大都会艺术博物馆并称四大博物馆，改造的重要性不言而喻。由于旧建筑对于俄罗斯帝国历史具有特殊的象征性和代表性，改造方案采用新融于旧的模式。在对旧建筑的修复中，所有的细部尽可能与俄罗斯巴洛克和洛可可风格保持一致，少量加建的部分则与老建筑的比例与尺度协调一致，使现代化的展览功能融合、消隐于历史建筑的空间和精神之中，在延续了旧建筑物质价值的同时保持了其历史风貌和文化传承。同为历史建筑改造的卢浮宫金字塔和德国国会大厦玻璃穹顶均采用新

图19　俄罗斯圣彼得堡总参谋部大楼室内

融于旧的改造路径。

新融于旧的改造路径将既有建筑的历史、人文、记忆及精神层面的价值通过物质层面的保存予以延续，使改造后的建筑成为现代城市环境中点状的文脉遗存。

3. 新旧并置

新旧并置是指新旧之间在组织和形式构成等方面保持“均势”的改造模式。在旧建筑无特殊历史、人文价值但保存状况尚可，且与新建筑在功能、空间、结构上可以形成一定秩序或有一定契合度的条件下；抑或主要以加建方式主导的同时，新功能对空间类型、结构等的要求与旧建筑差距较大情况下，通常采取新旧并置的改造模式。此时“新”“旧”相互交融，面积、体形及外观的分量处于较为均衡的状态，无论在物质实体和精神表达上都比较协调。

慕尼黑的伊萨尔爱乐音乐厅由一座变电站扩建而成。由于旧建筑的空间和结构类型无法满足音乐厅的表演、观演、复杂的流线及后台的设备要求，音乐厅主体空间以加建的方式实现，老建筑则作为辅助功能空间出现。新老建筑虽然在体量上大致均衡，但在空间类型、外观、材料及建造方式上都互相独立，新与旧并置于基地之上，在视觉上及使用上都呈现出均衡的差异感（图20）。

北京首钢工舍智选假日酒店由首钢老工业区内的N3-18转运站、返焦返矿仓、高炉空压机站和低压配电室四座工业厂房改建而成。根据既有工业厂房开敞式空间的特点将其作为公共活动区域，将住宿功能叠置于厂房之上，在空间和体量上形

图20　德国慕尼黑伊萨尔爱乐音乐厅

成强烈的对比。下部的厂房在外观上尽量保持原有的粗糙感、厚重感和沧桑感，叠置其上的新体量则由水平向的、纤细的金属挑檐及消隐状的玻璃主导，在同一时空形成新与旧、轻与重、粗与细的对比，使新建体量同旧建筑在视觉上达到均衡和并置（图21）。

新旧并置是除历史建筑更新外较为常用的改造模式，一方面“旧”的延续保留了城市发展的历史和集体记忆；另一方面通过“新”的植入使改造后的建筑更好地同当代城市环境形成统一，以植入的“新”作为旧建筑活力的激发点，在不同时期的改造中于物质及精神层面留下时代的印记。当前的“新”最终也将成为城市历史、文脉及集体记忆的一部分。

4．新旧隔离

新旧隔离指新、旧建筑部分在空间和结构上保持独立性和完整性的改造模式，是改造中较为特殊的模式。当新、旧建筑在空间秩序、结构体系、外观造型上差距较大，或建筑师基于主观判断有意制造新旧之间强烈的对比时采用这种改造模式。这种改造模式下，彼此分立的新旧之间通常以一种“轻接触”方式实施连接，以便实现功能和流线的延续。

图21　北京首钢工舍智选假日酒店

蓝天组设计的奥地利天然气厂公寓大楼—贮气罐B是较为典型的新旧隔离改造模式的实例。设计以解构主义独特的形式逻辑在圆柱形巨构物的储气罐外部“贴”上一个同样巨大的、戏剧化的“盾”状体量，在体型上形成巨大的反差；同时在材料方面，新建体量以轻盈的玻璃和坚硬的金属为主导，与老建筑具有年代感的、厚重的红砖墙面形成反差（图22）。

图22　奥地利天然气厂公寓大楼—贮气罐B

瑞士巴塞尔SBB火车站改造与扩建项目将原先连接月台的地下通道替换为抬升的长廊，并将商业功能复合其中，形成与城市空间的有效衔接与过渡。倾斜、自由的屋面横跨于铁道之上，使每个区域有与其功能相匹配的层高，线性的体量在空间秩序、材料和形式上与既有建筑形成强烈的对比，形成新旧隔离的状态（图23）。

图23　瑞士巴塞尔SBB火车站

因循模式而又突破模式，是引导建筑改造设计走向多元化的重要因素。这类改造项目对模式的把握是基于对“旧”建筑的清晰认识和对“新”建筑的正确定位，同时，适当发挥建筑师对设计的主观判断，从而建立建筑改造与不同层面、不同维度客观条件的恰当关系。

建筑改造设计的策略

策略的总结与归纳是本书的核心任务。由前文建筑改造设计的历程、内容、模式梳理中可认识到，面向建筑设计实践，超越类型，从建筑物本体的物理性能和使用者人的空间感受两个方面总结改造设计的具体策略具有实操意义。物理性能提升着眼于处理场地、保障安全、改良性能和更新界面，是基础策略；空间品质营造着眼于传承记忆、建立秩序、营造氛围和提升功效，是针对不同主题的空间改造策略。

提升物理性能

在传统意义的建筑改造中，物理性能的提升主要包括结构的加固和防水、保温构造的修复等内容，属于对旧建筑的修缮。在当代可持续发展的背景下，物理性能的提升对于建造更新、改造而言包含了更加丰富和复杂的含义和内容。“低介入”原则基于对物质资源最大化地利用和尊重，在改造和更新中尽可能减少对老建筑的拆除，在保证安全和全新使用要求的前提下实现“物尽其用”。以此为前提，对旧建筑物理性能的提升可分为处理场地、保障安全、改良性能和更新界面四方面内容。处理场地基于场地和城市关系的全面评估，是改造、更新决策的起点；安全是旧建筑再利用的刚性条件，对其的保障通过对旧结构的加固和加强实现；改良性能以保证建筑室内外物理环境为目标通过主、被动策略的整合协同实现能源效率的提升；界面作为建筑与自然、城市环境的接驳，其更新是对建筑与环境在不同层面关系的重新审视与完善。作为基础性策略，物理性能的提升基于绿色低碳的时代要求是建筑改造的硬性需求和设计决策的切入点。

1．处理场地

场地是城市更新发展的物质承载与重要表现，是建筑与城市的连接与过渡。旧建筑生长、发展的复杂性表现为其场地及外部环境、设施等的多样性和不确定性。处理场地有助于全面了解既有场地情况及其与城市环境的关系，对于宏观策略与方案的判断至关重要。场地处理不仅针对城市肌理和自然环境脉络，更可深入至内在的生态基底、既有设施的利用、废渣废料的处理与再利用，在对资源、环境的尊重的基础上为项目带来新的特色。

城市界面接驳，是指在场地的边界处，处理与场地外城市的接驳关系。城市中有众多因素对场地及建筑产生影响，如自然环境、道路交通、建筑肌理、人的使用情况等。城市的快速发展会导致旧建筑对外部环境在多方面的不适应，而改扩建的根本目标就是实现旧建筑与城市的和谐共生。对场地内外关系的理解和表达目标的实现决定了其与城市的接驳关系可以是延续、融合或是隔绝。

既有环境利用，是在“少拆多用”的原则下，对现有场地环境进行评估，使场地内的树木、水系、山形、古建、既有设施等作为建成环境的组成继续发挥作用，在保护场地生态性、积极利用既有设施的同时减少拆除，实现更多维度的节能环保。

拆除废渣处理，是以减少垃圾和排放、避免二次污染和破坏为目的，对拆除过程中产生的废旧铺装砖石、混凝土垫层、玻璃和饰面等进行妥善处理。对废旧材料的再利用，不仅可以变废为宝，达到节材的目的，还可以发掘建筑特色，延续其历史和文化价值，实现新旧之间的和谐共生。

2．保障安全

年久失修导致的结构损坏为旧建筑的再利用带来了安全隐患；同时功能的植入、标准和规范的发展也为旧结构提出了更高的技术要求，结构的加固成为建筑改造首要解决的问题。现代结构检测技术为建筑改造安全性能的保证和提升提供了手段，可根据改造需求对旧结构进行改造和加强，具体可分为结构被动加固和局部主动加强两方面。

结构被动加固，是指为满足基本的结构安全并将其视作独立的设计环节而进行的加固。这通常是一种补充性、被动的做法，包括对受损部分的修复、加固、更换，并根据新的结构规范对建筑整体结构进行完善和区域性加强。

局部主动加强，是指为使改造后空间具有足够功能弹性而进行的主动性结构加强。主动结构加强直接影响改造建筑的功能性。当空间尺度、功能变化较大及局部加建时，通常需要通过特殊的结构预处理，实现新功能的顺利植入和使用，是一种将结构安全性与其他改造内容融为一体的结构加强方式。

3．改良性能

此处的性能改良主要针对包括空间的容量、承载力、可变性、环境舒适度等在内的空间物理性能进行提升。在绿色、低碳的背景下，以适宜性和整体性原则为引导，实现技术、策略与建筑本体的动态统一，对空间本体的转换和利用进行物理性能提升。气候是建筑性能改良的主导因素，以被动优先的原则结合气候条件对空间进行分类，建立空间过渡区，高效利用可再生自然资源（自然风、自然光、热等）；在此基础上，减少主动技术、策略的介入，实现不同功能在不同使用模式下的精确提升。建筑师应对整个主、被动式体系进行宏观把控，避免技术的叠加和多目标背景下技术、策略产生冲突的可能性，使整个系统协调统一。

基础性能匹配，是建立在对既有空间基础性能充分认知的基础上所进行的性能匹配，是以空间尺度、分隔方式、功能要求、人群承载量、使用情况等要素为参考，对空间进行的划分、引导、整合和重构，改造前后空间的使用与基础性能之间的高效匹配也是需要考虑的重要因素。应充分挖掘原有建筑的基础特性，因势利导，展开新的设计。

过渡空间利用，作为一种常用的绿色设计策略，指在不同气候条件下以过渡空间为媒介改善室内物理性能的方式，同时也会产生重新定义建筑能耗标准的积极意义。设计中，常通过改扩建的方式使过渡空间介入室内物理性能调控中，故应充分考虑其气候的适应性，使其作为室内空间的调蓄和缓冲充分发挥节约建筑使用能耗的作用。

自然通风采光，是指在改造设计中，以既有建筑状况为基础，以自然通风、采光等被动式策略作为提升室内物理环境和设计的重要切入点，实现提升使用舒适度和节约建筑使用能耗的目标。在考虑建筑功能、空间、形态时，通过院落、中庭、竖井、下沉庭院等手段将自然风、光引入室内空间，创造一种自然的体验感。

设备体系优选，作为建筑改造不可缺少的环节，是在低碳节能的目标导向下，建筑师和设备工程师协同制定高效的设备系统，遵循分散用能和分时供能的原则，减少集中开闭，鼓励使用可再生能源。此外，还可通过监控系统和传感设备来优化使用过程中环境条件的变化，引导健康节俭的使用习惯。

4．更新界面

建筑界面是建筑外观的直接反映，也是建筑与外部气候环境的屏障，改造中对其性能的优化是建筑全生命周期中室内舒适度和节能减排的关键因素。除传统的通过设置保温层提升外界面的热工性能外，在策略和技术层面上还有多种方式可供选择和应用。在此基础上，建筑的整体布局和形态也是宏观上影响界面性能的重要因素，故界面更新包含了更丰富的含义，具体有对屋顶界面、外墙围护及局部构件等的优化和性能提升。

屋顶界面优化，是以满足防水、保温和隔热等基本要求的对旧建筑屋顶性能的综合提升。以技术的适宜性为原则，根据不同气候条件将通风、蓄水、绿化、遮阳、光伏等技术和策略复合于屋面之中，实现对建筑性能的综合提升。

外墙围护提升，是对外墙体系性能的整体提升。客观上，对建筑性能要求的不断提升，增加了外墙体系性能提升的复杂程度。改造中的保留或重建首先应建立在保障安全的基础上，继而以局部替换的方式弥补外墙性能的不足；或可以多层表皮、腔体组织被动式通风，以实现提升外墙性能的目的。同时对外墙体系的改造必然对建筑形象产生影响，改造中应注重外部形象的协调统一，避免出现叠合式、重复性装饰。

局部构件改良，是通过更换和增加局部设施、构件等实现对建筑物理性能的提升，如门窗、遮阳、空调机位、花池、棚架、导光管、风管等构件。局部构件的改良在提升建筑性能的同时也会对建筑外部形象产生较大影响。

营造空间品质

空间品质的营造是物理性能提升后对旧建筑品质的进一步升华。相较于提升物理性能对建筑本体的关注，营造空间品质更重视建筑对使用者心理感受的全方位影响。或可说，物理性能针对人的身体感受，空间品质则针对人的心理感知。传承记忆、建立秩序、营造氛围、提升功效是营造空间品质的四个主要方面。传承记忆聚焦于人的情感观照，塑造空间的历时感；建立秩序聚焦于人的视觉观照，塑造空间的整体感；营造氛围聚焦于人的体验观照，塑造空间的场所感；提升功效不仅表现为在物理性能范畴内对空间使用效率的提高，更强调空间品质对使用者身心全方面感受的影响。空间品质对人体验感影响的强弱取决于以上策略的效能。区别于新建筑设计，营造空间品质的特殊意义决定了针对不同主题的策略都是改造设计的核心。但空间品质的营造是以物质实体的改变来实现的，反过来说，对物质实体的改造也必然对建筑空间的表达产生影响，其效能的强弱则与意识的有无相关。

1．传承记忆

旧痕再现与重塑，是对记忆的最直接延续。在建筑改造中表现为在改善性能的基础上保留或重塑具有特征和价值的片段、构件并将其有机融入新建筑之中，具体手段包括直接暴露、移位重组、加工简化等。这种保留和再现的方式因涉及无形的尺度和氛围而具有较高的感知难度，故成功的案例较为稀少。

新旧并置与互融，是借新旧关系的处理诱发记忆。并置策略以明确传递旧建筑所承载的历史记忆为目的，以对比和反衬的手法突出旧建筑的特征；互融策略则以不削减历史记忆为目的，通过模糊新旧差异的方式将植入部分自然地融合到旧建筑及其所在的历史环境中。对于并置，突出对比较为常见；对于互融，弱化介入部分的强度则较为重要。传承方式不仅体现在材质、细部、建筑语言等形态要素中，还包括形状、明暗、围合度等空间策略，以及由建造手段引发的表情特征。

2．建立秩序

秩序是万物存在和发展的基础。对于建筑学本体而言，无论新建或改造，秩序的建立是设计成立与否的关键。相较于新建，旧建筑改造中的秩序需以既有建筑在多重维度的运行规律为基础建立，表现为秩序在延续和重构两个向度上的生长。延续式生长关注秩序的“同构”，以空间缝合的手段实现；重构式生长强调秩序的“异构”，以空间拓展的方式实现，区别在于改、扩之间“同”的延续和“异”的重构：以改为主的建筑延续的是空间本体，重构的是机能的构成逻辑；以扩为主的建筑，延续的是机能上的构成逻辑，重构的是空间本体。

秩序延续，必然建立在对旧建筑秩序充分认知与了解的基础上，并以其为基础逻辑，用新的方式和手段实现旧秩序的延续与发展。对旧秩序的延续易获得整体上的严谨、理性，从而在构成逻辑上实现新旧之间的一脉相承。

秩序重构，是对原有秩序的“破旧立新”。“立新”同样需要建立在对旧秩序充分认知的基础上，以不同层面的新需求为导向，实现对旧秩序的重构。“破旧立新”使得改造后的建筑在构成逻辑或空间实体上与既有建筑形成较强差异，以获得全新的空间和使用体验。

3. 营造氛围

氛围是指围绕或归属于某一特定根源的有特色的高度个体化的气氛。营造氛围从使用者的体验观照出发营造空间品质。对于建筑师而言，独特空间氛围的营造是旧建筑改造设计的重要主题。需要指出的是，上文中“传承记忆”和“建立秩序”虽都会对空间氛围产生影响，但并非所有旧建筑的记忆和秩序都有传承和延续的价值，因此区别于新建建筑，营造空间氛围对于改造而言应具有更为基础的策略和方式。对于光和时间氛围的组织策略是改造设计营造氛围的两个重要方向，效果积极且明显。

光氛围营造，是指以新的功能和空间需求为导向对旧建筑自然光环境进行塑造和强化，好的光氛围会对使用者的情绪产生积极影响。区别于物理对“量”的关注，光“质”对于氛围而言更加重要。采光、进光方式的更新和植入是重塑空间氛围的基础策略。对视觉的提示和指向是自然光的特定属性，与承载历史记忆的“物料”共同作用时能够吸引人的视线，同时强化空间氛围；此外，光的属性变化也是影响空间氛围的重要因素，利用光的强弱、冷暖、明暗对于空间层次的对比界定和空间领域性格的营造，利用光影对比实现对空间领域的限定等都是常用策略；而结合其属性对比和光影变化，可实现对路径的组织、对行为的引导和对叙事性体验的触发等。

时间性氛围营造，是以人的运动和物的变化为媒介实现对“光阴”和“历时”的感知与体验。对于建筑改造，仅从视觉范畴营造空间氛围显然是乏力的，对时间的经营、塑造更能诱发使用者对精神层面场所氛围的感知。人对物的时间和自身运动变化的感知是场所时间性的度量方式。自然物和建筑自身材质的时间变化是物的时间变化的两种方式，是感知光阴的媒介；运动过程中的路径变化和节点控制则是人运动变化的表现形式，是获得历时体验的媒介。对自然物周期性时间的提取、对材质变化自然时间的表现、对场地承载历史时间的锚固、对人行为运动时间的记录和对空间节点历时体验的整合等都是营造氛围中时间感表达的有效策略。

4. 提升功效

提升空间的使用功效作为改造设计的基础目标源于旧建筑空间的使用价值，因此不应因营造空间氛围而忽视了空间的物质性和使用效率；同时对于空间效率的追求也不应妨碍空间体验的营造和呈现。故此处的提升功效策略关注的是空间氛围和使用效率的统一，是以人的行为和心理观照两方面共同实现对空间效率的提升和对空间品质的营造。此外，在全生命周期层面考虑，旧建筑的改造设计不能以当下的需求为唯一导向，还应将未来可能的新需求纳入策略范畴，故空间功效的提升应包括空间的当下功效和持久功效两个方面。

提升空间的当下功效，关注改造后空间与目标功能的有效对应关系，深入发掘空间潜力，力求事半功倍。通常有如下策略：适配既有空间，植入与既有空间特征相匹配的新功能，以较小的动作实现对空间当下功效的提升；建构多义空间，以空间的弹性和多样性实现对空间当下功效的提升；关注冗余空间，激活边角空间以承载符合其特征的“微”功能，以空间的增量实现对空间当下功效的提升；保留特殊空间，以空间的独特性诱发新功能的适配，以空间特质的挖掘实现对空间当下功效的提升；增设中介空间，串联零散空间，强化联系、建立秩序、形成体系，延伸空间功效实现对空间当下功效的提升，等等。以上策略以不同空间的特征作为切入点，以特定“场合”下的功能适配和塑造为目标，将空间的功效与人的体验融为一体。

提升空间的持久功效，是指在进行当前的改造设计时，同步考虑为将来可能的功能变更留出空间层面的弹性，保持在全生命周期中的可持续性。通常有如下策略：区分主辅空间，以空间在功能层面的自由度为目标，将功能层面的弹性和机动性融入空间设计中，提高空间的持久功效；选用通适结构，以结构在功能层面的适配度为基础，支撑可能的功能转变，以结构的通用性提升空间的持久功效；建构基础单元，以空间单元在功能层面的适应性为指导，通过叠加、整合的手段适应功能变化，以单元体的可生长性和可复制性提升空间的持久功效；统一空间高度，以空间竖向尺度在功能上的适配性为切入点，以统一的高度满足不同功能的需求，提升持久功效；保留开放空间，以空间属性在功能层面的适应性为基础，保证空间调整的可能性，以开放空间的自由度提升持久功效，等等。以上策略以不同的空间处理方式为切入点，为未来的特定“场合”提供空间再改造的弹性和可能性。

以上四点策略的效能直接影响使用者对改造建筑空间的感知，虽侧重点不同，但都是建筑改造设计的核心策略。

贰

提升物理性能

A 处理场地

B 保障安全

C 改良性能

D 更新界面

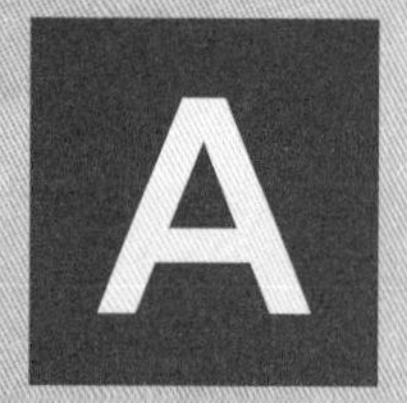

处理场地

场地是一个建筑与城市接驳的基础要素，是城市不断更新发展的延续。旧建筑在城市的生长过程中往往具有特别的复杂性，场地之外是指它所在的城市环境，场地之内又充满了现有设施和条件的多样可能。设计之初的总体策略也往往产生于场地的处理过程，而这一过程既可以延展到城市肌理和自然环境的脉络，也可以生发于内在的生态基底和既有设施的利用，甚至，对废渣废料的处理与再利用，也能够在减排之余创造新的特色。

A1 城市界面接驳

A1-01 适度退让原有场地边界，容纳新的城市空间与功能
A1-02 将周边生态景观引入既有场地，强化两者的共生关系
A1-03 连接周边公共交通资源，拓展既有建筑的使用便捷性

A2 既有环境利用

A2-01 顺应场地的地形地貌等环境特征开展改造设计
A2-02 保护既有场地中重要的建筑物或构筑物设施
A2-03 保护既有场地中重要的生态要素（树木、水文等）
A2-04 就地取材，充分利用场地及周边的建造经验与建筑材料

A3 建筑废渣处理

A3-01 对场地地面拆除下来的废弃物加以利用，减少垃圾排放
A3-02 将旧建筑拆除下来的构件加工后再次应用在新建筑上
A3-03 将拆除的建筑废弃物作为填充物转换为新的建筑材料
A3-04 将场地废弃设施进行艺术化处理后作为景观雕塑展现

城市界面接驳

是指在场地的边界处处理与场地外城市的接驳关系。城市中的道路交通、自然环境、建筑肌理、人的使用等都对场地及其中建筑有着重要的影响。而旧建筑通常在城市关系上会逐渐出现不适应，改建和加建的首要内容也是使这一不适应转变为有机的城市共生关系。与城市界面的接驳，可以是延续与顺应、相互交融，也可以是隔绝城市喧嚣的屏障，取决于对场地内外关系的理解和表达目标的实现。

A1-01 适度退让原有场地边界，容纳新的城市空间与功能

随着城市的不断更新发展，原有的场地边界通常不适应外部环境新的变化。紧贴用地红线进行建设或围栏封闭，也会导致城市开放空间的丧失，造成城市街道界面的单一。改造过程中可主动对外部城市空间进行退让，容纳城市中交往、等候、泊车等新的公共性活动，使场地与外部城市的衔接更为友好，丰富城市空间类型与街道界面。

案例一：雄安设计中心

中国建筑设计研究院有限公司 绿色建筑设计研究院

通过梳理城市界面环境形成内聚空间。设计希望重新塑造一个内向融于自然的交往社区，收缩的场地边界将停车、广场等公共职能还给城市，将内部塑造为一个人性化、生态静谧的交流场所。

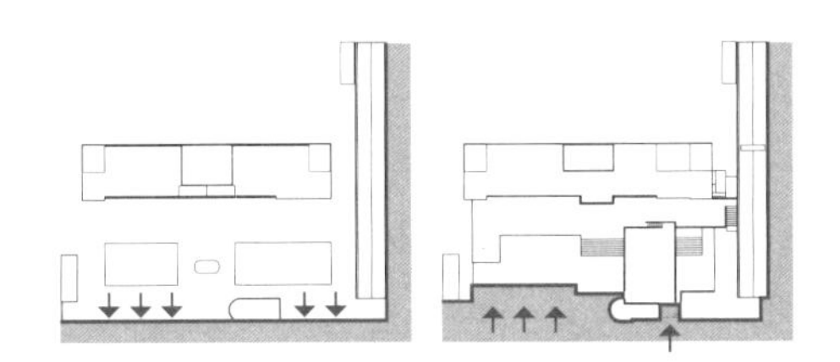

A1-01 雄安设计中心

案例二：上海霞飞织带有限公司厂房改造

同一建筑设计事务所

原有建筑布局围绕中间纵向道路两侧平行布置，改造设计延续了这样的空间格局。同时考虑到入口形象与使用的缓冲需求、通道需求，设计有选择性地拆除了局部临时用房与大棚，沿道路一侧释放出更多的公共空间。

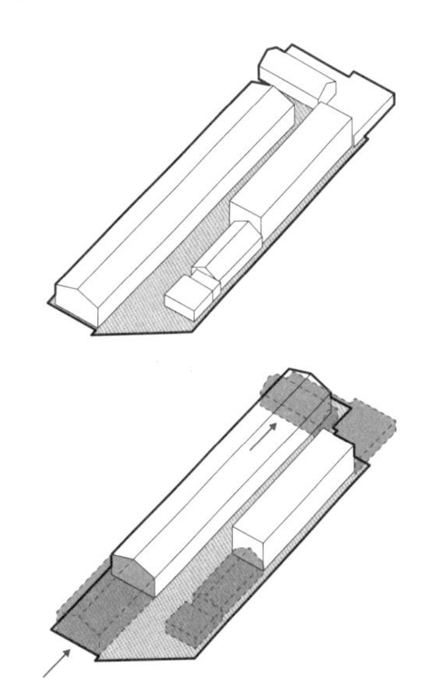

A1-01 上海霞飞织带有限公司厂房改造

A1-02 将周边生态景观引入既有场地，强化两者的共生关系

当改造项目紧邻城市绿带或生态廊道时，设计策略可以从引入或延续周边区域的开放空间入手，建立用地内外景观空间的连续性。进而修复区域的生态环境，恢复生物物种多样性。尤其在一些废弃的工业建筑改造项目中，将工业冰冷的钢筋混凝土厂区修复至自然生态的有机园区，更符合当下我国倡导绿色低碳健康城市的发展方向。

案例：中车成都工业遗存改造

中国建筑设计研究院有限公司 本土设计研究中心

项目保留主体厂房的原有结构梁柱及吊车梁，拆除外围护结构，确保内部与周边的植物景观享有充分的光照与通风条件，创造出一个兼具历史场景记忆的生态开放花园，与外部城市公共绿廊联通，形成城市空间的延续。

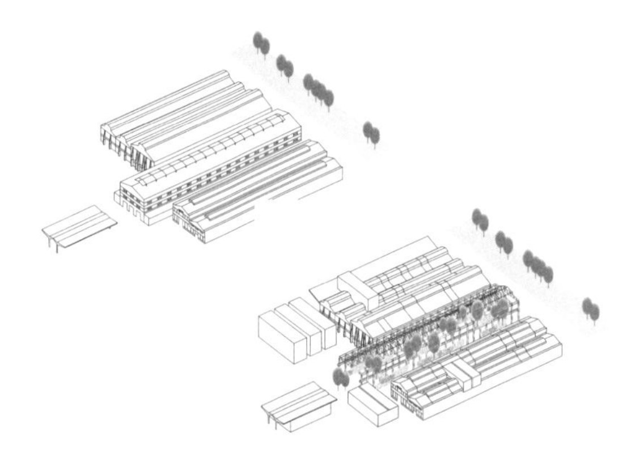

A1-02 中车成都工业遗存改造

A1-03 连接周边公共交通资源，拓展既有建筑的使用便捷性

通过分析场地周边既有的交通资源件与人车流动线，对项目的进出条件进行精准梳理，设置合理的城市接驳空间，提升项目的便捷性与可达性。如城市公共广场可以吸引容纳公众驻留集聚，提升项目的人气与流量。天桥、地廊可以提升公共交通节点带来的便利，也可以像触角一般连同城市既有的交通网络。

案例：日本东京宫下公园

Takenaka Corporation + 日建设计

行人可以从周边地区的任何地方轻松到访这座狭长的建筑。为了实现与城市街区来往便捷的高回游性公共空间，构筑了步行中自然前往屋顶公园的动线规划，通过设置人行天桥，在三层架设横跨道路的桥梁以及开放式户外商场等设计，将公园、4层商业和18层酒店融为一体，实现了城市公园的更新升级。

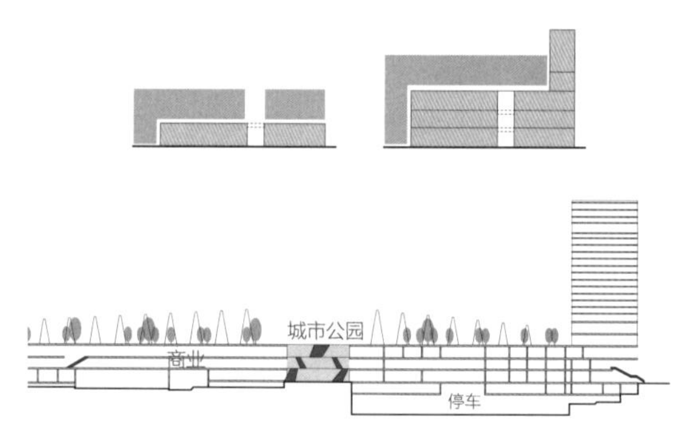

A1-03 日本东京宫下公园

A2 既有环境利用

既有环境利用指在既有场地内的环境评估中，对场地内存有的树木、山形、水系、古建、既有设施等一系列有价值物的保护、保留与适度改造，以少拆多用的态度使之成为建成环境的一部分。一方面，尽可能保护场地的生态性，减少土方和对环境的破坏；另一方面，对可用设施积极地评估，最大化地发挥价值，减少拆除也是更大意义的节能环保。

A2-01 顺应场地的地形地貌等环境特征开展改造设计

改造设计应当遵循场地既有的地势地貌，最小化土方改造工程量，避免大挖大填。延续生态环境的在地性，进而顺应区域的自然风貌。土壤、种植、水文在改造过程中都应遵循就地取材、在地选用的设计原则，避免形成割裂式的场所氛围。

案例：重庆城市展览馆改造
中国建筑设计研究院有限公司

原建筑处于山地环境，主要建筑卧入城市山体之中，仅西侧临江面面向城市开放。设计保留原有弧形室外露台，并在室外一至四层加建“之”字形坡道、楼梯、平台，构建山地公共空间游览系统。改造后的规划展览馆在沿江面成为原有山地公共建筑空间的连接体，纵向打通上山动线，横向串联周边多标高慢行系统，成为城市公共空间体系的一部分。

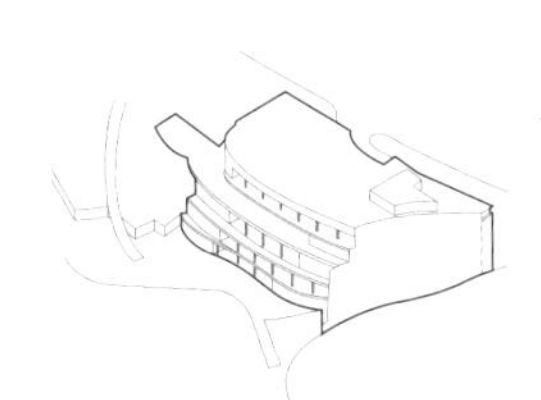

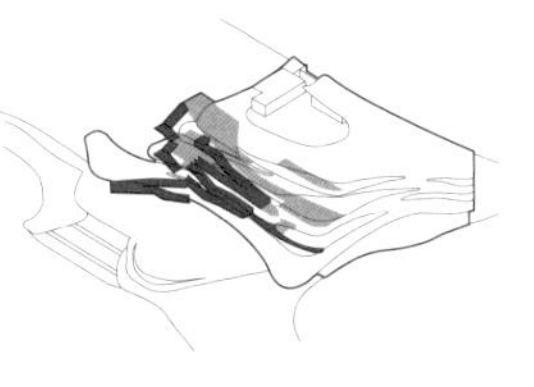

A2-01　重庆城市展览馆改造

A2-02 保护既有场地中重要的建筑物或构筑物设施

对场所要素中既有的建筑物或构筑物设施加以评判。将这些要素根据历史价值、文化属性、耐久质量等条件有选择地保留并加以利用，延续场所的记忆，减少不必要的大拆大建。改造后的场所、空间也会依靠这些既有要素呈现出独有的气质。

案例：俄罗斯莫斯科GES 2文化之家
伦佐·皮亚诺建筑工作室

项目将原建筑的4个高耸砖砌烟囱按原尺度关系改造为钢烟囱。延续了原有厂区的标志性符号，同时，新的钢烟囱也具备加速热压通风的作用，促进室内自然通风换气，减少能源消耗。

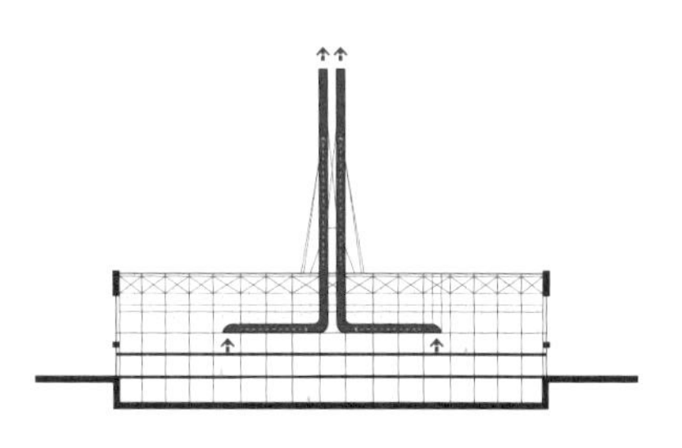

A2-02　GES 2 文化之家

A2-03 保护既有场地中重要的生态要素（树木、水文等）

对场所要素中自然地表植物及地貌水文等非建筑遗存加以评判，对有重要价值的加以保护，并使之成为改造设计的限定条件。尽可能保护场地的生态性，减少对环境的破坏。

案例一：嘉兴桐乡东浜头村双创客厅改造
上海严旸建筑设计工作室

为了更好地融合场地与环境，改造设计保留原场地临河的几棵香樟树，并根据其相对位置确定檐廊结构基础与顶部洞口的关系，让新的建筑语言与原有生态和谐共生。

A2-03　嘉兴桐乡东浜头村双创客厅改造

案例二：长春万科蓝山社区街头公园
Partner Space 派澜设计

设计保留了之前场地遗留下来的6棵原生大树，通过在廊架顶部开洞的方法，使建筑与原生树木嵌套在一起，建筑前排被切断，中间镂空，为大树创造了良好的生长环境，同时也强化了入口广场的生态属性。共生的设计方法也创造了新的设计语汇，产生人工与自然的共生之美。

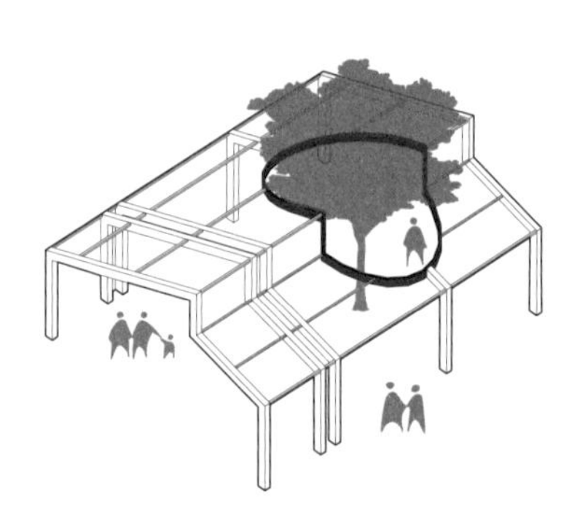

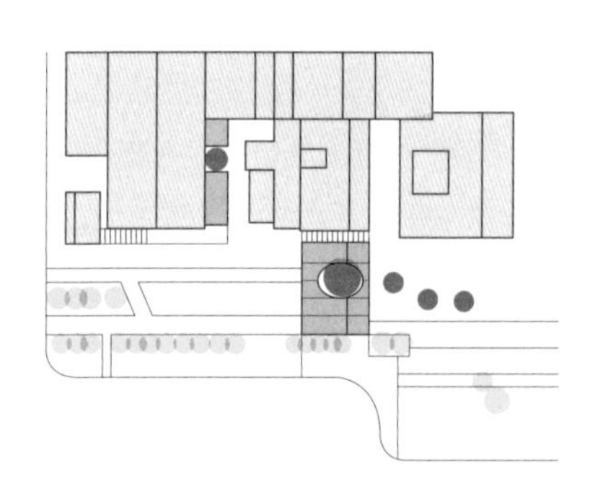

A2-03　长春万科蓝山社区街头公园

A2-04 就地取材，充分利用场地及周边的建造经验与建筑材料

尽量选择区域常规（传统）材料作为装饰主材并考虑工艺做法，可使建筑在生产过程中减少向外部获取材料的成本和时间投入，亦可减少运输损耗。此外，该做法也有利于展现当地建筑传统建造技艺，延续场所文脉。

案例一：遵义海龙囤遗址谢家坝管理用房改造

中国建筑设计研究院有限公司 一合建筑设计研究中心

遵义海龙囤盛产斑竹，是极为生态的建材。设计挑选项目周边的斑竹原木，经过烘干和防腐处理，通过金属扣件均匀挂于钢结构骨架之上。竹墙包裹建筑表皮且蔓延入场地，由高至低层层叠叠，如茧包裹着坚硬的建筑体量，呈现柔软自然边界。

A2-04 遵义海龙囤遗址谢家坝管理用房改造

案例二：昆山锦溪祝家甸砖厂改造

中国建筑设计研究院有限公司 本土设计研究中心

烧砖建窑是祝家甸村流传至今的特有文化产业，现今区域附近仍保有大小砖窑厂数座。基于项目的改造主题与产地优势，设计选择页岩砖作为基本的建材单元，形成柱、拱、台、墙、座等多样建筑构件，所有用砖均取自周边砖窑，最大化地减少了运输周期与投入成本。

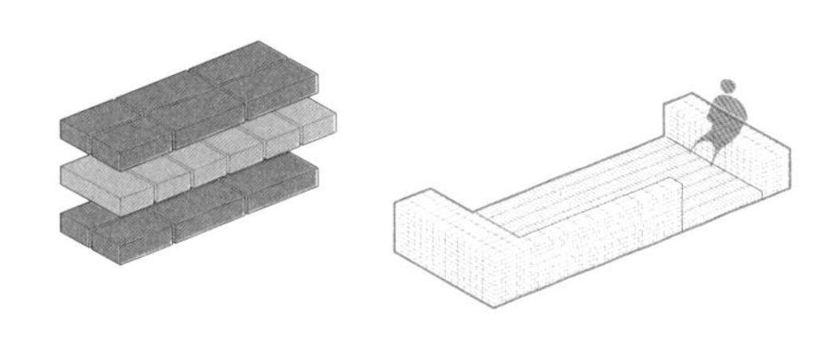

A2-04 昆山锦溪祝家甸砖厂改造

建筑废渣处理

对拆除过程中场地上和旧建筑的废渣进行妥善处理，减少垃圾排放，避免对环境产生二次污染和破坏，如旧铺装拆下的砖石、混凝土垫层，建筑围护拆下的废玻璃和饰面材料等。妥善地处理往往还可变废为宝，形成特色。同时，应尽可能地对具有使用价值的局部废料进行再利用，在达到节材目的的同时使其发挥历史、文脉价值，在新旧之间塑造建筑的生命力。

A3-01 对场地地面拆除下来的废弃物加以利用，减少垃圾排放

基础墙体、装饰线脚、设备管线等局部构件在项目改造过程中不可避免地面临拆除销毁的境况。挑选其中具有历史记忆或者质量尚佳的构件作为改造用材，与当下的建筑材料语言新旧并置，也是一种延续建筑局部构件寿命的改造策略。

案例：雄安设计中心

中国建筑设计研究院有限公司 绿色建筑设计研究院

将拆除的混凝土打碎成小碎块，填入装配式石笼内，组合形成场地景观墙，经过植物生长覆盖后形成生态绿墙，减少对环境的垃圾排放。

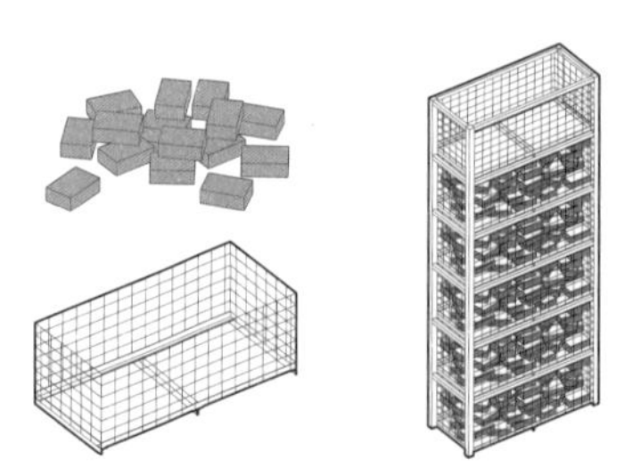

A3-01 雄安设计中心

A3-02 将旧建筑拆除下来的构件加工后再次应用在新建筑上

在废弃钢材构件，拆除的钢窗框架、结构构件、部分墙体、装饰线脚、设施管线等局部构件中，挑选具有历史记忆或者质量尚佳的作为改造用材，转换成不同的功能构件。既回应了低碳环保的理念，又保留了那些独特珍贵的历史记忆，也是一种延续建筑局部构件寿命的改造策略。

案例一：日本东京村井正诚纪念美术馆

隈研吾建筑都市设计事务所

项目将老屋上拆下来的外墙木板、木地板、柱子、房梁等木材进行二次加工，通过全新的立面语言逻辑安装在建筑外立面上作为木质百叶，让历史与当下时空并存。

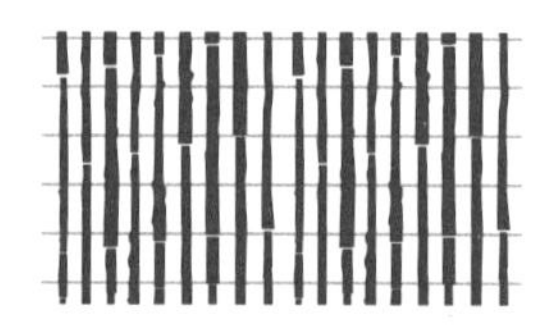

A3-02 日本东京村井正诚纪念美术馆

案例二：内蒙古工业大学建筑馆

内蒙古工大建筑设计有限责任公司

项目将改造过程中拆除的车间吊梁重新排布，作为院系入口的主背景墙体，暗示着原有建筑的生产痕迹。局部立面改造拆除的旧钢窗、龙骨等构件也被回收，重新用作楼梯的栏杆扶手和室外景观等。

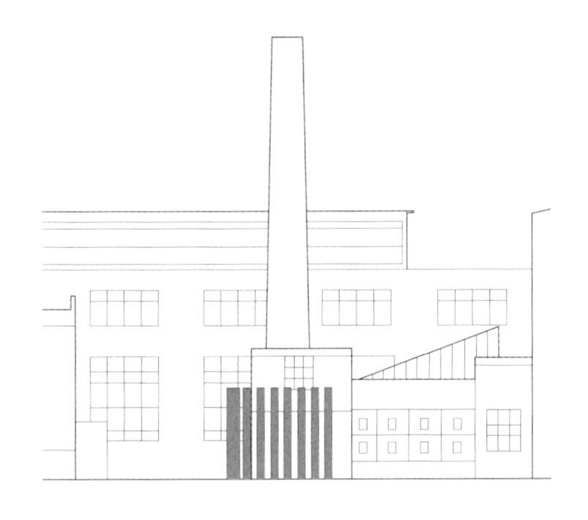

A3-02　内蒙古工业大学建筑馆

A3-03 将拆除的建筑废弃物作为填充物转换为新的建筑材料

改造过程中拆除的混凝土、砌块、部分金属构件等建材通常面临着结构性破损，很难直接重新使用，废排销运也会带来较大的物流运输费用。将此类废弃物就地进行二次加工，通过捣碎、研磨等方式转换尺度，作为新的填充物材料，可成为非结构性装饰材料，也可用作地面铺装与墙体、地面混凝土骨料等。

案例一：“绿之屋”近零碳绿色办公空间改造

中国建筑设计研究院有限公司 绿色建筑设计研究院

项目将改造拆除的吊顶桥架龙骨、暖气水管等金属制品切割处理，置入地面混凝土中作为骨料，一同被置入的还有捣碎的玻璃原片，经水磨石打磨机一并打磨后，最终呈现出晶莹剔透且兼具金属光泽的地面效果。

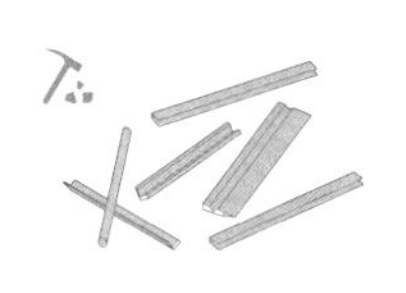

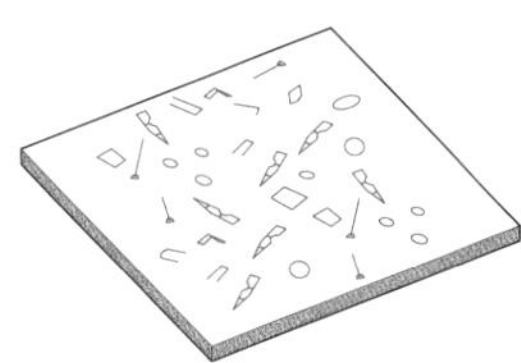

A3-03　“绿之屋”近零碳绿色办公空间改造

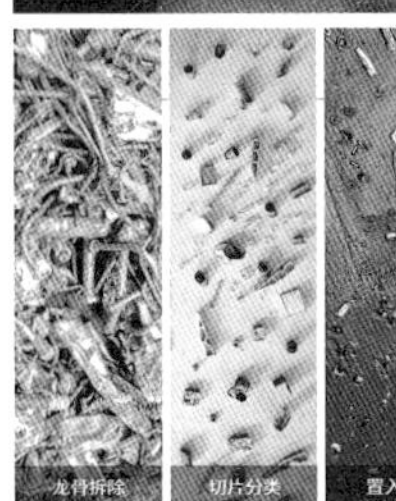

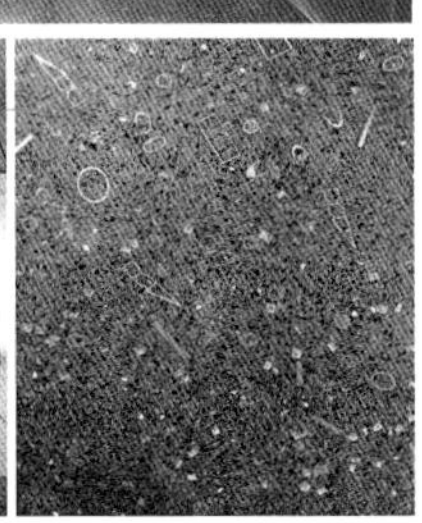

案例二：内蒙古工业大学建筑馆二期

内蒙古工大建筑设计有限责任公司

既有建筑拆除的砖块回收清理，并按照原有的砌筑方式重新用在了新建筑的墙面，实现新旧并置，延续材料属性。老馆的红砖作为新馆立面的构成元素，选择性的使用也延续了旧建筑的视觉感受，并继承了老馆的记忆与历史感。

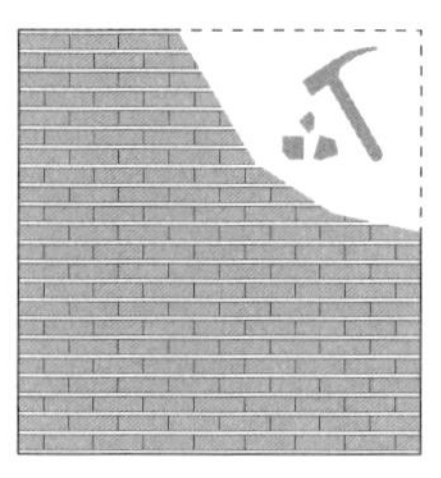

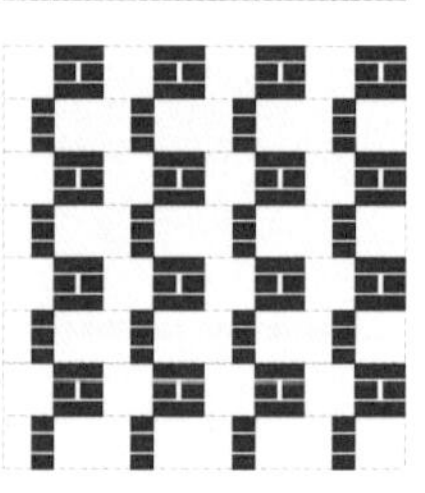

A3-03　内蒙古工业大学建筑馆二期

案例三：北京德胜尚城

中国建筑设计研究院有限公司 本土设计研究中心

采用回收青砖和瓦，在建筑底层砌筑成矮墙、院门等构筑物，在节约材料的同时也很好地保存了该地区的历史文脉。拆除材料的再利用，一方面减少了垃圾排放，实现循环再生利用；另一方面使墙面肌理斑驳自然，避免了都是新材料的单调性。

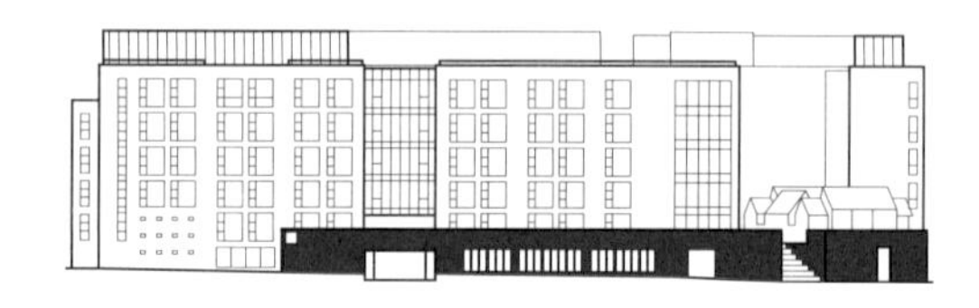

A3-03　北京德胜尚城

A3-04 将场地废弃设施进行艺术化处理后作为景观雕塑展现

场地内一些既有的设备设施或生产工具承载着场所记忆，有选择地将这些废弃构筑物保留下来，或进行艺术化的二次创作（尤其是通过选取与工业相关的片段，对工业废弃材料进行变形、拆解、重构、色彩变化等艺术化的处理，如烟囱、吊车、煤斗、五金等），可以使之与改造后的新建筑形成戏剧化的时空对话，组合成具有创意的景观雕塑。

案例一：上海世博会城市未来馆绿色改造
同济大学建筑设计研究院（集团）有限公司 原作设计工作室

设计师将原有南市发电厂厂房附近的烟囱保留，设计成改造后展馆的展示构件之一。它不但延续了原有工业建筑的记忆，而且也为改造后的新功能需求提供了特定的创作元素。

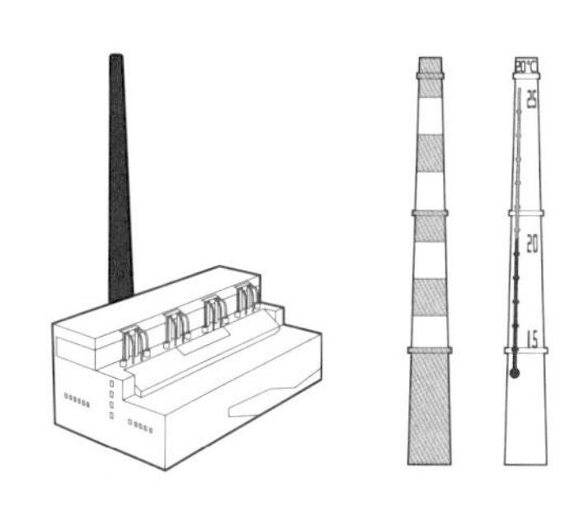

A3-04 上海世博会城市未来馆绿色改造

案例二：上海龙美术馆西岸馆
大舍建筑设计事务所

现场保留了20世纪50年代所建的大约长110m、宽10m、高8m的煤料斗卸载桥，作为改造后美术馆外部空间轴线序列的主要提示，公众进入美术馆前穿行于卸载桥下，唤醒旧有的场所记忆。

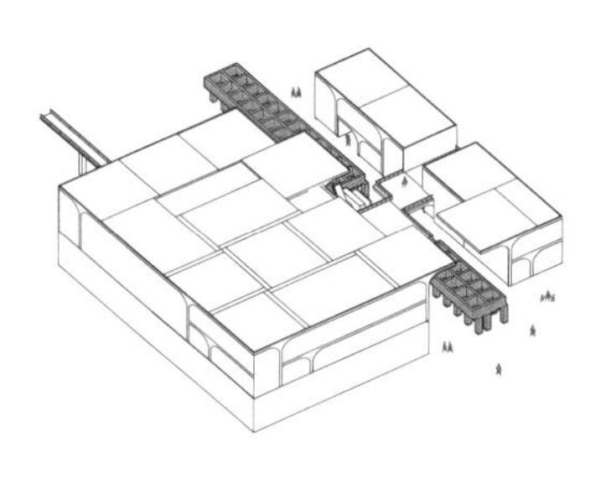

案例三：内蒙古工业大学建筑馆
内蒙古工大建筑设计有限责任公司

项目将原车间拆除下的混凝土条板、生产设施、金属五金等零构建作为景观雕塑，保留在园区内，延续场所记忆。

A3-04 上海龙美术馆西岸馆

A3-04 内蒙古工业大学建筑馆

保障安全

改造设计中，结构的加固与补强措施对于方案可实施性至关重要。一方面，由于使用功能与空间需求的变化，原有结构的荷载与传力方式不可避免地发生改变；另一方面，结构自身的规范标准也在与时俱进不断更新，旧时的设计标准往往难以满足今日的计算要求。无论主动或被动因素导致的荷载受力变化，若要满足当下的使用安全保障要求，都需要对结构加固方案进行合理谨慎选型；与此同时，结构的加固与改造方案应尽可能地建立在最大化利用既有结构基础上，减少主体的触碰，轻量化结构改造，进而减少不必要的资源浪费。

B1 结构被动加固

B1-01 补强型加固，对结构构件直接进行加固

B1-02 附加型加固，通过附加构件提升结构整体承载力

B1-03 置换型加固，对局部（整体）受损构件直接进行替换

B2 局部主动加强

B2-01 通过在受力较弱侧增设使用空间，提升结构整体受力性能

B2-02 通过空间的跨层整合，减少结构荷载

结构被动加固

由于使用功能、空间需求、规范标准等外部因素变化，导致主体结构不得不进行加固补强处理，以确保结构的安全使用。此类加固过程可定义为结构被动加固。补强型加固指对结构构件直接采取加固措施，如增加构件截面面积、包钢、增加预应力等方式；附加型加固指在既有结构构件周边通过增加受力点的方式分担结构荷载，进而确保结构整体的安全使用；置换型加固指对年久失修或难以利用的结构构件直接进行替换，延续使用寿命。

B1-01 补强型加固，对结构构件直接进行加固

其基本原理在于增加支撑结构的截面面积，进而提升构件承受荷载的能力。外包材料根据原有结构体系受力不同，可采用混凝土外包、纤维材料外包、钢材外包等方式，必要时施加预应力，最终达到提升结构承载能力，改善结构的使用性能并延长使用寿命的目的。

案例一：嘉兴桐乡东浜头村双创客厅改造

上海严旸建筑设计工作室

项目面临将原有建筑立面加高的需求。但经过实际勘测后发现，增加部分不具备新建独立基础的条件，设计在原有砖质柱体上进行植筋并浇灌混凝土，让它与旧墙体形成一个整体混凝土柱，以此承担增高部分的荷载。

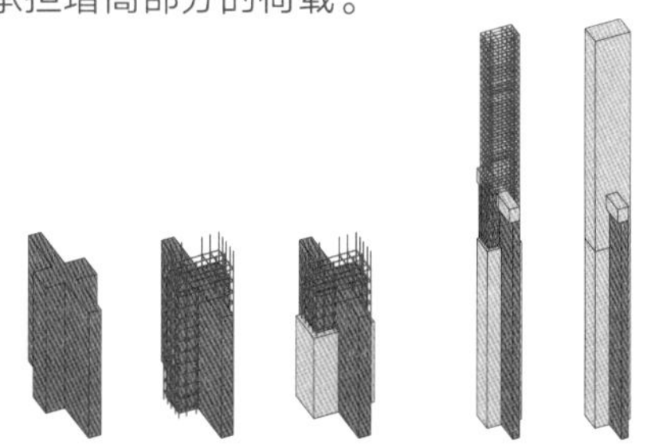

B1-01　嘉兴桐乡东浜头村双创客厅改造

案例二：上海武夷320城市更新项目

同济大学建筑设计研究院（集团）有限公司 原作设计工作室

上海武夷320城市更新项目利用两座20世纪60年代的工业厂房改造成为菜场市集。在面向城市道路的入口一侧，设计选择拆除原有结构框架间的墙体，获得更开放的进出空间。横向墙体的拆除对原有竖向混凝土柱的荷载情况产生影响，因此采用“包钢法”对其直接进行加固，用最小化的加固构件手法，最大化地还原原有结构的形态特征。另外，设计直接裸露加固形成的结构外貌，外侧不再进行装饰，也塑造出更工业化的外观风貌，反映结构的真实性。

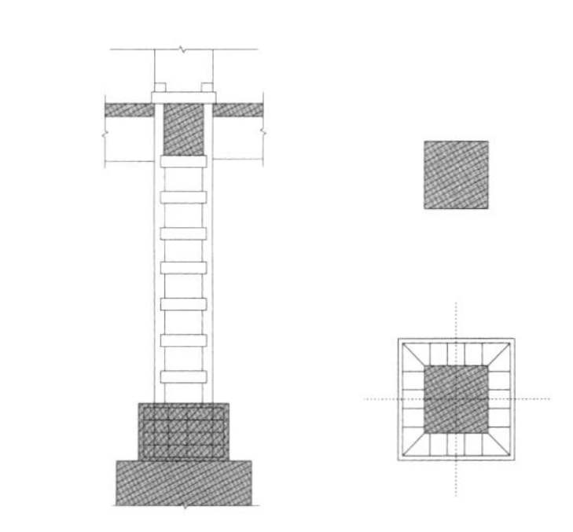

B1-01　上海武夷 320 城市更新项目

B1-02 附加型加固，通过附加构件提升结构整体承载力

当原有结构受力构件不适合采用直接加固措施时，可选择在邻近区域补充结构构件，通过增加受力点分担既有构件承受的荷载，进而提高结构的整体受力性能，相似原理的措施还包含改变刚度比法、设置阻尼器等。

案例一：西安大华1935

中国建筑设计研究院有限公司 本土设计研究中心

西安大华1935项目利用纱厂厂房改造而来，项目采用“积极的减法”改造策略，根据需要，拆除一部分生产辅房与通道，形成新的街道与开放空间。主入口空间根据活动需求，对原有厂房折板屋面进行抬高处理，增加高度带来的竖向荷载变化导致原有混凝土梁体无法继续承载，水平侧推力的计算参数也因为规范的更新而愈加紧张。因此设计选择在混凝土梁外侧加设新的钢结构箱形梁体，与原有钢筋混凝土梁体共同承担建筑的竖向增加荷载与水平侧推力。

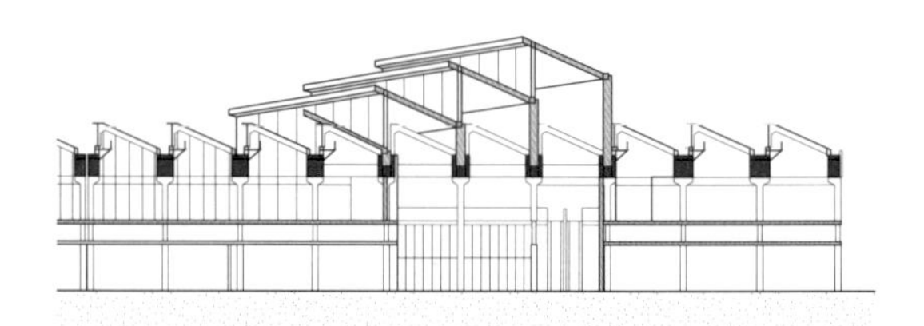

B1-02 西安大华 1935

案例二：昆山锦溪祝家甸砖厂改造

中国建筑设计研究院有限公司 本土设计研究中心

锦溪祝家甸砖厂原有屋顶结构采用传统抬梁木桁架式，其三角形框架两端依靠建筑外墙承重。在项目改造之前，三角形木桁架早已承受了多年腐蚀而破损严重，加之项目由工业建筑转变成为民用建筑后结构计算标准提升，因此，设计时在内部增加轻钢结构框架，作为垂直受力构件的补充，共同支撑改造后的轻钢结构屋顶。

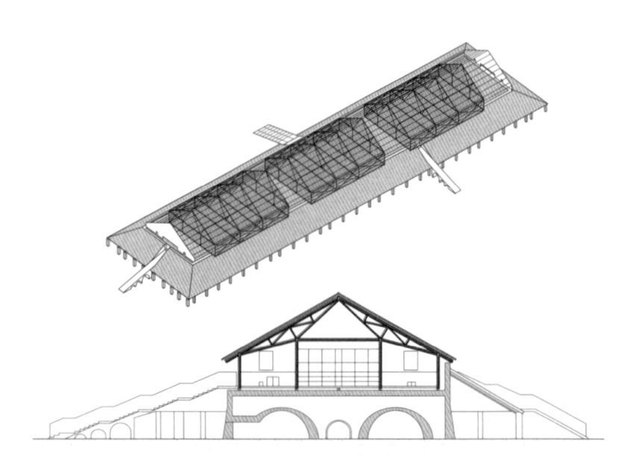

B1-02 昆山锦溪祝家甸砖厂改造

B1-03 置换型加固，对局部（整体）受损构件直接进行替换

建筑物经过检测，如果存在局部结构功能严重不满足现有使用要求，进行一些基本的结构构件加固也无法解决问题时，就需要考虑整体替换这部分构件，使用承载力更强、抗震效果更好的局部结构构件。这种替换有时是建筑结构的替换，例如砖混结构替换为混凝土结构，混凝土结构替换为钢结构等；有时是新旧材料的替换，例如用同质高强新材料替换老旧失效的旧材料等。

案例一：时代文仓——沈阳东贸库2号库改造

URBANUS都市实践

项目将相同形状的钢桁架植入现有木桁架体系中，在不改变原视觉感受的前提下，卸掉木结构荷载，将现有柱位上的木桁架部分置换成相似形状的钢桁架，并通过加厚的钢桁架上弦杆与榀间檩条承受新屋顶的荷载，使原有木桁架只作为装饰构件在空间中展现。为了保证三角桁架的视觉连续性，每两榀钢桁架之间保留了三榀原有的木桁架，并在钢结构中延续了木结构斜撑作为装饰，从而保留了原有结构的整体感。

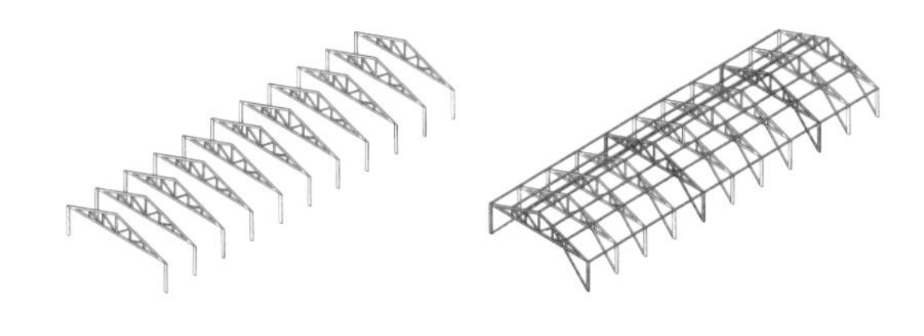

B1-03 时代文仓——沈阳东贸库 2 号库改造

案例二：杭州先锋云夕图书馆

张雷联合建筑事务所

先锋云夕图书馆将建筑屋顶抬高60cm，以获得更多的自然光，但原有的内部穿斗木结构与外部土坯墙无法继续承担上部增加的荷载，因此，设计时采用巧妙的榫卯技术直接置换内部木结构，确保增加高度后结构整体的安全性。

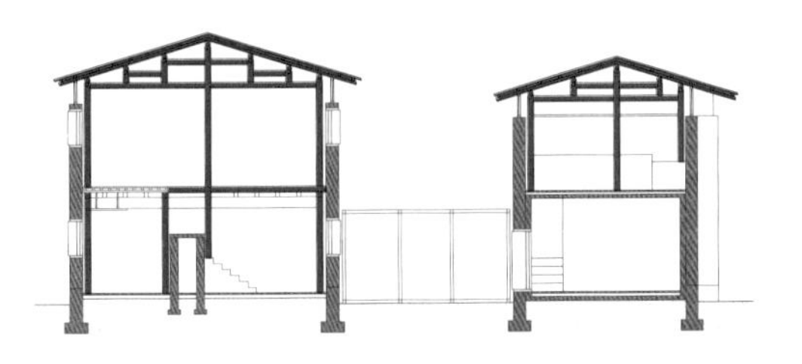

B1-03 杭州先锋云夕图书馆

B2 局部主动加强

改造过程中通过改变使用功能或空间形制以带来局部结构体系的加强，从而提升结构整体的承载性能，此类情况归纳为局部主动加强。空间加强措施从承载力改变角度可分为提升刚度与减少荷载两种方向：前者依靠增加局部空间、增设梁板构件以加强结构刚度或受力性能；后者通过局部空间的拆除如打通楼板、减少层数等方式减少原有结构自身荷载，进而释放结构整体的承载余量。

B2-01 通过在受力较弱侧增设使用空间，提升结构整体受力性能

当改造建筑增加使用空间时，构成空间限定的实体围护界面极有可能作为有效结构构件与主体结构产生直接联系，分担原有结构的荷载受力。如水平方向增加使用空间及相关构件时，更能提升建筑区域或整体的结构刚度。

案例：内蒙古工业大学建筑馆
内蒙古工大建筑设计有限责任公司

利用铸造车间改造而成，原有厂房层高和跨度较大，主体结构尤其是靠近外墙部分缺少维护，导致承载力难以满足当下结构计算标准。通过在北侧设置一系列小尺度的功能用房，间接增加了隔墙、柱、梁、楼板等结构构件，使区域整体的结构刚度加强，同时起到了增加外墙侧向抗力的作用。

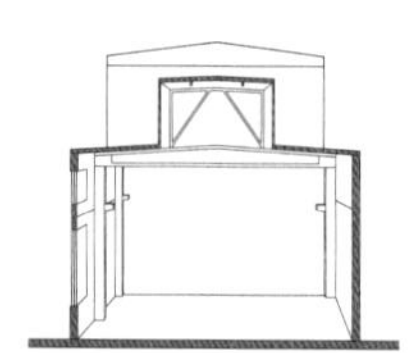

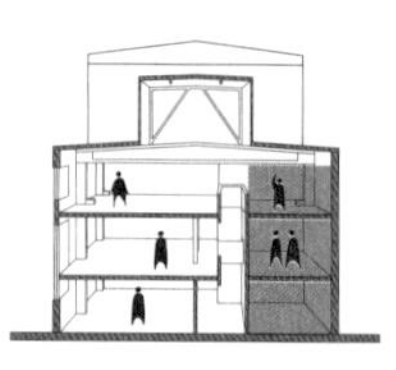

B2-01 内蒙古工业大学建筑馆

B2-02 通过空间的跨层整合，减少结构荷载

改造时，当既有结构不满足当下规范标准时，一方面可以通过结构加固的方式确保使用的安全性；另一方面也可以采用适当拆除使用空间的方式以减少永久荷载与活荷载，释放原有结构的承载余量。

案例：绿之丘 上海滨江原烟草公司机修仓库改造
同济大学建筑设计研究院（集团）有限公司 原作设计工作室

绿之丘利用原宁国路码头附近的烟草仓库拆改而成。为了不改变既有规划道路的走向位置，设计选择让市政道路直接在建筑底层穿过，这就对上部跨越道路的主体建筑部分荷载提出较高要求。设计思路是对上部中心主要楼板进行拆除，通过钢制格栅盖板减少自重的同时保证人员可达性。

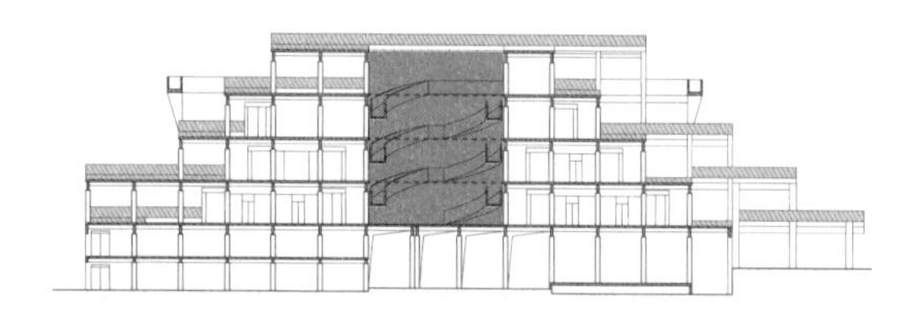

B2-02 绿之丘 上海滨江原烟草公司机修仓库改造

改良性能

改良性能主要针对空间的性能而言，即对空间的物理化性能进行提升，包括对空间的容量、承载力、可变性、环境舒适度等的提升。在绿色与低碳的大目标下，通过适宜性策略的选取，营造平衡中的最优解，不是单纯的技术和策略叠加，而是形成与主体一同的整体联动。在改造中，此部分优先对空间本体的转换和利用进行物理性能提升。改良性能与建筑所在气候条件密切相关，应结合不同气候区特征进行空间使用的分类，建立空间过渡区，高效利用可再生自然资源（自然风、自然光、热等），以被动式策略优先进行先发引导；同时优选设备体系，减少设备介入的幅度；进行分时分区域的局部提升也是常用策略。建筑师更应对整个被动与主动的技术体系进行统筹，避免技术叠加，形成完整的联动体系。

C1 基础性能匹配

C1-01 根据功能需求变化对原有分散型空间进行整合联通

C1-02 根据功能需求变化对原有大空间进行重新划分与加建

C1-03 根据使用人群承载量变化对原有空间规模划分进行调整

C1-04 引入交通空间组织流线，应对未来使用需求变化

C2 过渡空间利用

C2-01 严寒、寒冷地区面向冬季迎风面设置门斗过渡空间，减少出入热损

C2-02 严寒、寒冷地区建筑南向设置封闭走廊，形成空腔阳光廊，利用过渡空间进行保温隔热

C2-03 日照强烈地区建筑设置外檐廊，减少用能空间与进入室内的热辐射

C2-04 日照强烈地区屋顶设置遮阳棚等设施，遮蔽太阳直接辐射热，增加屋面使用空间

C3 自然通风采光

C3-01 合理控制既有建筑的进深，优化自然采光通风

C3-02 置入内院或边院，缩小建筑进深，引入自然采光通风

C3-03 增设中庭空间改善建筑内部的自然采光与通风

C3-04 通过局部拆改形成下沉庭院，改善地下空间通风采光质量

C3-05 利用屋顶天窗，设置可贯穿的导光井，改善室内的通风采光

C4 设备体系优选

C4-01 优化空调与电力系统，根据需求变化分散用能、分时供能，节约能源

C4-02 充分利用可再生能源与资源的回收利用

C4-03 重新构建智慧调控系统，利用环境监测反馈，进行优化调节

基础性能匹配

是指在建筑学传统意义上改善既有空间的基础使用性能，包括空间的划分、整合及其光环境、热环境、景观环境、空气品质、软装视觉环境等，需要考量功能要求与人的使用，并以空间的适变和人群的行为为设计目标。其中，拓展空间分隔方式、大小尺度和人群承载量是基础策略，同时考虑未来空间的使用效率，满足可能出现的多样功能转换。

C1-01 根据功能需求变化对原有分散型空间进行整合联通

当建筑功能发生改变时，既有建筑的空间模式与划分方式应当根据使用需求进行积极的调整或转化。原有建筑为小空间需要转化为大开间或功能使用连续的业态时，需要对原有建筑分隔进行适当的联通或调整，并采取必要的结构加固措施。

案例一：南京先锋筒仓书店

中国建筑设计研究院有限公司 本土设计研究中心

改造前的矿石筒仓外墙相对封闭，仅开设了货物进出口及少量通风洞口。筒仓之间相对独立，不可联系使用。改造后，在外墙加设了若干洞口以满足书店日常采光需求，同时在不同筒仓之间增加连廊，使其可以联通，方便书店运营管理。

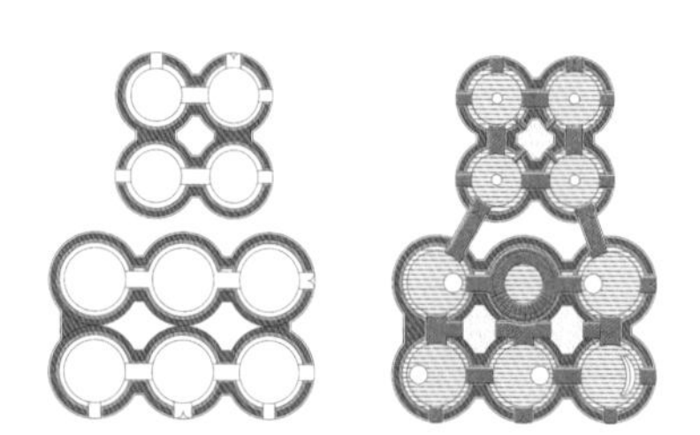

C1-01 南京先锋筒仓书店

案例二：上海灰仓美术馆

同济大学建筑设计研究院（集团）有限公司 原作设计工作室

通过增设两块景观平台，将原来独立的三个灰罐连接成统一的整体。整个空间的使用模式被想象成为一组完全公共的漫游路径，从底部的混凝土框架一直盘绕至灰仓顶部。

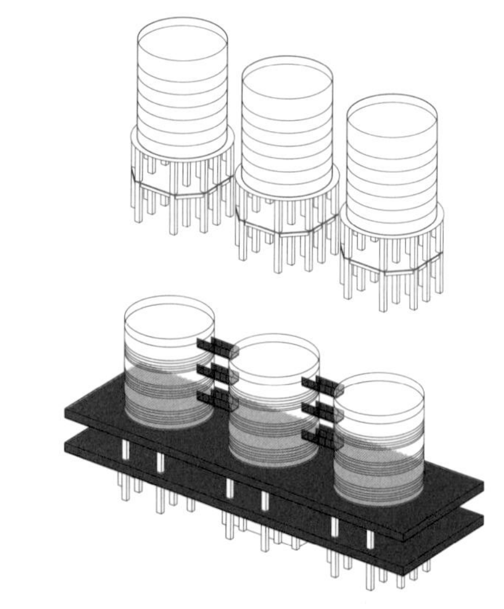

C1-01 上海灰仓美术馆

C1-02 根据功能需求变化对原有大空间进行重新划分与加建

原有高大型空间如体育馆、生产车间等建筑类型在转化为小开间的功能时，通常采用在原建筑空腔内增加楼板、墙体等分隔的方式，并根据防火疏散要求的变化增加必要的消防设施和疏散走廊。

案例一：内蒙古工业大学建筑馆

内蒙古工大建筑设计有限责任公司

将原铸造车间通透开敞的大空间、自然裸露的构造细部与建筑学重交流、重体验、重实践的教学特点相适应。在改造过程中，分析体验现有的单个空间，将建筑馆的教学、展览、评图、实验等功能对号入座。通过加层获得更多的使用面积，将展览空间与楼梯相结合，增设的单元式平台随楼梯逐渐抬升，实现对现有空间的功能置换，赋予并引导适宜的新功能。

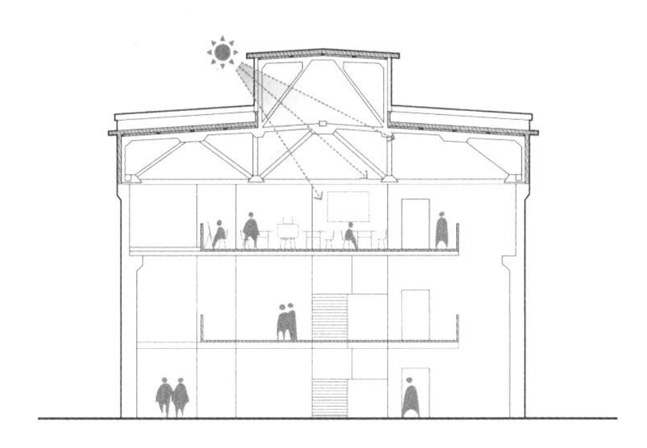

C1-02 内蒙古工业大学建筑馆

案例二：上海油罐艺术中心

OPEN建筑事务所

设计通过在油罐腔体内置入不同的空间体系，如盘旋坡道、垂直分隔等，使其油罐内部的空间具备展览功能所要求的单一流线属性。将立方体植入罐内，让展览布置主动适应既有曲面空间。立方体内层高较低，空间形状规则，罐壁和立方体形成了通高展室，用以展示超高展品。

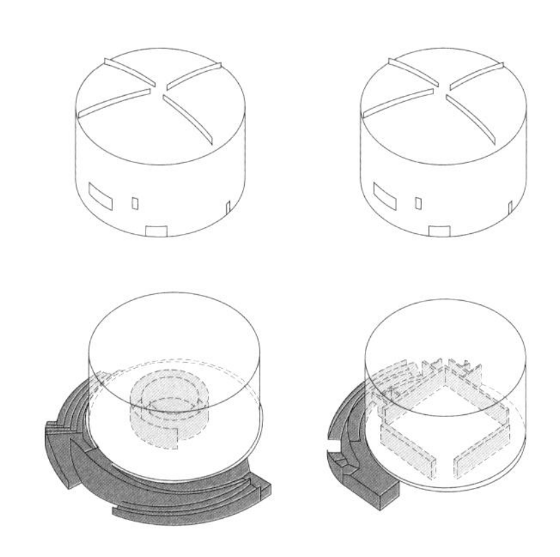

C1-02 上海油罐艺术中心

C1-03 根据使用人群承载量变化对原有空间规模划分进行调整

建筑功能发生转变的同时，也会带来建筑承载力的变化及疏散人员数量的变化，需要对原有建筑的流线和空间尺度进行必要的调整，如增加与承载力匹配的竖向交通楼、电梯，增加或拓宽疏散走廊宽度，加设必要的消防疏散设施如防火门、卷帘、疏散楼梯与消防电梯等，确保建筑改造后使用的安全性与便利性。

案例一：上海张江国创中心——液晶显示器厂改造

上海中森建筑与工程设计顾问有限公司

原有大空间厂房（丙2类）转化为众创办公模式后，内部被分隔成若干独立办公组团，因此，增加了对应数量的楼、电梯及卫生间以方便其独立切割租赁，同时满足消防疏散需要。

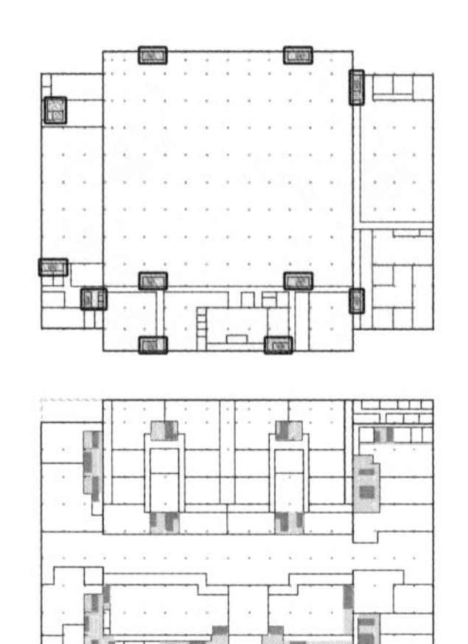

C1-03　上海张江国创中心——液晶显示器厂改造

案例二：上海民生码头八万吨筒仓改造

大舍建筑设计事务所

原有八万吨筒仓属仓库类工业建筑，使用人数较少，疏散要求较低。经改造后的筒仓作为展览建筑，面临瞬间人流激增的情况，需要根据预估承载的客流量在原有空间内增加竖向交通设施如楼梯、电梯（外挂扶梯）等，同时，根据消防设计规范增加必要的疏散楼梯和消防电梯。

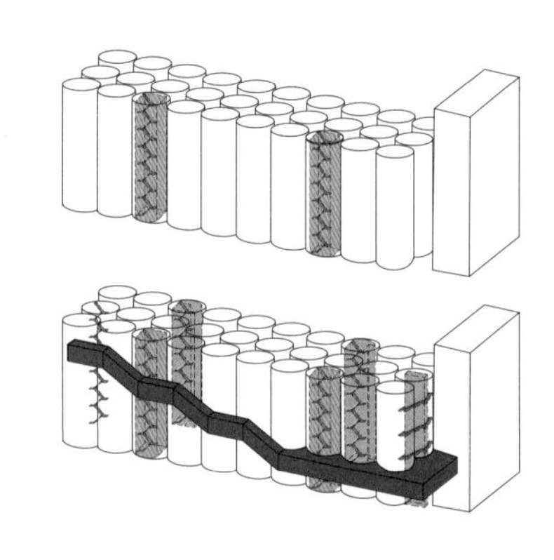

C1-03　上海民生码头八万吨筒仓改造

C1-04 引入交通空间组织流线，应对未来使用需求变化

当改造项目功能使用效率低下或无法满足使用需求时，可通过置入新的交通流线来重新组织空间，对功能空间进行优化，以满足当下的使用需求并应对未来需求。

案例一：上海世茂广场改造

Kokaistudios

通过置入两组红毯式“飞天梯”重新梳理建筑内外流线。根据顾客类型规划体验路径，并创造了开放的公共空间，让大体量商业建筑以新面貌融入城市公共空间和市民的生活。

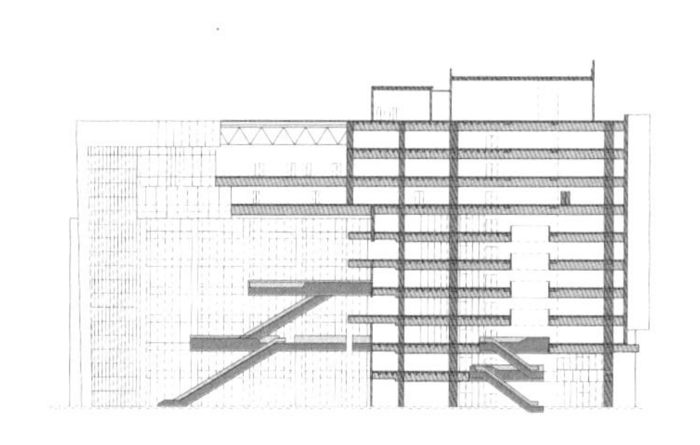

C1-04　上海世茂广场改造

案例二：北京成府路150号

URBANUS都市实践

为吸引人流、企业入驻，设计师意图将屋顶改造为适合年轻人娱乐业态的空间，即通过改造建筑内外空间把人引导到屋顶，并把这种内在的运动通过建筑外形表达出来。设计在入口门厅外立面上挖出一个倒梯形的四层通高、向上“攀登”的空间；而屋顶花园在外立面下沉两层，形成一个漏斗形的自上而下的“拥抱”空间。改造后，动线被重新组织，办公区和服务区被联系在一起。设计通过内外连贯性的设计逻辑，激活了内部空间，使其外观改造也有了依据。

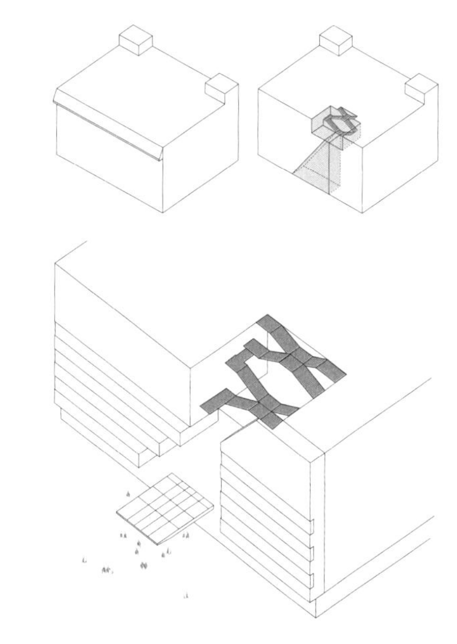

C1-04　北京成府路 150 号

过渡空间利用

在不同气候区，利用室内外过渡空间的布置来改善内部使用空间物理性能的方法，也是建筑改造设计中常用的一种绿色设计策略，其过程也伴随着对空间用能标准的重新定义。建筑改造设计中常常在过渡空间上进行加建或改造，除了满足功能使用和空间氛围的塑造，还应同步考量其气候的适应性与对室内空间物理性能的提升，发挥好空间的缓冲与调蓄的节能作用。

C2-01 严寒、寒冷地区面向冬季迎风面设置门斗过渡空间，减少出入热损

地处严寒或寒冷地区的建筑改造项目，在冬季迎风面朝向可以考虑设置门斗空间。门斗空间作为建筑物内外之间热交换的过渡屏障，可以有效提升建筑物的气候适应性，减少人员出入带来的能耗损失。

案例一：内蒙古师范大学青年政治学院图书馆
内蒙古工大建筑设计有限责任公司

在将锅炉房改造为图书馆的过程中，为改进保温性能，在底层加建了咖啡厅，形成过渡空间。这个缓冲区域将视线打开，让阳光直入，在节能的基础上创造了类似阳光房的空间。

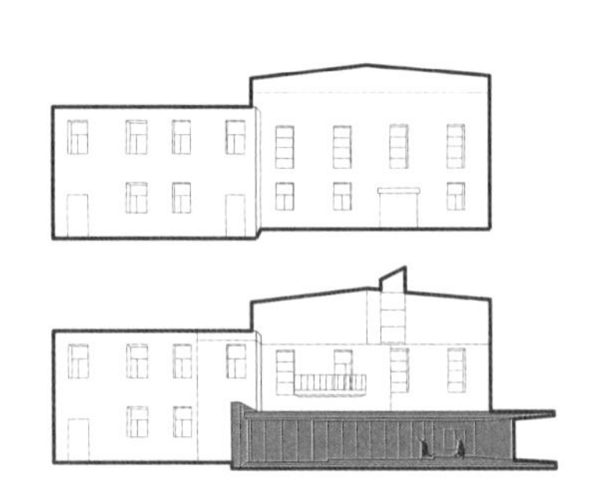

案例二：内蒙古工业大学建筑馆
内蒙古工大建筑设计有限责任公司

建筑入口改造的具体操作，是在原有建筑体量围合的庭院东侧置入玻璃盒子，作为扩大的门斗，既承担御寒之用，又承担着等候、交流的功能。

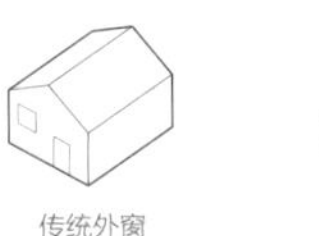

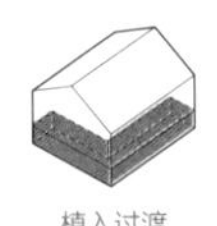

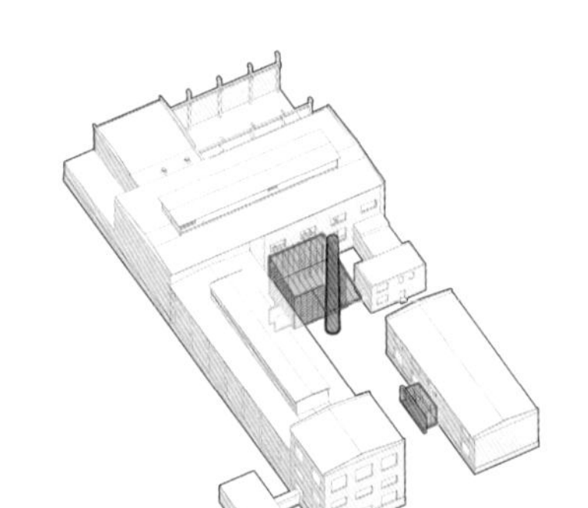

C2-01　内蒙古师范大学青年政治学院图书馆

C2-01　内蒙古工业大学建筑馆

C2-02 严寒、寒冷地区建筑南向设置封闭走廊，形成空腔阳光廊，利用过渡空间进行保温隔热

寒冷、严寒地区冬季的日照资源尤为稀缺，引入自然直射光线的同时，还应关注过低的太阳高度角造成的室内眩光影响。如果有条件可将建筑南向部分改造成为公共走廊，可以减少直射光不利影响的同时，也可以让走廊转换成为建筑内外的过渡空腔，提升建筑的保温隔热性能。

案例一：雄安设计中心

中国建筑设计研究院有限公司 绿色建筑设计研究院

改造过程中，在主楼外侧利用原有无保温外墙、内侧增设幕墙作为围护结构，将室内走廊定义为暖廊。不设空调，利用通风和南向采光大幅减少用能空间，对室内使用空间的调蓄起到明显作用。

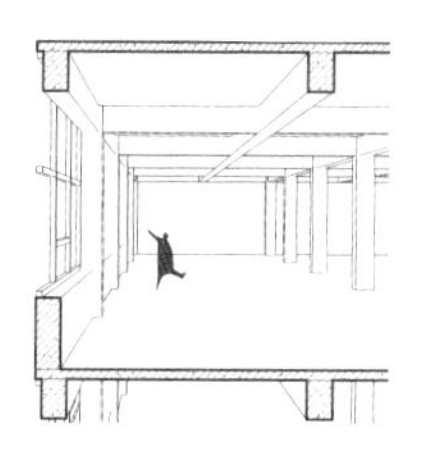

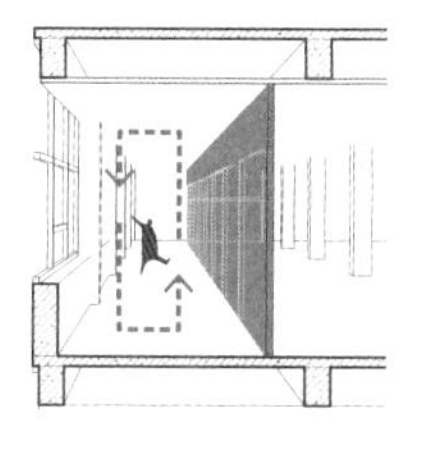

C2-02 雄安设计中心

案例二：零舍 北京大兴近零能耗乡居改造

天友建筑设计

对适应单层院落布局的近零能耗建筑空间体系进行了改进，用被动式太阳房和楼梯间风塔连接气密性单元，实现增强冬季热辐射和引导过渡季自然通风的作用。坡屋面用天窗实现天然采光，同时利用光伏瓦提供电能。

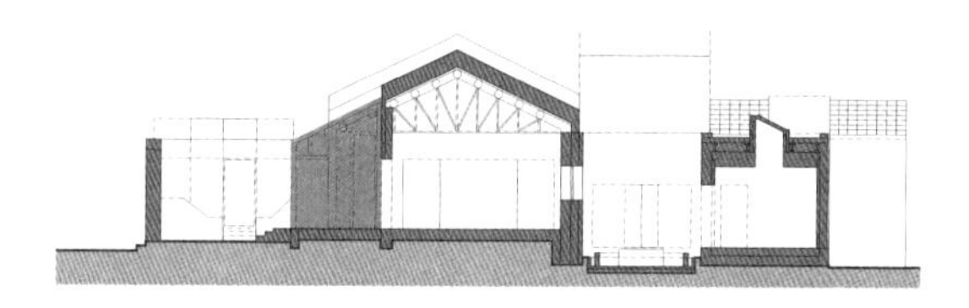

C2-02 零舍 北京大兴近零能耗乡居改造

C2-03 日照强烈地区建筑设置外檐廊，减少用能空间与进入室内的热辐射

对于我国日照强烈的地区，外挑檐廊是简单有效形成自遮阳效果的空间手段之一。在既有建筑改造过程中，利用现有结构柱体通过抱箍向外悬挑走廊，一方面可节约室内交通的占用空间与用能空间，另一方面也可以对建筑外界面形成有效的遮阳效果，减少直射光直接进入室内带来的热辐射。

案例一：上海嘉杰国际广场改造

AIM恺慕建筑事务所

在原国际广场的外部加建檐廊，改善建筑横向交通流线的联通，形成连接室内外的过渡空间，同时成为主体建筑的外遮阳设施，减少太阳辐射热，改善室内热环境，大幅降低建筑能耗。

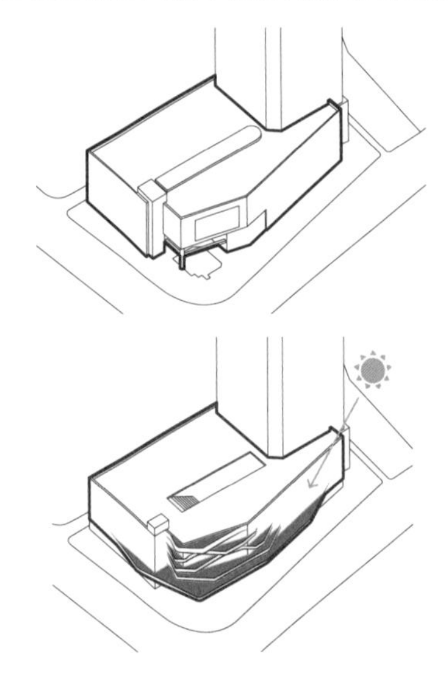

案例二：雄安设计中心

中国建筑设计研究院有限公司 绿色建筑设计研究院

利用挑台、连廊、院落引导室外步行活动，形成多种立体化生态交往空间。创造性地利用室内外过渡空间形成阳光外廊，节约能源，节能率最大可达42%。

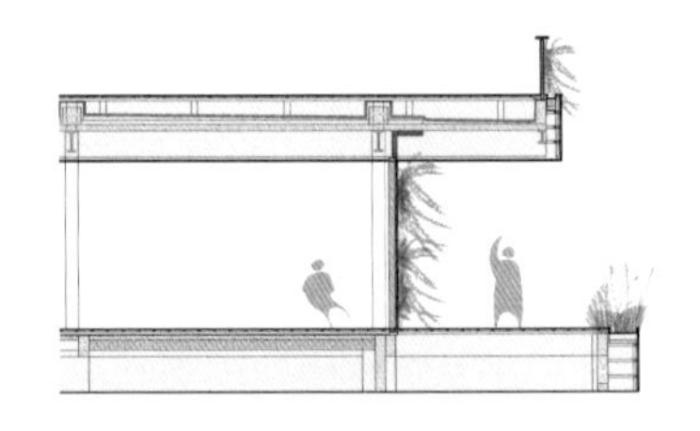

案例三：北京伊比利亚当代艺术中心

北京场域建筑事务所

建筑师在沿街的一侧设计了一堵50m长的砖墙，从而将三座独立的老建筑结合在一起，形成连续的立面。同时通过保留内墙、创造外廊空间，以提高室内的热环境，并形成新的功能空间。

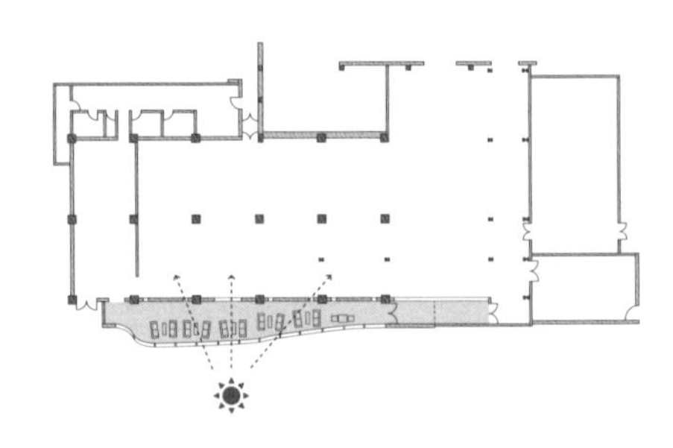

C2-03 上海嘉杰国际广场改造

C2-03 雄安设计中心

C2-04 日照强烈地区屋顶设置遮阳棚等设施，遮蔽太阳直接辐射热，增加屋面使用空间

在建筑承载力有余量的情况下，通过在屋顶设置遮阳棚架、架空平台等设施，可以增加建筑使用空间，提供户外多样活动的可能性。遮阳棚架为下方活动遮阳挡雨的同时，也为屋面提供了一层“保护层”，减少太阳直接辐射热。此措施在日照强烈的地区使用效果尤为明显。

案例一：海口新华果副集贸市场改造

中国建筑设计研究院有限公司 绿色建筑设计研究院

建筑师于通风塔顶添加遮阳棚，可提高屋顶的使用效率，形成额外的室内外过渡空间。

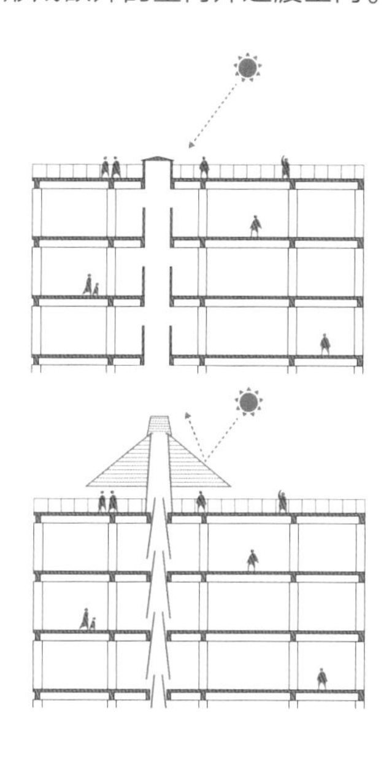

C2-04 海口新华果副集贸市场改造

案例二：屋顶平台（The Podium）

MVRDV建筑设计事务所

MVRDV在设计中打造了一个600m^2，可以容纳各种活动和聚会的平台，为下方建筑提供了遮阳。人们可以在屋顶漫步，在此一览城市风貌。同时，这个屋顶平台也提供了讲座、参观、电影等各项活动。

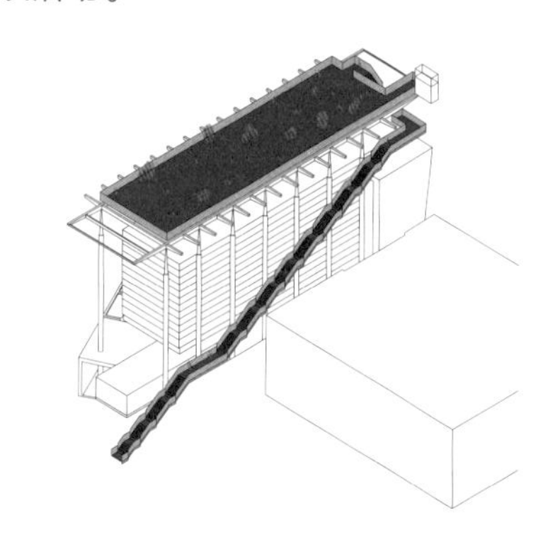

C2-04 屋顶平台

自然通风采光

指在改造的过程中，审视原有建筑条件，优先利用自然通风、天然采光等被动式策略，作为设计的重要切入点来改善室内物理环境，提升使用舒适度。如充分利用院落、中庭、竖井、下沉庭院，采取进深控制、穿堂风引入等一系列手段，与建筑功能、空间、形态一并考虑，形成自然而然的绿色美。

C3-01 合理控制既有建筑的进深，优化自然采光通风

对于厂房、仓库等大进深的既有建筑，当功能转换为一般民用建筑时，首要改善的是建筑的采光通风条件。除人员密集的大型公共空间外，一般房间定义8~12m作为自然通风采光相对合理的进深范围。如果原有建筑远超该进深区间，可通过合理的功能布局，预留部分开敞空间或半室外空间，引导自然通风，改善采光条件。

案例：绿之丘　上海滨江原烟草公司机修仓库改造
同济大学建筑设计研究院（集团）有限公司原作设计工作室

通过形体切削与置入庭院等方式，缩短房间的进深至平均10m，确保自然采光与通风条件。

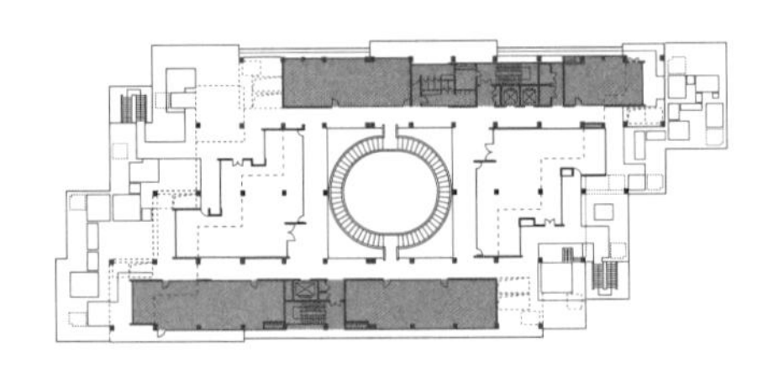

C3-01　绿之丘　上海滨江原烟草公司机修仓库改造

C3-02 置入内院或边院，缩小建筑进深，引入自然采光通风

当既有建筑进深较大时，可以通过对外部体量切削形成边院，利用边院周边界面增大自然采光通风面积；也可以通过在室内置入室外（内）庭院、减少周边使用空间的进深，进而改善室内的自然采光通风条件。

案例一：雄安设计中心
中国建筑设计研究院有限公司　绿色建筑设计研究院

复合生态平台，院落交替布局。不同主题的生态院落穿插其中，形成富有节奏的开合关系。院落之间嵌入模块化功能，与院落似手指般互相交融，让建筑纳入自然。

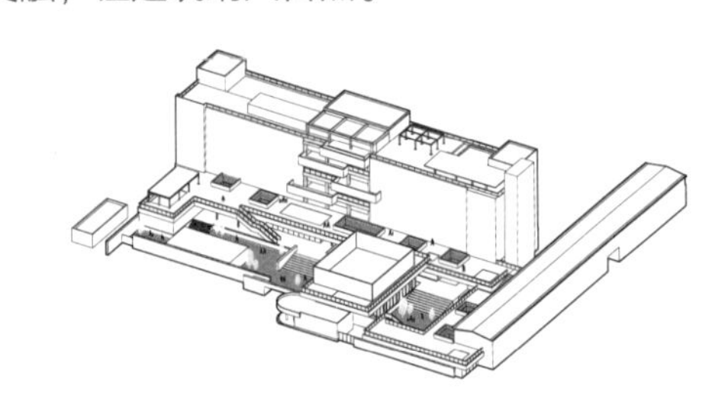

C3-02　雄安设计中心

案例二：比利时布鲁塞尔盖尔海事火车站改造
Neutelings Riedijk建筑事务所

建筑师将曾经的货运火车站改造为室内城市，在建筑间创造了街道、花园和广场，中心区域向公众开放。引入的绿化使这里环境宜人，并随着季节的变化而变化。

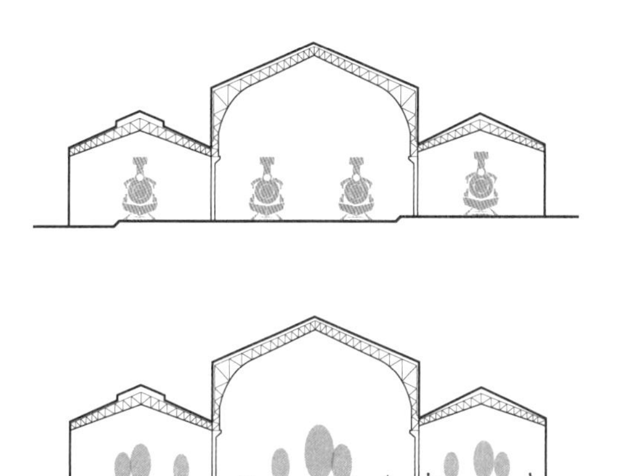

C3-02　比利时布鲁塞尔盖尔海事火车站改造

C3-03 增设中庭空间改善建筑内部的自然采光与通风

在既有改造项目中，通过拆板打洞、中庭贯通等空间设计手段，可以有效地改善室内光环境，对原有大进深建筑的空间品质与热环境质量提升效果明显。中庭顶部如果结合天窗设置开启扇，也可以利用中庭高度形成热压，引导自然通风。

案例一：北京万科时代中心改造
SHL建筑事务所

为了将更多的自然光线引入建筑室内空间，建筑师在建筑中打造了三个共享中庭——其中两个意在增强空间的流通性，将充足的日光更好地引入楼层内部；另一个中庭则位于沿街面，从而形成了一个高挑明亮的主入口。三个室内办公组团围绕着中庭布置，经济高效的平面布局与被引入的自然光相结合，共享中庭让办公空间享受到了来自不同方向的自然采光。

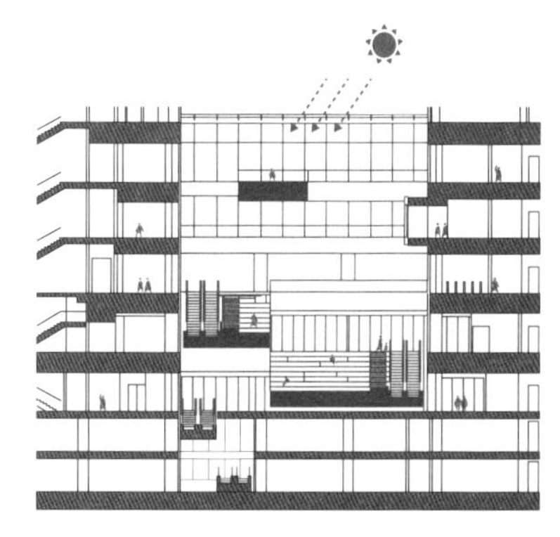

C3-03　北京万科时代中心改造

案例二：南非开普敦蔡茨非洲当代艺术博物馆

赫斯维克事务所

建筑师在建筑内部开凿出一个形似拱顶教堂的中庭，这一被掏空的负形空间成为博物馆的核心。建筑师对既有的管道进行了切割，并对切割后的筒壁断面进行抛光，同时在每一个弯曲的管道顶部装配了直径为6m的夹层玻璃，形成一个个圆形天窗，将光线引入中庭，从而为中庭带来自然光照。

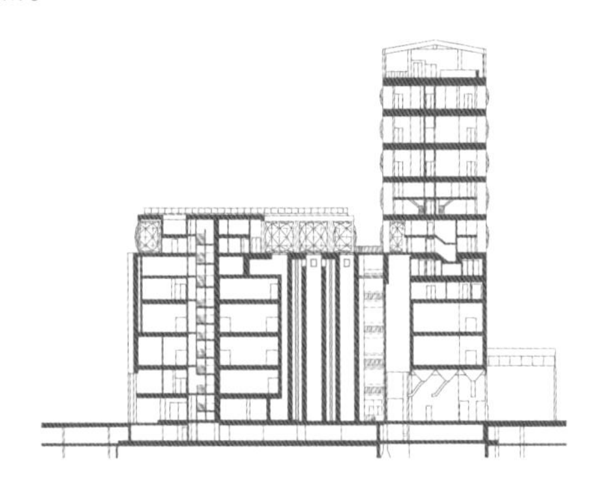

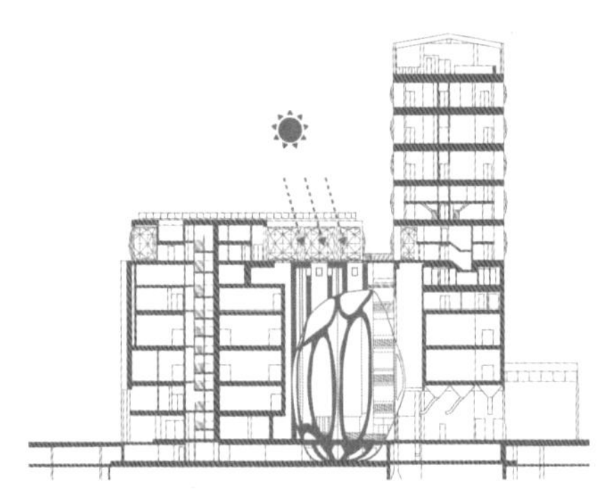

C3-03　南非开普敦蔡茨非洲当代艺术博物馆

案例三：上海申窑艺术中心

刘宇扬建筑事务所

在公共走廊区设置一组顺应结构的长天窗和三组方形天窗，将光线引入室内穿透至各层。走廊两侧的房间置入半透明的阳光板+玻璃的双层隔断，楼层被楼梯与错落布置的钢化玻璃楼面打破，成为一个明亮通透的光井。

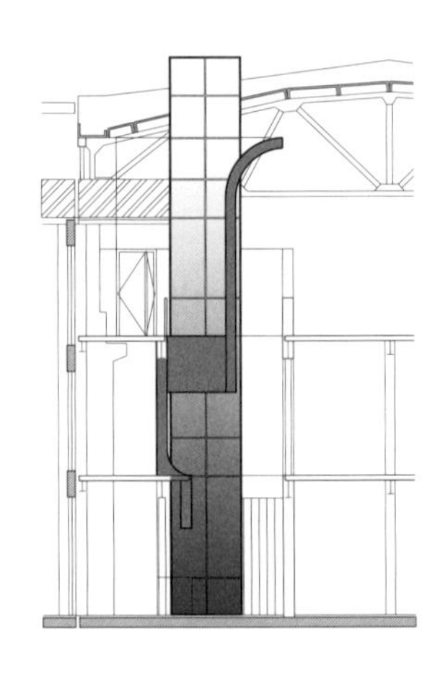

C3-03　上海申窑艺术中心

C3-04 通过局部拆改形成下沉庭院，改善地下空间通风采光质量

对于地下空间的改造设计，如何改善自然采光与通风条件是提升空间品质的核心要素。利用拆除部分室内楼板形成开放的下沉庭院，可以让原本封闭的地下室拥有类似首层的外部环境体验。获得采光的同时也能更好地拓展地下室的功能使用。

案例一：英国伦敦艺术家工作室改造
VATRAA建筑和室内设计事务所

由于场地的限制，设计在立面上的干预很少，仅围绕楼梯围护结构与屋顶照明进行了改造，主要的干预都集中在内部与地下空间。极细木框架全玻璃立面分隔出采光井，既将室外空间引入室内，又能够充分保证隐私。

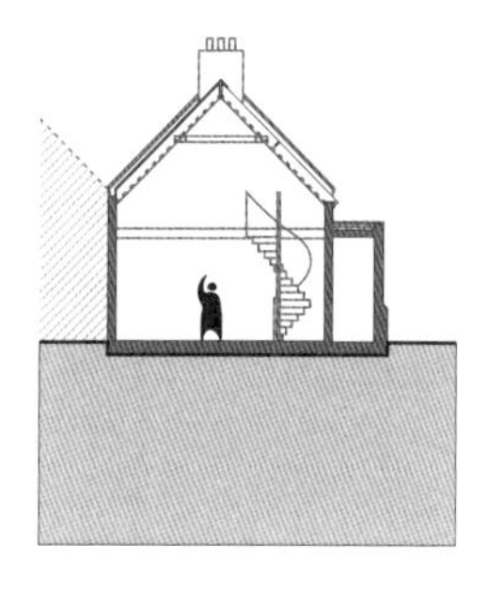

C3-04 英国伦敦艺术家工作室改造

案例二：法国巴黎卢浮宫金字塔入口
贝聿铭

设计通过一个巨大的地下层来接待公众，还有一座扶梯通向地下层，通过玻璃金字塔的入口将光线引入地下空间。

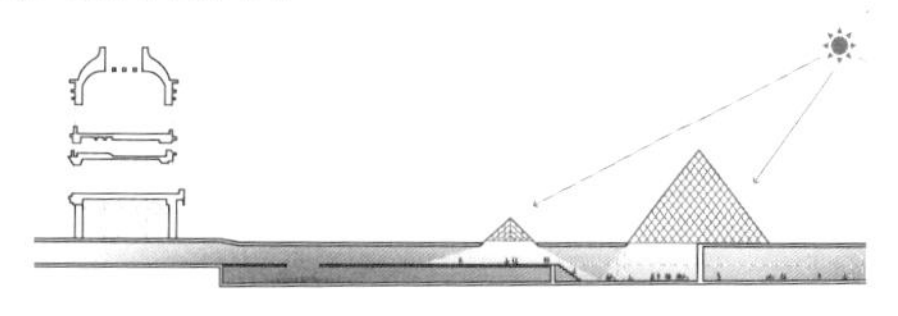

案例三：西班牙格拉纳达阿拉伯浴场
伊瓦涅斯建筑师事务所

建筑师通过对天窗的大小、形式和位置的设计，避免太阳眩光，保证光线通过浴室拱顶的天窗进入，改善地下空间的光环境。

C3-04 法国巴黎卢浮宫金字塔入口

C3-04 西班牙格拉纳达阿拉伯浴场

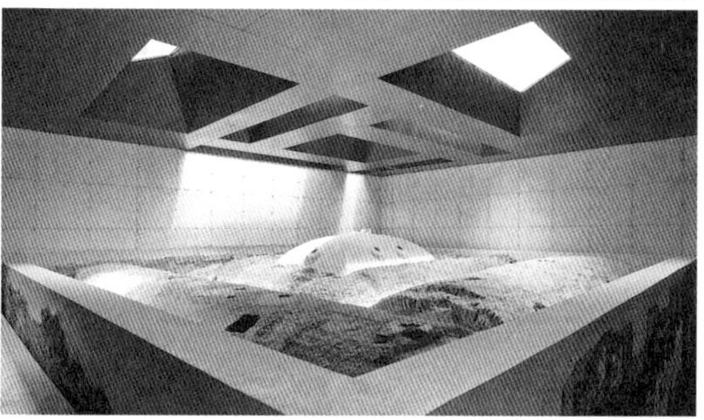

C3-05 利用屋顶天窗，设置可贯穿的导光井，改善室内的通风采光

在改造中，为了有效提升室内的环境空间品质、节约能源，应尽量充分发挥屋顶采天光的可能性，利用天窗、向下形成的采光通风井道、导光天井（管）等手段，不同程度地将室外光线引入室内。例如在改造的过程中，针对既有大空间的屋面通常可进行适度的拆改，直接增加天窗采光，能很好地塑造出空间的光感氛围。

案例一：内蒙古师范大学青年政治学院锅炉房
建筑营设计工作室

在屋顶相对的位置去掉屋面预制板，设为南北贯通的天窗。天窗渲染了内部空间的工业氛围，也解决了因外墙缩减窗洞面积而带来的光线不足等问题。

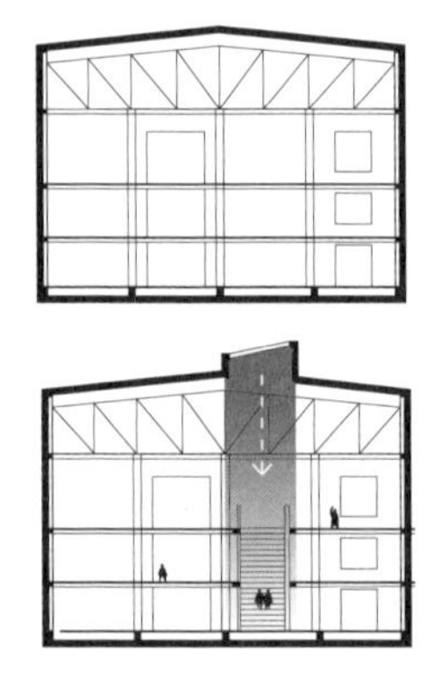

C3-05　内蒙古师范大学青年政治学院锅炉房

案例二：北京偏锋画廊改造
建筑营设计工作室

在既有建筑形式与结构的基础之上，以“光的漏斗”为概念意象，打开原本封闭的盒子，引入多层次的光。天窗向下延伸至倾斜的墙面，形成三个大小不一的梯形光井，为其下部的展厅和会客厅带来柔和的自然采光。在展览建筑功能的改造上，高窗与侧高窗的设置能很好地打造内部适宜的光环境，利于展品的陈设，是形成创作特色很重要的一种方式。

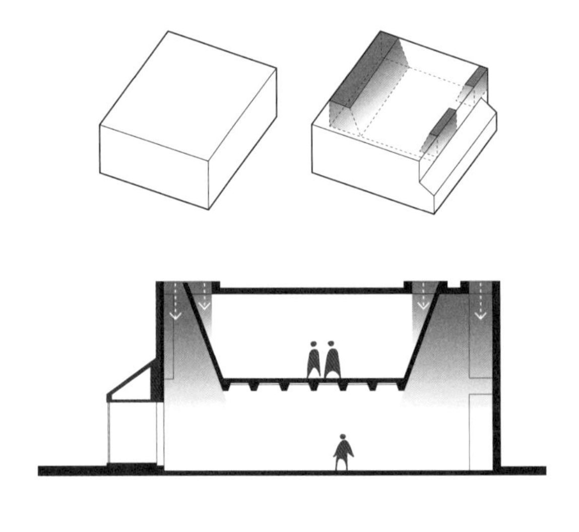

C3-05　北京偏锋画廊改造

C4 设备体系优选

在低碳节能的目标下，建筑师协同设备工程师制定最佳的设备系统方案，这也是建筑改造中必不可少的一个环节。总的原则是尽可能地分散用能、分时供能，减少集中开闭，鼓励可再生能源的利用。同时，利用监控系统和传感设施统筹、调节建筑物理环境，引导健康节俭的使用行为.

C4-01 优选空调与电力系统，根据需求变化分散用能、分时供能，节约能源

旧建筑往往因为使用时间较长，需要更新设备系统。新旧建筑的功能或标准不同，对空调与电力系统的要求也不同，建筑师应该统筹设备体系的搭建，优选分散式、可单独计量的设备系统，采用分时计量的方式。分散的空调布局（如VRV、分体空调等）通常需要在旧建筑上考量室外机的安装位置与建筑形式的关系。

案例：昆山锦溪祝家甸砖厂改造

中国建筑设计研究院有限公司 本土设计研究中心

利用分散的风机组与夹层空间进行空气循环。将下方窑体内的冷空气传送至展厅内，并将展厅内的热空气排至室外。

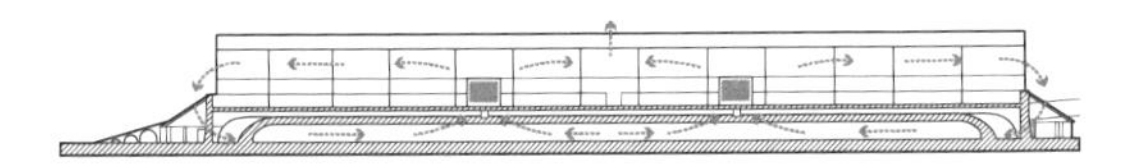

C4-01 昆山锦溪祝家甸砖厂改造

C4-02 充分利用可再生能源与资源的回收利用

根据项目所处地区日照雨水条件、市政电力供应情况，改造过程中可以有针对性地应用光伏发电、水力发电等可再生能源，以及雨水、中水、废水的回收循环等资源的回用，尤其是建筑光伏的一体化应用，给建筑师提供更大的改造创作自由度。

案例一：雄安设计中心

中国建筑设计研究院有限公司 绿色建筑设计研究院

通过屋顶无土栽培温室、架空屋面滤水层、彩色光伏玻璃以及蓄水景观一体化水池等能源利用系统，达到光、电、水、绿、气的能源自平衡。

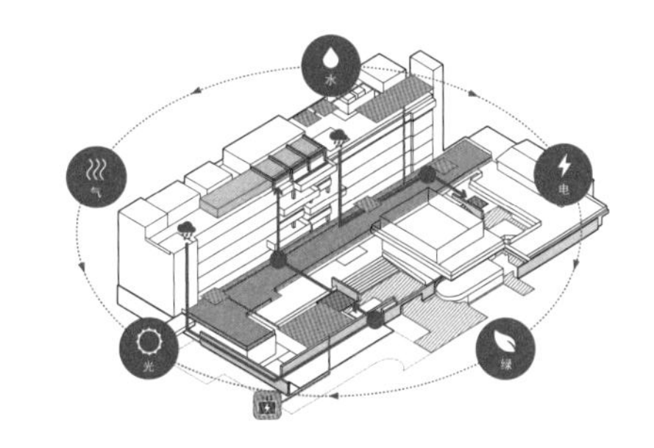

C4-02 雄安设计中心

案例二：比利时布鲁塞尔盖尔海事火车站改造

Neutelings Riedijk 建筑事务所

新的Maritime火车站不使用化石能源，所有能源自给。玻璃立面中加入了太阳能单元；屋顶上安装了17000m²的太阳能板。项目中还使用了其他不同程度的长期可持续技术，如地热能源，雨水回收再利用等。

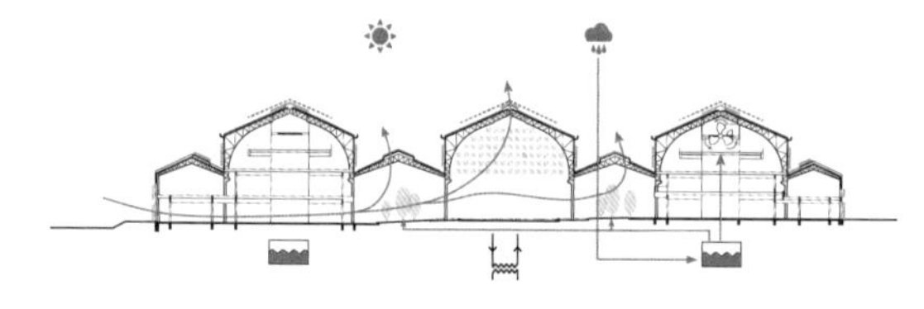

案例三：深圳国际低碳城会展中心升级改造

同济大学建筑设计研究院（集团）有限公司 原作设计工作室

运用海绵城市技术，结合场地内的蝴蝶湖，构建雨水花园、生态湿地以及雨水收集池等，将屋面径流和地表径流合理组织。同时合理运用透水路面、植草沟、光伏发电等技术构建完整的海绵技术系统，达成零碳园区的目标。

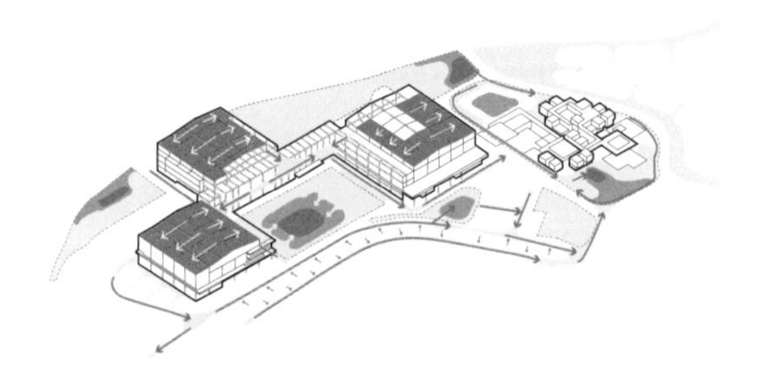

C4-02 比利时布鲁塞尔盖尔海事火车站改造

C4-03 重新构建智慧调控系统，利用环境监测反馈，进行优化调节

在改造项目中，通过搭建物联集控平台、实时环境系统监测、建立分析反馈机制等手段建立完整的智慧化调控体系，将各项智能化设备进行有机整合，最终实现优良的环境营造与使用效率的大幅提升。

案例："绿之屋"近零碳办公空间改造

中国建筑设计研究院有限公司 绿色建筑设计研究院

办公空间低碳与智慧改造项目通过建立系统性的管控体系，实现基于室内外既有资源利用的智慧调节、空间弹性与使用功能的智慧适变，提高空间使用效能。

C4-03 "绿之屋"近零碳办公空间改造

更新界面

建筑界面除了决定建筑的外观以外，还是建筑与自然环境的缓冲，是对室外不利气候因素的直接防御。对于界面的改造和性能的优化直接关系到建筑室内环境的舒适度和全生命周期中的节能减排。界面的更新处理除了常用增设保温隔热层来提升热工性能外，还有多种设计策略与技术手段可供选择。同时，因不同界面要素的技术解决方案不同，建筑的形态生成效果也多种多样，这往往是一举多得的手段。界面的更新包含屋顶界面的优化、外墙围护性能的提升，以及局部构件的改良。

D1 屋面界面优化

D1-01 在气候适宜地区设置屋顶绿化，提升屋面保温隔热效果
D1-02 在夏热冬暖地区设置架空通风屋面，提高屋盖隔热能力
D1-03 在日照强烈、降雨量大的地区设置蓄水屋面
D1-04 日照条件较好地区采用光伏一体化屋面或光伏棚架
D1-05 既有平屋面加设坡屋顶形成空腔层，提升排水及散热能力
D1-06 对屋顶空间的使用功能进行多方位扩展，同步改善原有屋面的物理性能

D2 外墙围护提升

D2-01 根据内部功能需求调整原有建筑外界面的采光开口方式
D2-02 根据建筑朝向或主导风向确定门窗洞口面积及开启方式
D2-03 在既有围护结构外部加设一层构造材料形成双层表皮，利用空腔优化外墙性能
D2-04 合理选用保温材料，提高原建筑外立面保温隔热性能
D2-05 外立面利用垂直绿化与攀爬植物等方式形成自然遮阳隔热
D2-06 既有墙体采用合理技术手段进行维护修缮，延长使用寿命
D2-07 提高门窗框材热阻值有助于减少热损耗，优先选用多腔型材
D2-08 加强门窗密闭性构造措施，提升建筑物保温性、防潮性、隔声性、防火性及室内空气质量

D3 局部构件改良

D3-01 根据不同地区太阳高度角合理设置外遮阳构件，调控光线与外界面热环境
D3-02 增设种植花池、攀爬网等绿化构件，形成生态界面语言
D3-03 设置必要的遮挡构件，整合美化空调室外机等设施
D3-04 在建筑外界面设置导光板，优化室内采光效果
D3-05 上人屋顶设置可遮阳避雨的休闲棚架，提供必要的休憩空间

屋面界面优化

指针对既有建筑屋顶设施性能所进行的综合提升，以保障基础的防水、保温（隔热）等硬性要求。结合不同气候条件，选取适宜的技术解决方案，优选可以利用自然条件的复合型屋面，如通风屋面、蓄水屋面、绿化屋面、光伏屋面等，也可增设功能可拓展的构筑物如棚架等，达到遮阴纳凉的目的。

D1-01 在气候适宜地区设置屋顶绿化，提升屋面保温隔热效果

利用建筑屋顶设置花园或绿化能对屋面起到较好的保温隔热效果，也对屋面有一定程度的保护作用；同时，由于植物对声波具有吸收作用，绿化后的屋顶相比常规屋顶，可降低室外噪声，为人们提供丰富的室外空间体验场所。设置屋顶花园或绿化时，应留意既有建筑屋面的荷载预留、排水等相关措施。

案例一：深圳南头古城“if工厂”

MVRDV建筑设计事务所

屋顶设置竹林，一方面，竹子为户外空间带来遮阴和凉爽的温度，在高密度的城市环境中保护了生物多样性，形成的阴影区与种植土直接或间接地改善了原有屋顶的保温隔热效果；另一方面，竹林中设置的多元活动空间也为原本相对拥塞的城中村提供了快乐的社交和休闲空间。

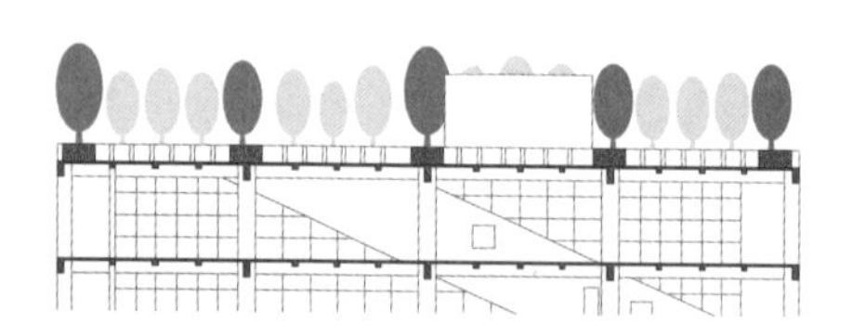

D1-01 深圳南头古城“if 工厂”

案例二：深圳南园绿云屋顶共建花园改造

一十一建筑

该项目利用城中村六层楼公寓屋顶改造而成。通过覆盖大量的花坛和农场打造成为一座450m^{2}的“城市绿洲”。每个社区居民可以租下由4个种植箱组成的约1m^{2}的“责任田”。对农业感兴趣的年轻人、住在附近的主妇和老人，可以经常上来照顾自家的农作物。农业种植池采用非固定的盆栽方式，方便后期挪动与养护。

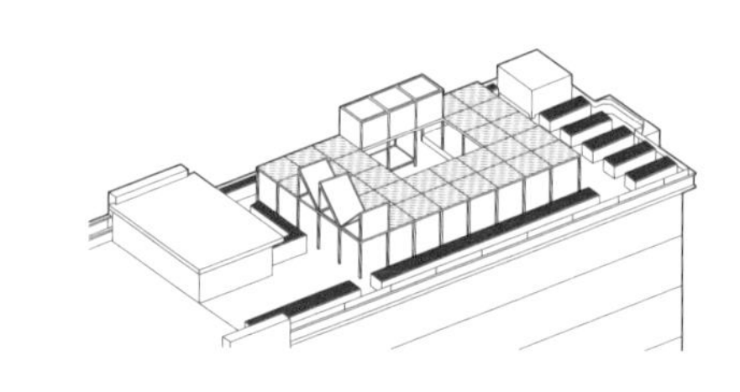

D1-01 深圳南园绿云屋顶共建花园

D1-02 在夏热冬暖地区设置架空通风屋面，提高屋盖隔热能力

通风条件较好、夏热冬暖的地区可以考虑在既有屋面上层直接设置架空型隔热屋面。利用风压和热压的作用将屋面吸收的太阳辐射热带走，大大提高屋盖的隔热能力，并减少室外热作用对室内的影响。注意架空屋面不适宜应用在严寒地区，过多层次反而阻挡建筑屋面受热。

案例：深圳全至科技创新园改造
墨照建筑设计事务所

在该改造项目中，设计通过使用实木架空型屋面整合了屋顶设备与娱乐休闲等多种功能，形成整体连续的空间关系。架空屋面也改善了原有建筑屋顶的保温隔热性能。

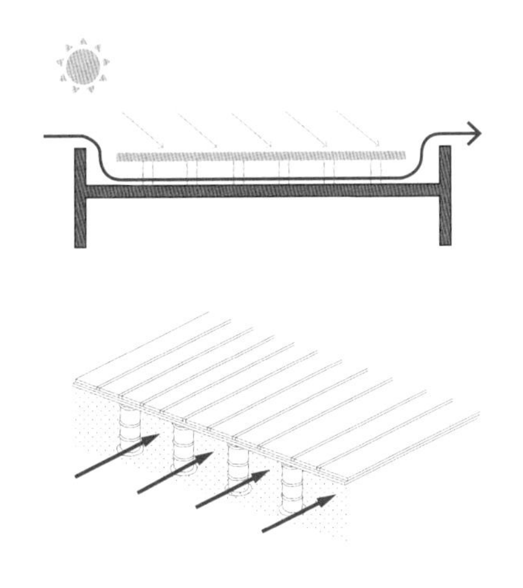

D1-02 深圳全至科技创新园改造

D1-03 在日照强烈、降雨量大的地区设置蓄水屋面

蓄水屋面与绿植屋面有着近似、相通的围护性能提升效果。具有一定深度的水体可依靠其良好的蓄热隔热性能，代替传统屋面保温材料来使用。收集雨水的同时利用自然水体形成防晒隔热层。蓄水屋面在屋顶的使用，一方面可结合绿植景观丰富屋顶平台的园林体验；另一方面也可突出水体效果，塑造“第五立面”的特殊观感。同样，蓄水屋面改造前需要对既有建筑的结构承载力进行充分论证。

案例：张家港金港文化中心
中国建筑设计研究院有限公司 本土设计研究中心

张家港金港文化中心利用水资源丰富的地域特点，采用大面积的叠水蓄水屋面和景观水系，通过水蒸发降低微气候温度、减少空调负荷，并将蓄水屋面逐层叠落到地面，与场地景观水系相衔接，整体造型宛如漂浮在水面上的莲叶，加强了建筑的柔和气质与文化象征性。

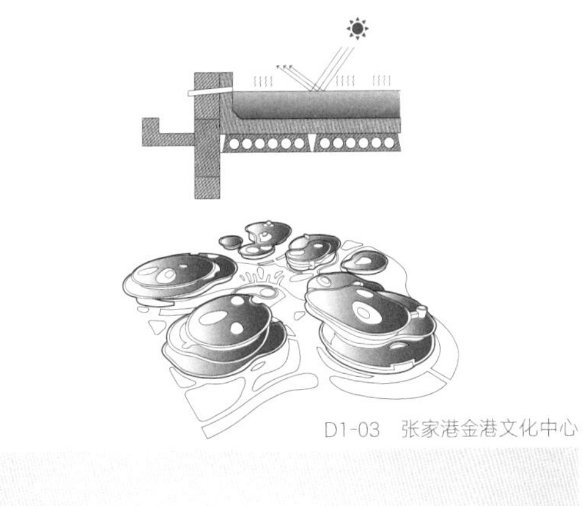

D1-03 张家港金港文化中心

D1-04 日照条件较好地区采用光伏一体化屋面或光伏棚架

当建设用地具备较好的日照条件时，可以考虑设置屋面光伏板等太阳能源搜集系统，将太阳能转化为建筑所需的电能，防晒隔热的同时收集利用可再生能源。新型光伏产品越来越多地和建筑饰面合为一体，如光伏玻璃、光伏发电薄膜、光伏瓦片等，给建筑师提供了更大的创作自由度。

案例：雄安设计中心

中国建筑设计研究院有限公司 绿色建筑设计研究院

零碳展示办公区通过钢结构和优良的围护体系保证了建筑单一空间的超低能耗，同时结合建筑本身的光伏产能实现建筑的正能耗。屋顶光伏综合造价因素采用深灰色单晶硅光伏板，并将天窗模数与光伏板模数一体化整合，项目预期在4年内达到整个建造运输过程的碳平衡。

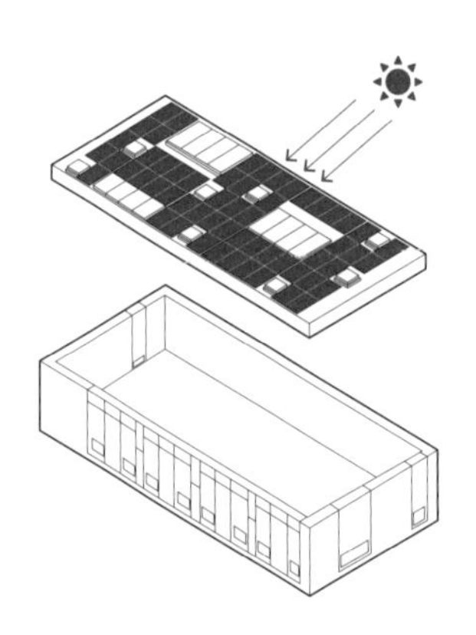

D1-04 雄安设计中心

D1-05 既有平屋面加设坡屋顶形成空腔层，提升排水及散热能力

我国老旧住宅更新大多经历过“平改坡”的历程。由于早期经济条件、施工技术、建筑材料上的限制，平顶住宅的顶层冬冷夏热，且年久失修时极易漏水。“平改坡”相对全面地解决了上述弊端，即通过坡屋顶空腔形成隔热层，提升建筑屋面的保温隔热性能，同时侧窗开启确保其通风散热性能。坡屋顶自身形态也有助于排水排雪，减少屋面积水。

案例：上海霞飞织带有限公司厂房改造

同一建筑设计事务所

上海霞飞织带有限公司厂区始建于20世纪90年代，旧厂区内有一栋2层砖混结构的办公楼，原有的平屋面隔热差且漏雨，因此，首先需要解决的是最基础的构造问题，屋面重新铺设防水及隔热层，并额外增加了利于通风散热的架空坡屋面。

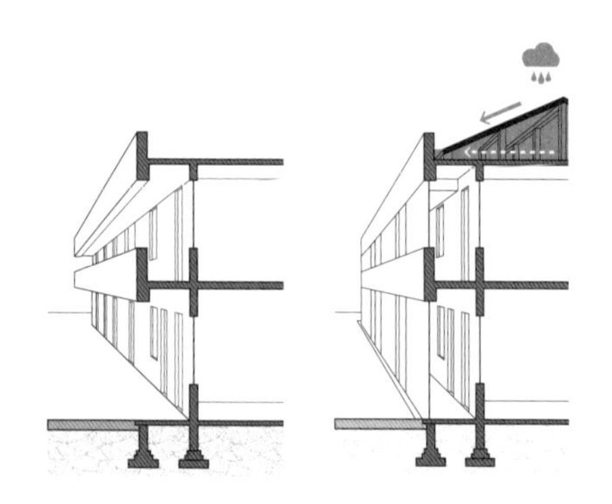

D1-05 上海霞飞织带有限公司厂房改造

D1-06 对屋顶空间的使用功能进行多方位扩展，同步改善原有屋面的物理性能

屋顶开放空间是地景建筑的重要特征之一，建筑的屋面通过重构融合，满足更多的都市活动，屋面成为一个可体验、可接触的引人入胜的场所。

案例：丹麦哥本哈根CopenHill新型垃圾焚烧发电厂+滑雪场
BIG建筑事务所

设计在原有垃圾焚烧设备上部增加了一个整体的“CopenHill”屋盖，上部承载了滑雪斜坡、徒步走道及攀爬墙等功能，以轻松幽默的休闲娱乐形式，传递项目蕴含的可持续性，并作为公共设施服务市民，发挥更大意义上的社会效应。屋盖自身的围护性能也借助滑雪道的分层材料得以保证。

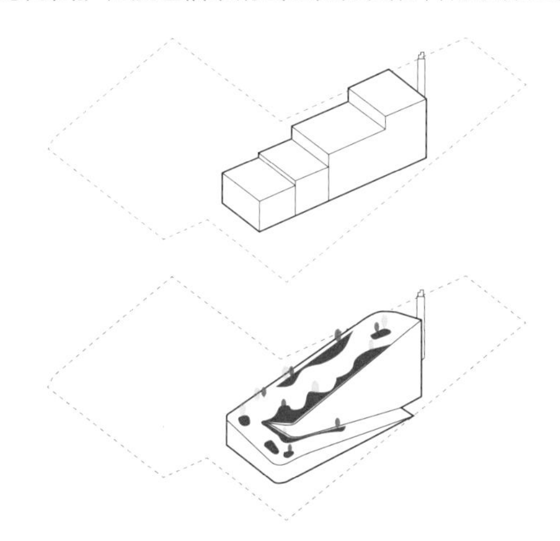

D1-06 丹麦哥本哈根 CopenHill 新型垃圾焚烧发电厂 + 滑雪场

外墙围护提升

指针对外墙的围护结构体系进行性能提升。面对未来城市的建筑更新，旧建筑的外墙围护性能的提升改造往往情况复杂，需要在安全使用的基础上有针对性地保留或重建。改造设计中，常常更换局部以补足外墙围护性能的缺失；亦可利用双层的空腔或表皮，结合热压、风压等措施起到围护性能的提升作用。外墙围护性能提升与建筑的整体形态及立面效果密切关联，改造设计需要尽量杜绝简单的叠合式装饰。

D2-01 根据内部功能需求调整原有建筑外界面的采光开口方式

当既有建筑的使用功能发生变化时，原有外立面需要根据其采光需求进行必要的调整，保证适宜的窗墙比与窗地比，如在既有封闭的厂房、仓库外墙增加开窗，以满足内部办公、教学等有采光需求的功能使用。反之，当普通建筑被改造成为博物馆、展览馆、影剧院等有固定光线要求的功能时，也需要对原有建筑外窗进行必要的填充封堵。

案例一：北京首钢西十冬奥广场
筑境设计

原有储存矿石的筒仓在转化为办公空间后，外部混凝土墙增加均匀分布的圆窗以加大室内进光量，改善通风条件。

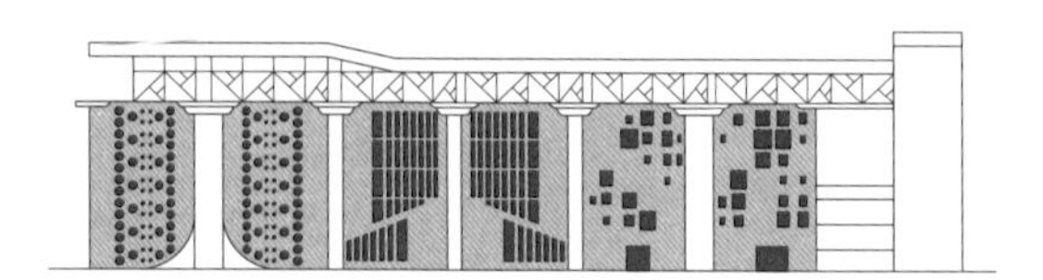

案例二：北京木木艺术社区改造
B.L.U.E.建筑设计事务所

作为公益性质艺术机构，木木艺术社区改造成本的控制非常严格。因此，设计巧妙地采用传统低造价建材——镀锌钢板，通过褶皱工艺处理创造出全新的材料质感，呈现出一种机械加工无法轻易实现的立面效果，有效控制了原材料的造价。

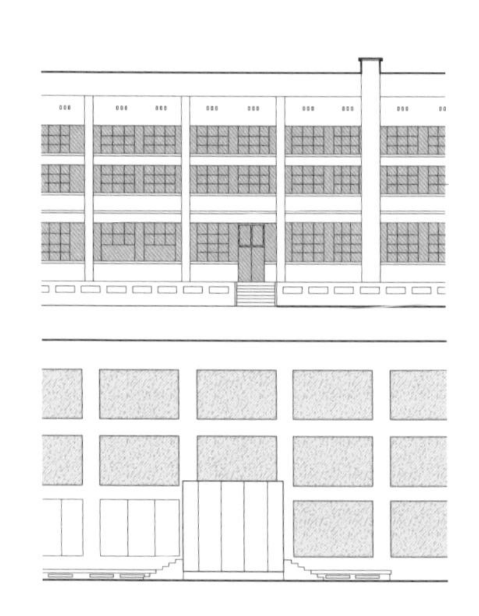

D2-01 北京首钢西十冬奥广场

D2-01 北京木木艺术社区改造

D2-02 根据建筑朝向或主导风向确定门窗洞口面积及开启方式

借由既有建筑外立面的改造机会，可对项目所处地区的光照、通风条件进一步优化提升，加强外立面的采光通风性能。如通过合理的角度设置增大室内进光量，或者面向季节主导风方向设置开启扇等。

案例：北京Chao巢酒店
GMP建筑事务所

立面改造上，项目通过每两层为一个单元设置纤细的横向玻璃纤维混凝土分隔，营造了和谐的立面肌理。折叠幕墙及通高的落地大窗保证客房私密性的同时，在一定程度上面向城市空间开放，加大室内的进光量与景观视野的角度。

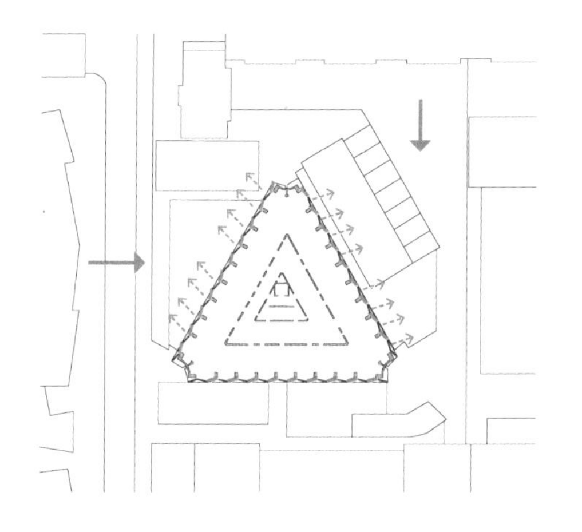

D2-02　北京 Chao 巢酒店

D2-03 在既有围护结构外部加设一层构造材料形成双层表皮，利用空腔优化外墙性能

近年来，对绿色建筑的物理性能要求越来越高，既有建筑的外墙改造大多面临着如何提升保温隔热性能的难题。拆除重建是一种快捷的方式，但同时也意味着放弃了既有墙体的存在价值与文化记忆。因此，越来越多的建筑师开始尝试保留既有墙体不做任何拆改甚至涂刷，而在墙体外层增加一层全新表皮的方式。这种方式一方面可以借助双层表皮空腔提升外墙蓄热性能；另一方面还能让双层表皮不同时期材料形成新旧对比，创造项目独有的叠加肌理。

案例：北京复兴路乙59-1号改造
中国建筑设计研究院有限公司 李兴钢建筑工作室

建筑外幕墙框架网格在不同朝向形成不同进深和特征的内部空间，以配合不同的使用和景观要求。西侧利用原室外疏散梯扩展改造成为一个立体画廊，不同高度、位置、形态和景观的展厅和平台被多样的楼梯、踏步和台阶联系起来，由下至上可一直延伸到局部加建的顶层及屋顶庭院，被视为一座可垂直方向游赏的小型园林。

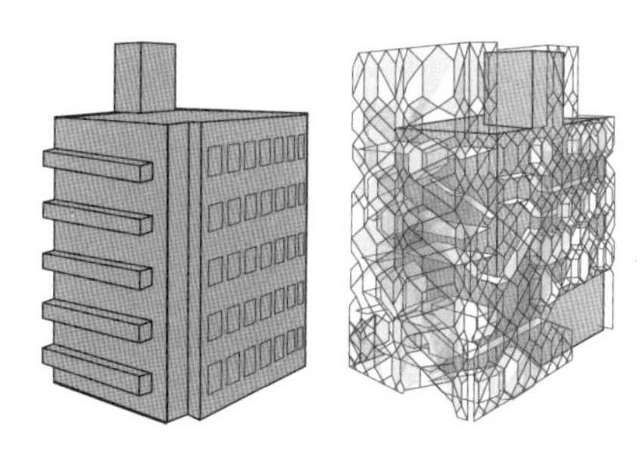

D2-03　北京复兴路乙 59-1 号改造

D2-04 合理选用保温材料，提高原建筑外立面保温隔热性能

既有建筑改造需要根据改造所处时期的节能标准重新评估外墙性能，并根据计算后的保温隔热系数（*K*值）选择与之对应的保温措施与材料，并恰当地选择内、外保温的铺贴方式。在日间与夜间存在较大温差的环境中，应用蓄热能力较好的外墙材料，可提高建筑物的热惯性，使室内温度变化幅度减小，提高舒适度。

案例：雄安设计中心

中国建筑设计研究院有限公司 绿色建筑设计研究院

由于原有建筑外墙采用瓷砖湿贴工艺，全面加增保温层更换材料的措施难度较大，且现状已通过拉拔安全性实验。因此采用了增设内保温的方式以促成外墙隔热性能的达标，大幅降低了施工难度。

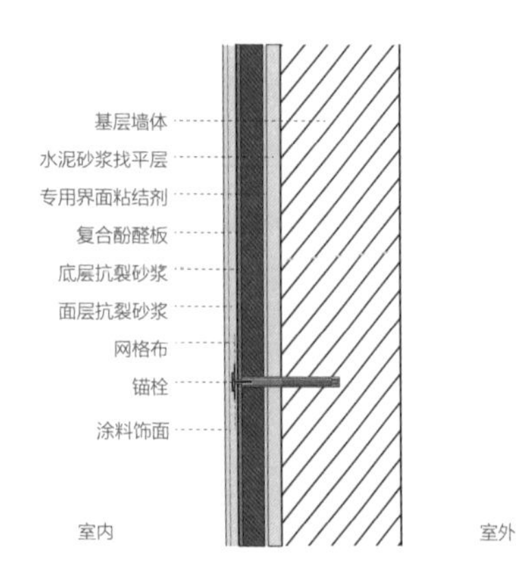

D2-04　雄安设计中心

D2-05 外立面利用垂直绿化与攀爬植物等方式形成自然遮阳隔热

爬藤类植物在装饰墙面的同时可以起到一定的遮阳和隔热效果，但需要定期维护，避免植物的随机长势可能造成的采光遮挡。此外，墙面宜选择蓄热性较低且具有一定摩擦力的材料，避免植物晒伤，有利于其附着生长。

案例：北京工业大学医院立面改造

中国建筑设计研究院有限公司 一合建筑设计研究中心

通过对界面之间三个层次空间的设计，解决了医院、学校、城市等多股人流引发的矛盾冲突。三个层次空间改造设计，因不同材料与色彩的使用而具有不同的表情。深灰色十字穿孔钢板、红色花格砖、灰色张拉网、白色种植钢板网和银灰色穿孔铝板形成了由外而内的空间渗透。

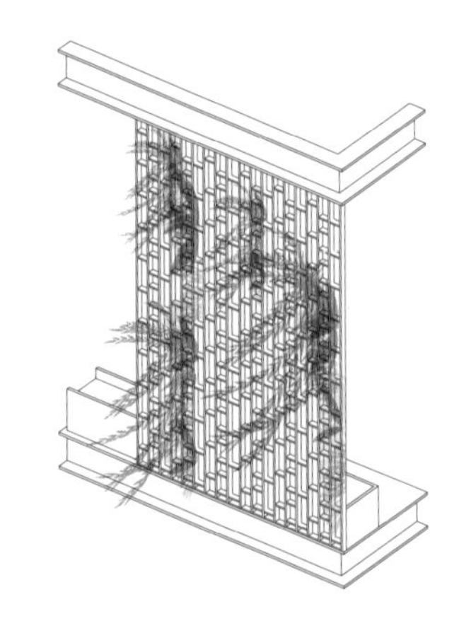

D2-05　北京工业大学医院立面改造

D2-06 既有墙体采用合理技术手段进行维护修缮，延长使用寿命

既有建筑墙体的修缮可以分为性能修缮和装饰修缮两种类型。性能修缮包含因结构性能、密闭性能、防水保温性能在内的墙体质量下降而带来的修缮工作，可采取拆除重建、局部加固、双层墙体等方式对其进行更新。装饰修缮主要针对墙体饰面外观的修补与恢复，基本方向可分为清理式外饰面更新与覆盖式外饰面更新，后者需要进行必要的拉拔试验以确定原有饰面的结构粘结性。

D2-07 提高门窗框材热阻值有助于减少热损耗，优先选用多腔型材

随着近年来幕墙门窗框材体系的进步与创新，门窗框型材的热阻性能设计标准越来越高，前者直接与室内外接触，对热量传导起着直接作用。提高门窗框型材的热阻值，有助于减少热损耗。提高门窗热阻值主要有两种方式：选用导热系数小的框材，如木、塑或复合型框材；优化型腔断面的结构设计，在造价能接受的范围内，改造更新项目优先选用多腔型材。

D2-08 加强门窗密闭性构造措施，提升建筑物保温性、防潮性、隔声性、防火性及室内空气质量

影响门窗气密性的主要原因有三个：存在压力差、存在缝隙、存在温差。针对影响气密性的原因，可从以下几点优化门窗的气密性：内外排水孔（缝）应左右错开，避免形成通缝；平开窗的密封条确保贴合窗框不变形；推拉窗毛条应与型材接触良好、密封到位，并保证一定的压缩量；把手安装位置合理，确保窗扇四周受力均匀。

局部构件改良

指在改造过程中，利用必要设施构件的更换与增设，对建筑本体的物理性能进行改良，如遮阳构件、门窗构件、空调室外机位、种植花池、遮阴棚架、导光导风构件等。这些设施在基础性能的改良更新中也影响着建筑的总体形态细节。

D3-01 根据不同地区太阳高度角合理设置外遮阳构件，调控光线与外界面热环境

改造设计需要重新审视外部光线与室内功能使用的相互关系。通过对建筑外遮阳构件的设置，既隔断夏季直射阳光直接进入室内，从而改善室内热环境、降低建筑冷负荷能耗，又通过构件的形式表达改善了原有建筑的外立面效果。

案例一：北京文化创新工场新媒体基地园

加拿大考斯顿设计

沿街建筑立面（1、3号楼）的设计以钢、铝、玻璃等构件形成重复波动的肌理冲突，加固的钢结构都尽可能显露出来，使结构转化为形式。同时，立面构件为其内部的手动通风窗提供了良好的遮阳，避免阳光直射。

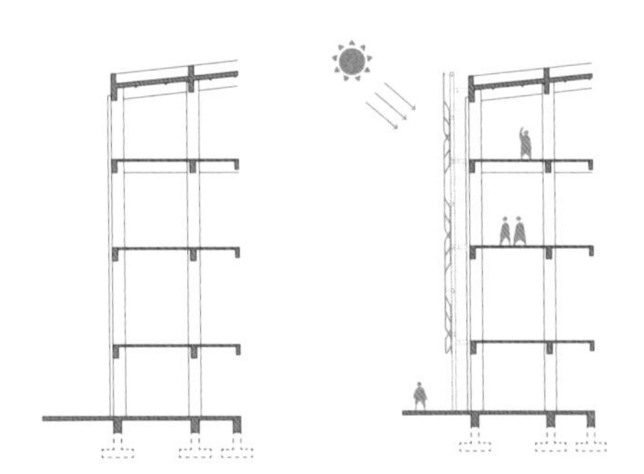

D3-01 北京文化创新工场新媒体基地园

案例二：泰国春武里Dorshada度假酒店改造

ACA建筑事务所

现有建筑沿西北和东南轴线平行布置，因此客房的一侧在夏季会直接受到烈日照射和风雨侵袭。于是，通过设置外屏风来过滤阳光和强风，同时吊顶屏风引入了悬臂式木纹铝屏风，以减少对现有结构的附加重量，并保持木材的温润感。

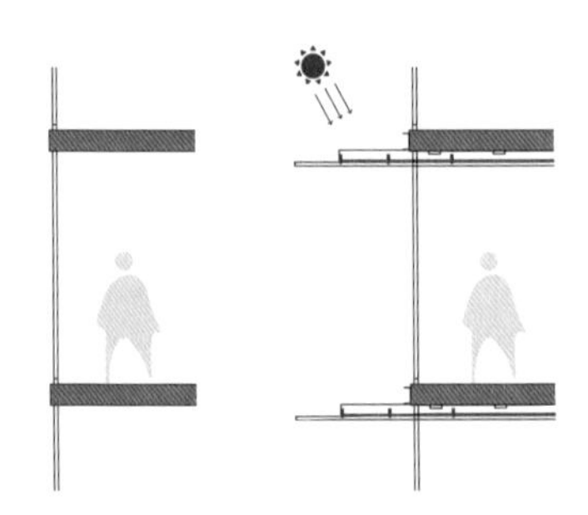

D3-01 泰国春武里 Dorshada 度假酒店改造

D3-02 增设种植花池、攀爬网等绿化构件，形成生态界面语言

新旧对比是既有建筑改造中较多使用的设计方法。近年来随着整个社会对绿色建筑与生态环境的关注，越来越多的建筑更新呈现出“自然反哺”趋势，即让绿色植被攀爬于建筑立面，弱化建筑设计自身的表达，强化建筑与环境的融合关系。具体措施包括在建筑上下檐口设置种植池、攀爬网，利用幕墙拉索或金属网供绿植攀爬等。

案例：绿之丘　上海滨江原烟草公司机修仓库改造

同济大学建筑设计（集团）有限公司 原作设计工作室

绿之丘除采用退台和中庭种植的方式之外，还采取了索网体系塑造建筑立面，设置爬藤索、种植箱体配合攀爬植物形成朦胧的界面，达成人、建筑和环境的和谐统一。攀爬网底部种植槽设置独立给水排水管，减少人工打理的繁复性。

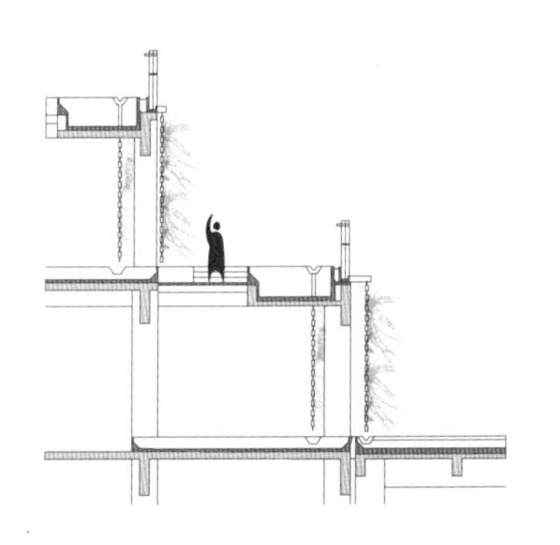

D3-02　绿之丘　上海滨江原烟草公司机修仓库更新改造

D3-03 设置必要的遮挡构件，整合美化空调室外机等设施

空调室外机的遮蔽工作是城市建筑美化工程中难以绕开的问题，修建于我国20世纪末的集合住宅普遍没有考虑空调室外机的外挂位置，导致原本整洁干净的建筑立面不断被大小、新旧不一的室外机所遮挡。建筑更新过程中通过格栅、百叶或穿孔板等半通透材料，对室外机进行一体化的覆盖遮挡，可以重塑建筑的立面表情，用最小代价快速实现城市界面的整合与美化。

案例：北京工业大学医院立面改造

中国建筑设计研究院有限公司 一合建筑设计研究中心

原有建筑立面的空调室外机及电线等设备设施经长期无规律拆卸与安装而显得杂乱无章。设计师通过点状的立面设计对其进行改善。针对立面上的空调室外机，使用银灰色穿孔铝板进行装饰，与其他层次的空间改造设计共同组成了由外而内的空间渗透。

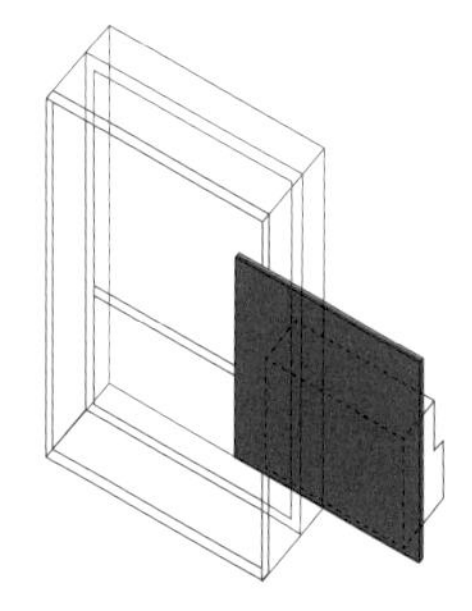

D3-03　北京工业大学医院立面改造

D3-04 在建筑外界面设置导光板，优化室内采光效果

导光板可作为改善建筑外墙进光量的有效措施，其基本原理为利用在窗上部增加水平构件，引导光线通过构件反射至室内顶板，进而增加室内顶板的受光面。可以进行更丰富的导光板形体设计及反射材料的尝试，如曲面、折面导光板，彩色玻璃、镜面导光板等，营造独特的光线体验。

案例一：德国威斯巴登建筑工业养老金基金会办公楼扩建

赫尔佐格和德梅隆建筑事务所

建筑的南北立面分别设计了不同的自然光利用系统，可以根据不同季节、时间段等进行自动调节。南向通过联动的镰刀形遮阳构件有效调节光照，构件由连轴连接，通过电机提供动力。中午光线强烈时，马达驱动连杆，将构件调至竖直以遮挡直射光线；光线不足时，构件折叠呈水平状态，其遮阳效果减至最小。

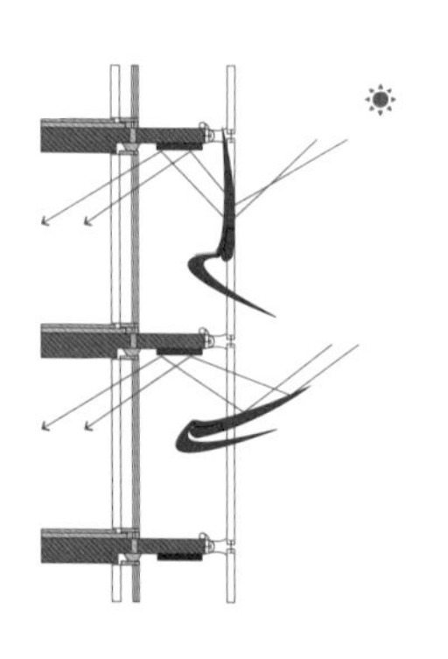

D3-04 德国威斯巴登建筑工业养老金基金会办公楼扩建

案例二：日本东京Gas Kohoku NT大厦

日建设计

在东京Gas Kohoku NT大厦改造项目中，日建设计在南侧立面上设置导光板，导光板与双面采光、斜吊顶等措施一同将自然光引进室内，作为白天的工作环境照明，节省了60%的照明电力。

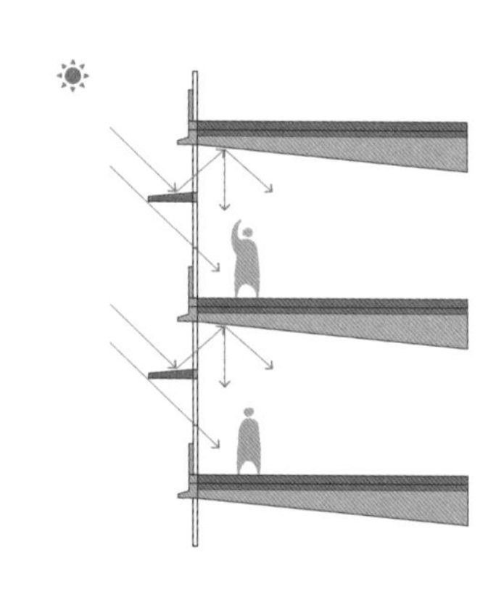

D3-04 日本东京 Gas Kohoku NT 大厦

D3-05 上人屋顶设置可遮阳避雨的休闲棚架，提供必要的休憩空间

充分利用既有建筑的可上人屋顶，创造更多的使用场所。在屋顶平台设置可遮阳避雨的休闲棚架，既提供了活动的空间，也防止阳光直射对屋面的影响，同时还为建筑形态的塑造提供了更多的可能性。必要时也可采用光伏构件进行组合，提供建筑产能。

案例：雄安设计中心

中国建筑设计研究院有限公司 绿色建筑设计研究院

雄安设计中心在屋顶平台设置了光伏棚架及光伏亭，为建筑提供可再生能源的同时，对下方空间形成遮阳效果，提升屋顶平台活动的热舒适性。光伏亭产生的电能通过变压器转换后直接依附结构柱体下接，可为下方活动人群完成手机、笔记本等的USB端口充电。

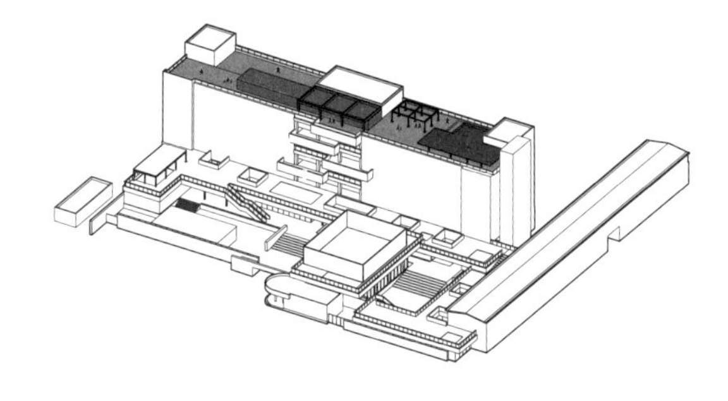

D3-05 雄安设计中心

叁 营造空间品质

E 传承记忆

F 建立秩序

G 营造氛围

H 提升功效

传承记忆

空间品质营造策略转向人的体验，是继物理性能提升后的再次提升。如果说物理性能关注人的身体感受，空间品质营造则关注人全方位的场所感知。主要表现在传承记忆、建构秩序、营造氛围、提升功效四个方面。传承记忆主要从人的情感观照方面营造空间品质；建构秩序主要从人的视觉关照方面营造空间品质；提升功效主要从人的行为和心理关照方面营造空间品质；营造氛围主要从人的体验关照方面营造空间品质。这些策略的有效性将决定着人对场所品质的感知强度，它们虽然针对不同主题，却是建筑改造设计的核心策略。

E1 旧痕再现与重塑

E1-01 修缮加固时暴露真实结构
E1-02 保留旧建筑的部分特征墙体
E1-03 提取既有建筑中具有时间意义的元素符号
E1-04 保留利用具有时间痕迹的部分设施
E1-05 利用生产性建筑作业线组织动线路径
E1-06 沿用既有建筑的空间尺度
E1-07 延续既有建筑的外部比例

E2 新旧并置与互融

E2-01 通过并置新旧材料肌理，凸显老材质特征
E2-02 通过淡化新材料的存在感，强化老材料携带的记忆
E2-03 通过对比新旧空间的明亮度，突出老空间的厚重感
E2-04 通过对照新旧空间的形状，强化既有空间的存在感
E2-05 通过对照新旧空间的围合度，以开放的“新”衬托封闭的“旧”
E2-06 通过对照或融合新旧细部语言，凸显其携带的时代特征
E2-07 通过并置新旧建造手段，借时代感强化历史记忆

旧痕再现与重塑

旧痕再现无疑是传承记忆最直接的策略，改造时的通常做法是，将有特征、有价值的片段和构件在改善其性能的基础上加以保留，进而进行一定的重塑，包括直接暴露、移位重组、加工简化等，使其有效融人新建筑中。这种保留和再现有时是看不见的尺度和气氛，难度较大，成功的案例并不多。

E1-01 修缮加固时暴露真实结构

既有建筑的结构大多有自明的视觉逻辑，这种逻辑很容易从建筑的外部形貌中加以识别，改造时暴露其结构更容易被人所解读。通常，暴露结构并不只是形式上的简单保留，而是在改造过程中结合新技术、新材料，对原有结构进行修缮加固，在满足新功能需求的同时表现原结构的美学特征，从而引发既有建筑所承载的历史记忆。

案例一：深圳沙井村民大厅

趣城工作室

沙井村民大厅在改造中保留了电厂废墟的主体混凝土框架结构，并对所有保留部分实施加固，旧的结构和废墟痕迹最大限度地被暴露出来。改造后的建筑整体与保留的结构元素形成对话，新旧结构体系互相碰撞，表现了原建筑结构的历史特征。

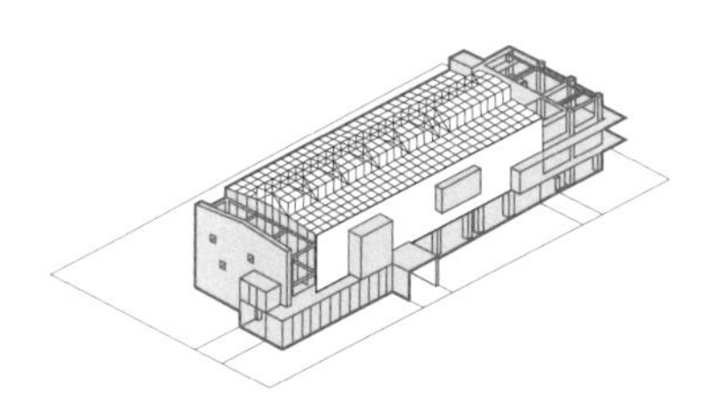

E1-01 深圳沙井村民大厅

案例二：深圳南头古城“if工厂”

MVRDV建筑设计事务所

“if工厂”改造顺应建筑的原始状态和生长痕迹，拆除建筑初始的外部墙体，将内部的混凝土框架、建筑外墙和其他部件裸露出来。新建筑继承了粗粝的工业历史痕迹，成为建筑本身自带的最大特色。

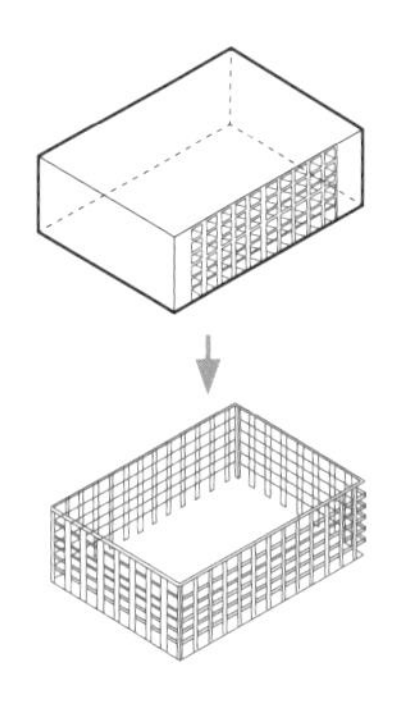

E1-01 深圳南头古城“if 工厂”

E1-02 保留旧建筑的部分特征墙体

既有建筑因结构毁坏严重或留存不够完整，改造利用时常常采取保留其有特征的墙体部分，成为新建筑的有机构成部分。通常，保留的墙体部分并不起到结构作用，仅起围护作用，但在新的整体中能够发挥视觉的主导作用，从而有效唤起记忆。对于这种类型的改造设计，墙体自身的加固以及与新建筑的连接是主要的课题。

案例：德国科隆科伦巴博物馆
彼得·卒姆托

德国科伦巴博物馆外墙下半部分保留了哥特式教堂的现有墙体，新墙落在上面。新的建筑体块没有被强行从遗留的墙壁分离，而是从它们的上方升起并融合，这一方面加固了旧有建筑结构，另一方面向上发展，通过体验的再现，唤起历史记忆。

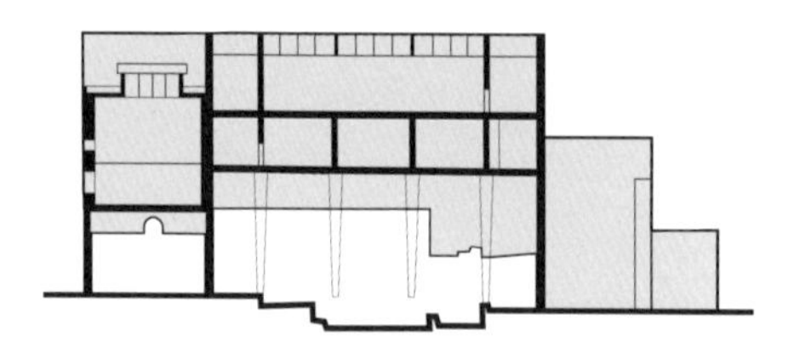

E1-02 德国科隆科伦巴博物馆

E1-03 提取既有建筑中具有时间意义的元素符号

人们会对感知到的外部信息进行加工、简化，形成对应的象征性符号存留在大脑中，共同感知的符号会形成一种集体记忆。对既有建筑的构件、装饰等元素符号进行提炼与移植，在改造设计中加以利用，可以传递出形式符号中蕴含的信息，促成与原有空间形式之间的关联，从而激发回忆。这种手法运用得当，可以形成文化的延续。

案例：西安大华1935
中国建筑设计研究院有限公司 本土设计研究中心

西安大华1935改造项目提炼出既有建筑屋顶的符号和逻辑，将纺织工业建筑特有的单坡锯齿形采光屋顶作为记忆符号运用在改造中，呈现出新的体系，呼应了原厂房的形态特征，借强化连续性形成新的韵律感，留住记忆的同时获得新生。

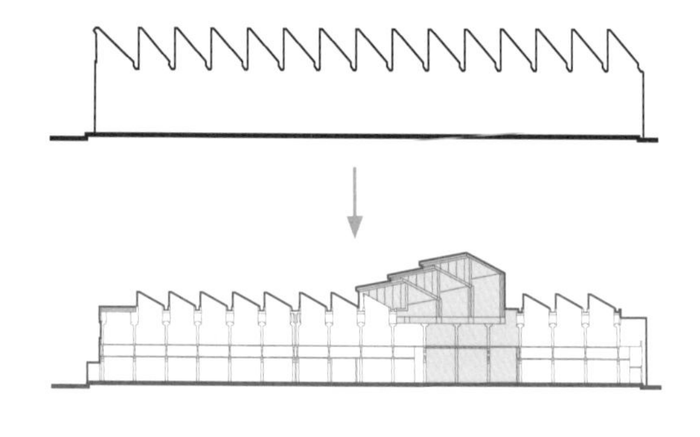

E1-03 西安大华 1935

E1-04 保留利用具有时间痕迹的部分设施

既有建筑特别是既有工业建筑常常伴有弃置的生产设备和设施，这些设备、设施充满了时代特征和历史记忆，具有调动身体感知的潜力，因此，将其最大的限度地保留对触发时代的集体记忆十分有效。通常有完整保留和艺术加工两种方式，前者又包括原位保留和易位保留。与新的空间功能相结合的保留方式成为更为积极的改造策略。

案例：西班牙巴塞罗那水泥工厂工作室

RBTA工作室（里卡多·波菲）

工作室原是一座由筒仓、管道等设施组成的厂房。改造将烟囱、筒仓等元素保留作为工作室主体。悬在空中的筒仓旧构件体现了工业美感，成为新建筑中最具标志的要素，对空间整体气氛的营造起到了关键作用；同时，通过保留有特征的设施，触发历史记忆。设计加入泰罗尼亚传统建筑元素，如细长的拱形窗口，使原本粗糙、复杂的圆拱筒仓转化为一座融合了多种功能的综合体，工厂在建筑、雕塑、废墟三者间呈现动态变化。

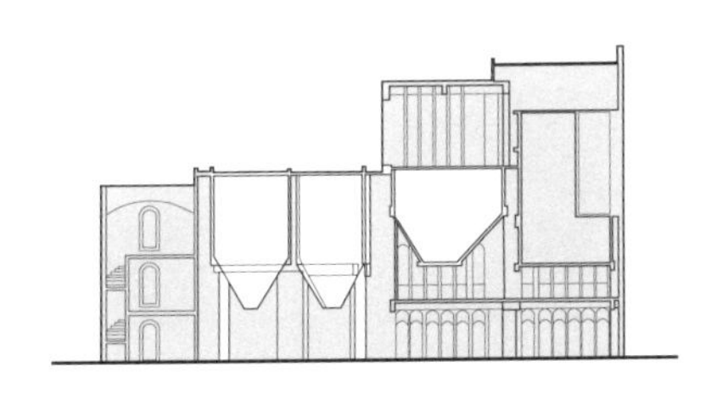

E1-04　西班牙巴塞罗那水泥工厂工作室

E1-05 利用生产性建筑作业线组织动线路径

原有建筑的某种行为路径，当其物化为一种记忆的时候，保留并加以利用就能够直接传递历史信息。工业建筑的生产线就是具有传递历史信息作用的一种行为路径，在其上重新定义空间的使用功能与动线，是一种感知原建筑历史的有效策略。这种保留动线的改造，不同于简单保留个别设备设施，处理适当就能够产生身临其境的感受。

案例：景德镇丙丁柴窑

张雷联合建筑事务所

景德镇丙丁柴窑改造项目的功能分区按照生产流程和参观体验两条动线布局。生产动线集中在底层，参观体验动线主要集中在二层，绕原有窑炉布置，以生产动线定义行走路径，从不同角度感受建筑与窑炉的空间关系，从而传递历史信息。

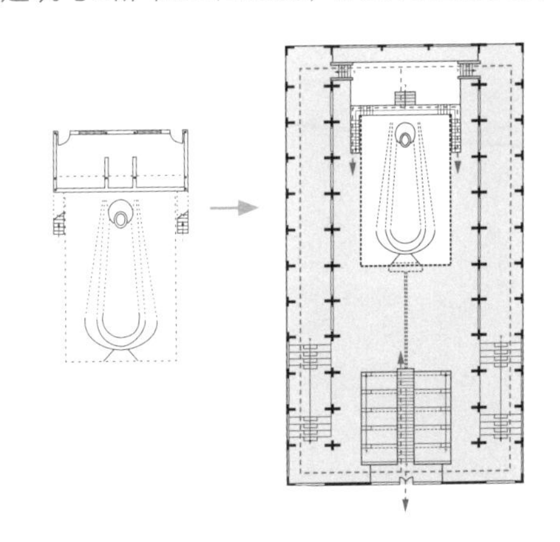

E1-05　景德镇丙丁柴窑

E1-06 沿用既有建筑的空间尺度

尺度对空间而言是一种大小感，是空间的基本属性之一，这种属性靠人的感知获得。既有建筑空间特别是老旧空间通常会拥有一种属于其建造时代的专有尺度，这种尺度又常常与发生在空间中的特有行为密切相关，因而会带给人相应甚至专有的感受。在既有建筑改造中，有意沿用或延续相近的尺度感，较为容易传递原空间携带的记忆。

案例：天津南开大学海冰楼
直向建筑设计事务所

南开大学海冰楼改造项目延续原建筑开放的空间尺度，将一个通高大厅空间和千人会堂设置在此。通高大厅作为核心空间，保留了原空间面貌，成为整个建筑中最为高耸的竖向空间，凸显了既有建筑所蕴含的尺度感。

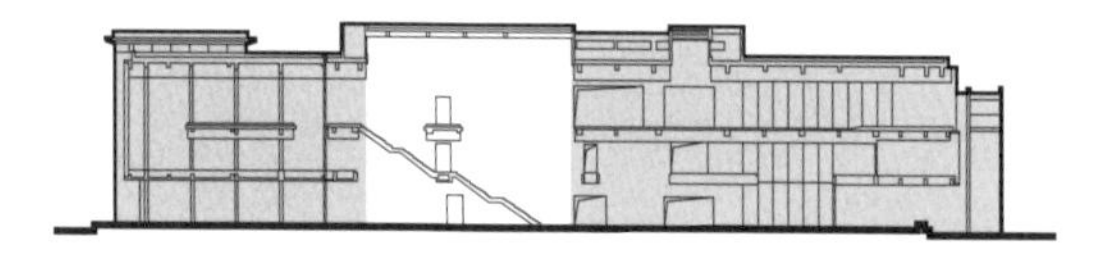

E1-06 天津南开大学海冰楼

E1-07 延续既有建筑的外部比例

在观察新旧关系时，人们会下意识地把比例接近的建筑联系起来感知，形成边界的模糊感。反过来，借助于模糊边界弱化彼此之间的识别度，就成为延续老建筑携带记忆信息的一种策略。在建筑改造尤其是以增建为主的改造项目中，采用与既有建筑相似的构图比例，可以形成连贯一致的视觉关系，从而延续老建筑的历史记忆。

案例：瑞典哥德堡法院扩建
贡纳尔·阿斯普朗德

项目尊重老建筑外立面的比例特征。首先，在整体轮廓上延续了老建筑的比例；其次，水平和竖向的线条处理强化了比例的一致性；再次，在窗洞处理和大小节奏上也强调了与老建筑类似的比例关系，形成整体的呼应，虽新犹故。

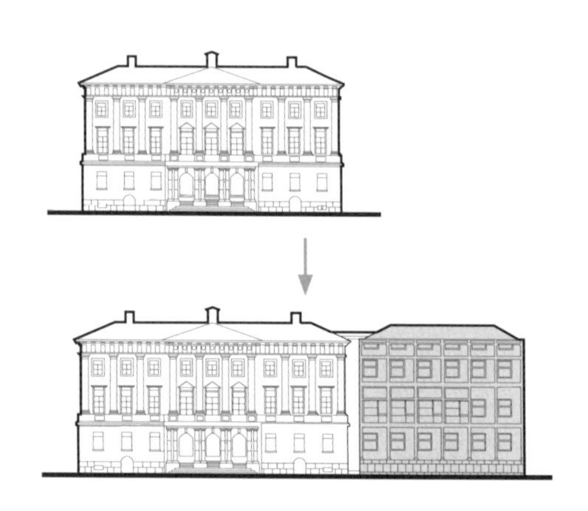

E1-07 瑞典哥德堡法院扩建

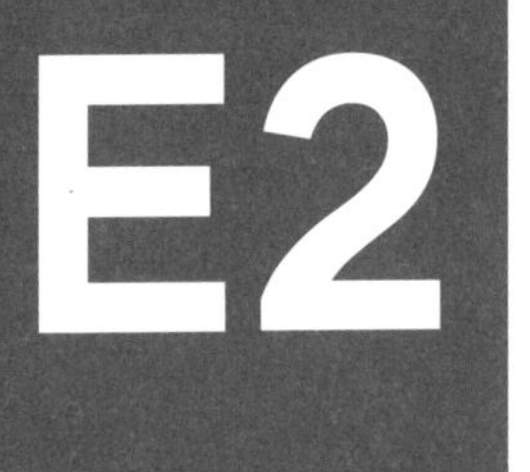

E2 新旧并置与互融

新旧并置与互融是借新旧关系的处理诱发记忆。并置策略借助各自属性的对比和反衬，尊重并凸显既有建筑的特征，从而明确传递既有建筑承载的历史记忆；互融策略则通过弱化新介入部分与既有建筑的差异，和谐地融入既有建筑构成的历史环境中，借新旧的模糊感达到不消减历史记忆的目的。对于前者，以新衬旧是一种常见的策略，对于后者，淡化新介入部分的存在感是策略的关键。

E2-01 通过并置新旧材料肌理，凸显老材质特征

新旧材料并置可以是一种属性并置，也可以是多种属性并置，呈现的对比可以是强对比，也可以是弱对比，实践中会因建筑和环境的不同而有多种具体表现。借由这种反差，以新材料肌理衬托既有建筑的肌理特征，效果较为明显，能够较好地保留原建筑携带的历史记忆。此方法对于主要由材料传达历史信息的建筑来说尤其重要。

案例一：西班牙马德里CaixaForum艺术中心改造

赫尔佐格和德梅隆建筑事务所

保留原建筑中的部分红砖外墙，与周围的历史建筑保持协调。老建筑厚重的红砖结构上增加了一个颜色相近的铁锈色板材金属体量，与旧建筑相匹配的体量置于其上，而新旧肌理又是截然不同的，形成的对比似乎在回应老建筑的工业历史。

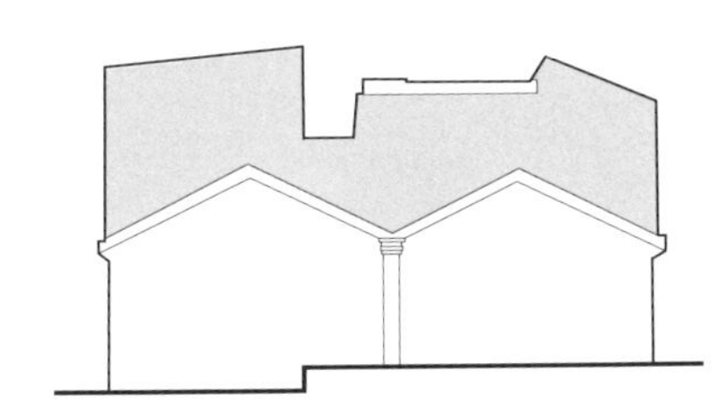

E2-01 西班牙马德里CaixaForum 艺术中心

案例二：美国波士顿哈佛艺术博物馆改扩建

佐伦・皮亚诺建筑工作室

哈佛艺术博物馆扩建项目加入了钢、玻璃等新材料，钢结构的轻，玻璃的透、遮阳百叶的新等都增加了建筑不同的视觉感受，它们与旧砖石材质肌理相互碰撞形成对比，突出了老建筑的原有历史风貌。

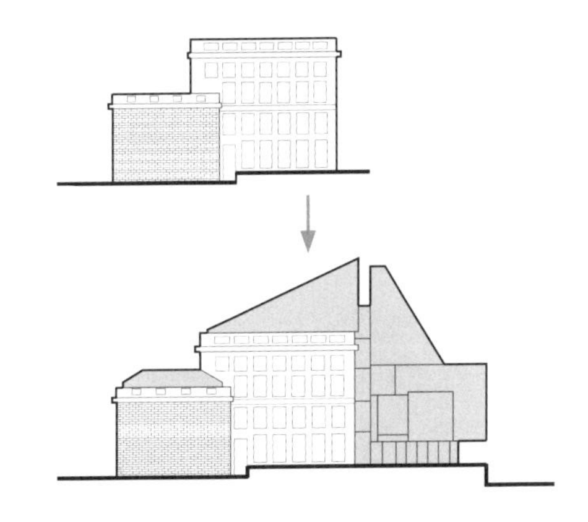

E2-01 美国波士顿哈佛艺术博物馆改扩建

E2-02 通过淡化新材料的存在感，强化老材料携带的记忆

材料的虚实在物理层面主要表现为“透明”和“反射”，穿透、反射光的量决定着虚实的度，“虚”材料借助其所造成的轻盈、通透的时代感与既有建筑形成较强的对比。同时，在新介入材料的使用上，也可以借助“虚”材料所造成的通透、轻盈隐匿自身，成为既有材质的配角，从而达到新旧互融，表达对老建筑的尊重。

案例：内蒙古工业大学建筑馆
内蒙古工大建筑设计有限责任公司

内蒙古工业大学建筑馆的门厅是院子中间一个扩大的防寒门斗，由玻璃和钢构组成。玻璃的轻盈和反射特性衬托出老建筑的厚重，与原有砖结构体量形成虚实对比。当进入门厅时，玻璃被视线穿透，隐匿了自身。

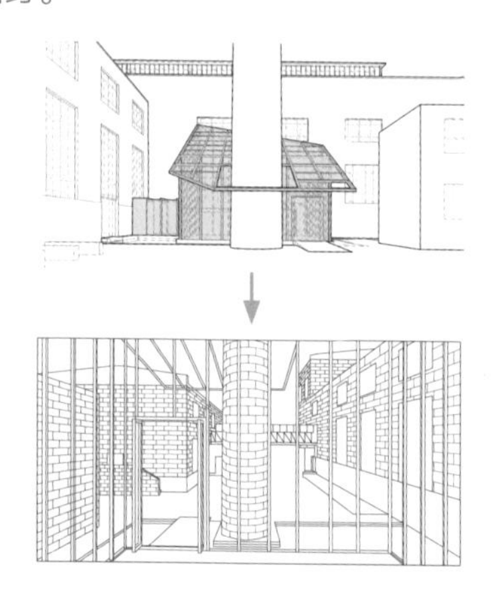

E2-02 内蒙古工业大学建筑馆

E2-03 通过对比新旧空间的明亮度，突出老空间的厚重感

既有建筑由于结构所限通常开窗较小，又因年代久远、受材料资源所限，会呈现纯度和明度较低的朴实色彩，因而室内空间大多较暗。在与之并置的空间中突出亮度反差，借强烈对比凸显老空间的厚重感。与之配合，在新空间材料的使用上，也可以使用较高纯度的色彩加以衬托，能够强化原有建筑的风貌和历史记忆。

案例：Lens北京总部办公室
迹・建筑事务所（TAO）

Lens北京总部办公室的改造设计对原有的大空间进行了切割，划分出公共和私密等不同亮度的空间，新的公共空间配浅色墙面，开放明亮；私密空间则使用暗色，整体明度降低，有亲近之感。

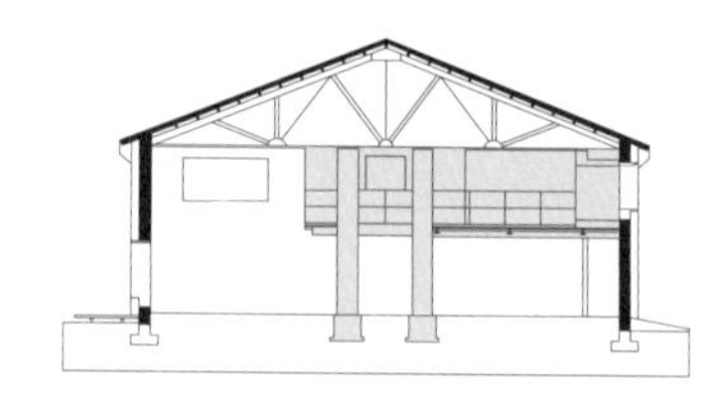

E2-03 Lens 北京总部办公室

E2-04 通过对照新旧空间的形状，强化既有空间的存在感

在对空间的感知中，形状通常容易识别。一些年代久远的建筑，由于建造手段等原因，建筑的空间形态一般呈现常见的矩形。改造中，新空间的植入可以借助形状的反差，凸显既有空间的特征，强化既有空间的存在感，从而强化记忆。同理，新旧融合则是通过减弱与老建筑空间形状之间的差异加强彼此的协调。

案例：德国德累斯顿军事历史博物馆
里伯斯金工作室

德累斯顿军事历史博物馆增建的部分是一个由混凝土和钢结构组成的楔形体量。新建筑的开放度和空间形状都与既有建筑形成了鲜明的对比，新旧空间的差异感强化了这座建筑承载的历史记忆。

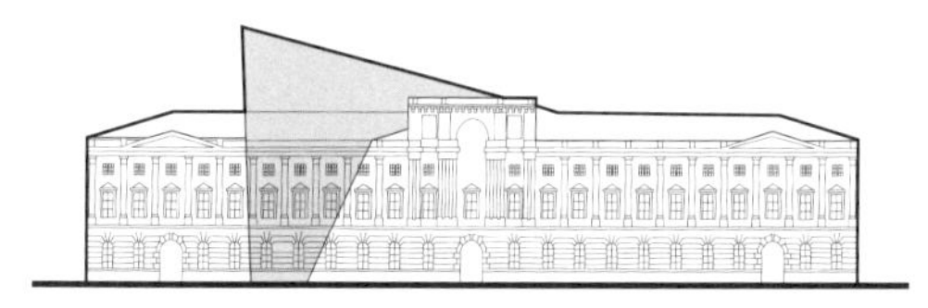

E2-04 德国德累斯顿军事历史博物馆

E2-05 通过对照新旧空间的围合度，以开放的“新”衬托封闭的“旧”

既有建筑因功能的特殊性和建造的局限性，一般较封闭，自身形成独立的区域。在改造中，增加开放度，有利于突破功能局限并激发老建筑的活力。此外，保留部分封闭感较强的旧空间，与开放的新空间形成对比，以开放的“新”衬托封闭的“旧”，比较容易延续老建筑的固有氛围。

案例：西安贾平凹文学艺术馆
西安建筑科技大学建筑设计研究院

原建筑内部由多个封闭空间组成，改造基于原空间布局，拆除部分隔墙，让空间变得开放。同时，原小尺度空间与展陈所需空间较匹配，故保留部分封闭空间，形成对比，延续了历史记忆。

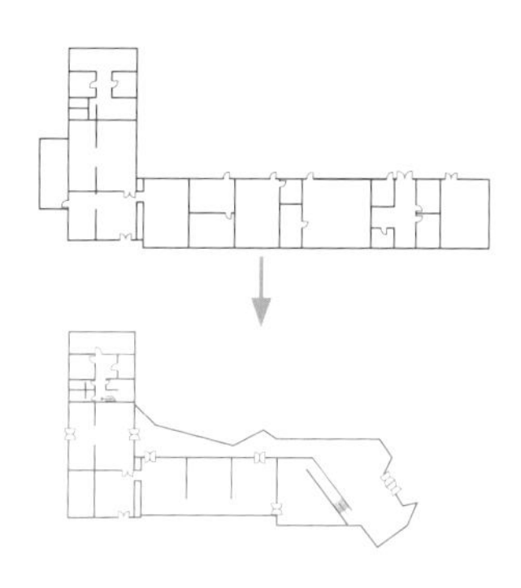

E2-05 西安贾平凹文学艺术馆

E2-06 通过对照或融合新旧细部语言，凸显其携带的时代特征

建筑整体由不同细部组合而成，细部依附于整体而存在，但经过历史沉淀的建筑细部也常常跳出整体独立传达其含义，成为体现建筑历史、地域特征和人文情感的独特语言。在改造设计中，通过恰当的细部语言，使新旧建筑之间或对比或融合，可以实现尊重既有建筑时代特征的目的，传递情感意义，从而传承记忆。

案例：德国库普斯墨赫博物馆（MKM博物馆）扩建

赫尔佐格和德梅隆建筑事务所

MKM博物馆扩建项目中，新建筑沿码头整齐排列，其外部形态语言以既有建筑为线索进行设计，尤其是顶部轮廓线的处理，提取了既有建筑的细部语言，在视觉上延续了已有博物馆综合体的风格特征。

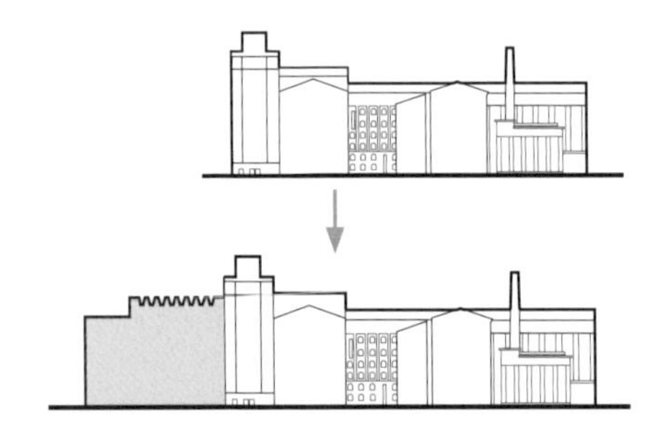

E2-06 德国库普斯墨赫博物馆（MKM 博物馆）扩建

E2-07 通过并置新旧建造手段，借时代感强化历史记忆

不同的建造方式呈现不同的建筑风格，产生不同的建筑文化，彰显了各自时代的建筑特征。既有建筑由于建造年代不同，建造方式裸露的程度亦有差别，但建构逻辑大多较为清晰。年代相对久远的建筑，其建造技术早已形成文化。改造设计时，新建筑可通过强调自身的建造逻辑，与既有建筑部分形成对照，借各自的时代感强化历史记忆。

案例：北京798CUBE美术馆

朱锫建筑设计事务所

798CUBE美术馆新建造的两个展厅都采用无柱大跨现浇混凝土结构，一个采用巨大的倒拱式曲面横梁，另一个是混凝土密肋式薄而高的大跨横梁结构体系，凸显钢筋混凝土现代结构的力学性能，与已有建造方式形成对照。

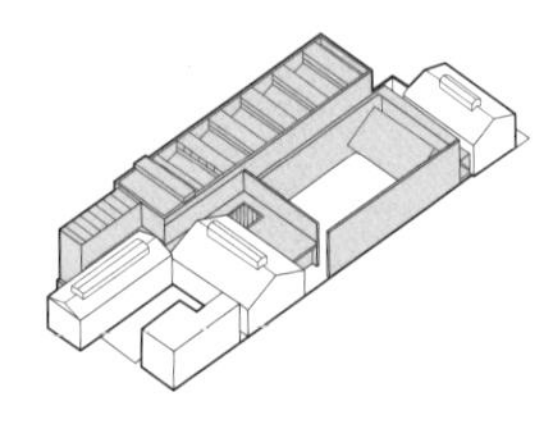

E2-07 北京 798CUBE 美术馆

建立秩序

任何建筑设计都是建立秩序的过程，既有建筑改造设计亦然。不同的是，既有建筑本身自有一种秩序，其改造设计的新秩序通常是在原有秩序中生长出来的。这种生长可以分为延续式和重构式两个向度。延续式生长属于空间缝合，以秩序的“同构”为主；重构式生长对应空间拓展，以秩序的“异构”为多。即“同”的延续和“异”的重构。对于改造为主的建筑，延续的是空间本体，重构的是机能的构成逻辑；对扩建为主的建筑，延续的是机能上的构成逻辑，重构的是空间本体。

F1 秩序延续

F1-01 延续既有建筑动线特征
F1-02 延续既有建筑空间布局中的基线
F1-03 延续既有建筑的建造逻辑
F1-04 延续既有建筑的形态特征
F1-05 延续既有建筑与周边环境的方位关系

F2 秩序重构

F2-01 对既有建筑的动线进行重构或部分重构
F2-02 对既有建筑的空间组织方式进行重构
F2-03 对既有建筑的建造逻辑进行重构
F2-04 对既有建筑的形态特征进行重构
F2-05 对既有建筑与周边环境的方位关系进行重构

秩序延续

秩序延续，是挖掘与解读既有建筑的原有秩序，将其作为改造过程中的参考逻辑，最终形成新的秩序，是对原有秩序的延续与发展。延续秩序的策略能够使改造后的建筑在构成逻辑上与既有建筑一脉相承，通常，采取这类策略可以促使改造后的整体容易获得严谨、理性的结果。

F1-01 延续既有建筑动线特征

在空间动线中体验是人们感知建筑秩序的一种手段。在既有建筑改造设计中，通过延续原有动线建立新的空间秩序是一种常用的手段，通过对既有建筑动线的分析、提炼，在总体动线特征不变的基础上经营新路径、连接新空间、引导新功能的布置。此法常常用于原有动线秩序清晰且有特色的改造项目中，包括内部动线与外部动线。

案例一：内蒙古工业大学建筑馆改扩建

内蒙古工大建筑设计有限公司

该项目将旧工业厂房改造为教学楼。其内部与外部的空间组织都延续了原有动线，并按照原动线逻辑发展且内外互相贯通，使整个建筑看上去清晰、严谨，秩序井然。

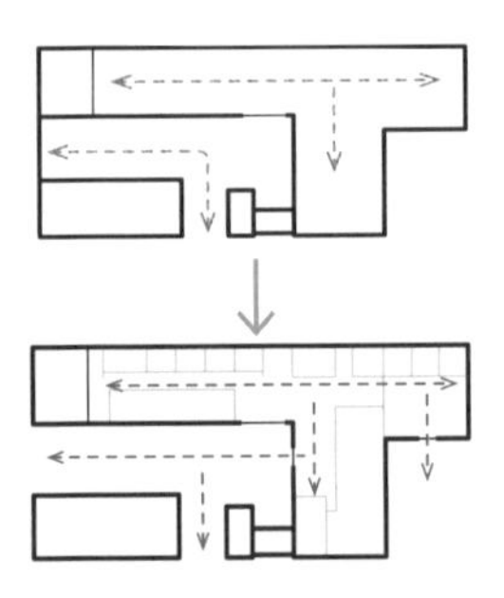

F1-01 内蒙古工业大学建筑馆

案例二：沈阳东贸库2号库改造

URBANUS都市实践

既有建筑是一座由三个相同单元组成的仓库，空间尺度大且动线单一。改造设计延续了原有建筑东西向主动线的基本趋势，在此基础上按照原动线的逻辑发展，对每一个单元内部空间进行细分，从而在满足内部使用的前提下，创造出清晰的空间秩序。

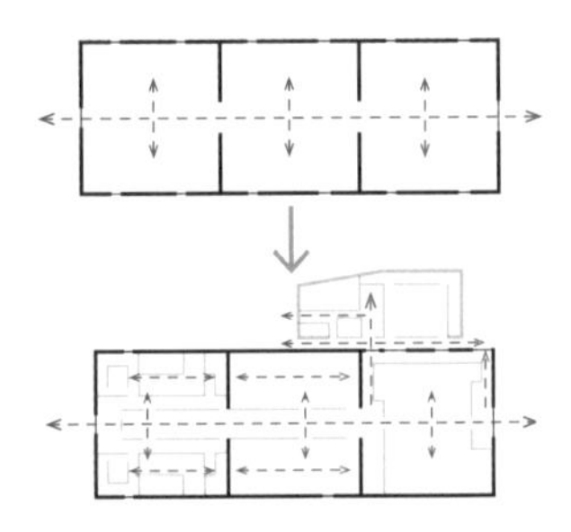

F1-02 沈阳东贸库 2 号库改造

F1-02 延续既有建筑空间布局中的基线

在建筑中起组织空间作用的线称为基线。与轴线不同，基线在建筑中往往以实体的形式存在，成为基准墙体、基准体量等，表现为线性特征。是人们感知建筑秩序的一种直接手段。在改造设计中，根据既有建筑的布局特征，提炼基线，加以延续，能够有效建立新的整体秩序。如，常常依据原有建筑的墙体走向组织新秩序。

案例：深圳沙井村民大厅
趣城工作室

原建筑是一座以东西向基准空间为长轴的矩形大空间厂房。在改造过程中，通过对主体结构最大限度地保留，延续了东西向的基准空间体，南北两侧局部保留的外墙成为一种基准墙体，再次强化了空间的整体性。

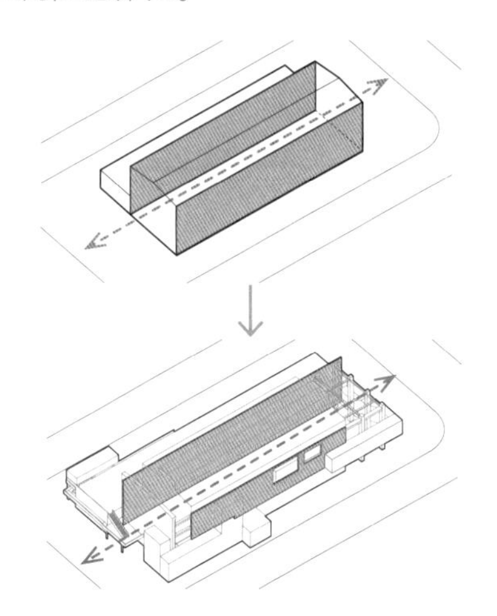

F1-02　深圳沙井村民大厅

F1-03 延续既有建筑的建造逻辑

延续既有建筑的建造逻辑，是从建筑本体的角度挖掘一种秩序。与动线、基线秩序不同，它不需要经过主体的抽象与转化再理解和体验，而是用建筑自身的物理语汇去表达，是一种可以直接靠视觉观察到的秩序，如结构和构造方式。在改造设计中延续原有建造逻辑，常用的手法有采用相似的砌筑手法，或采用相似的结构体系等。

案例：内蒙古工业大学建筑馆
内蒙古工大建筑设计有限责任公司

项目从建筑本体的角度出发，采用与前期工程相类似的砌筑结构，虽然所用砌块与前期的黏土砖不是同一种材料，但建造逻辑同构，从而建立起两期工程的整体联系。

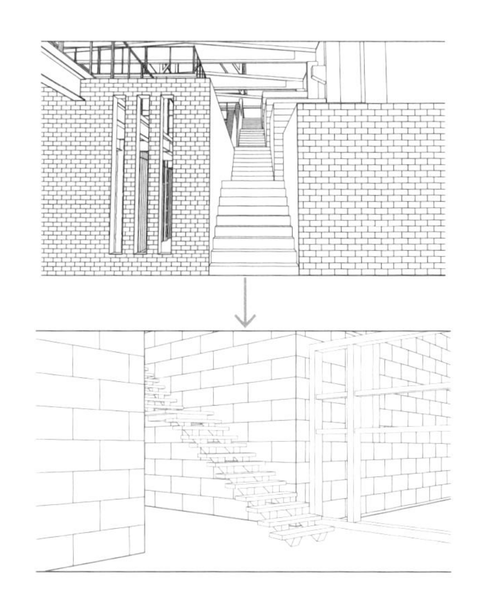

F1-03　内蒙古工业大学建筑馆

F1-04 延续既有建筑的形态特征

既有建筑的形态特征通常指建筑外部的几何形态。延续既有建筑的形态特征，就是从既有建筑几何形态中提炼一种秩序，在改造后的形态中加以延续。通常，建筑形体的几何特征是无需进入内部即可感受到的一种秩序，往往会带有一种“先验”的感受。因此，当既有建筑的外部形态具有一定的特色时可以采用这种手段。

案例：北京混合宅
建筑营设计工作室

混合宅项目改造是在提取原有建筑坡屋顶特征的基础上，加强并延续了这种形态特征。改造方案借助新空间的介入，新增了连续的坡顶，强化了起伏的变化，表现了来自原建筑的整体特征。

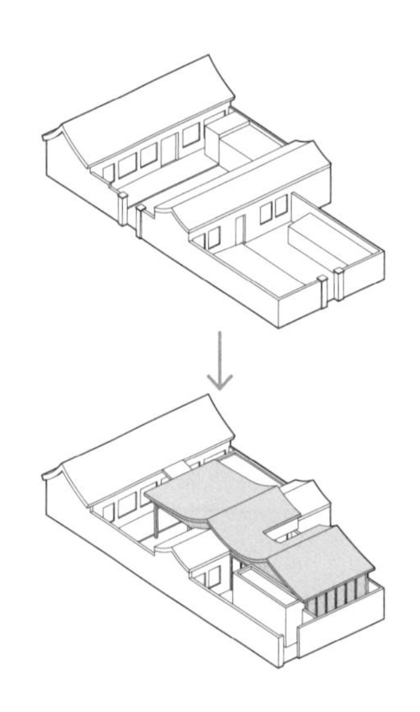

F1-04　北京混合宅

F1-05 延续既有建筑与周边环境的方位关系

方位包括方向和位置关系，靠人的感知获得，是一种方位感。遵循特定的方位感是由外而内建立秩序的一种策略。既有建筑往往具有清晰的方位关系，延续这种方位感常常成为建立秩序的有效手段，由方位建立秩序除了关注其自身所蕴含的空间秩序之外，还应关注其与所处城市的肌理和周围环境之间的秩序。轴线秩序是一种特殊的方位秩序。

案例：呼和浩特盛乐遗址博物馆改扩建
内蒙古工大建筑设计有限责任公司

在原盛乐遗址博物馆基础上改扩建的博物馆二期项目和盛乐遗址公园游客中心，置于场地边界的两个端部，其布局既延续了原场地清晰轴线的大方位秩序，又延续了邻接的既有体量平行于主、辅轴的小方位秩序。

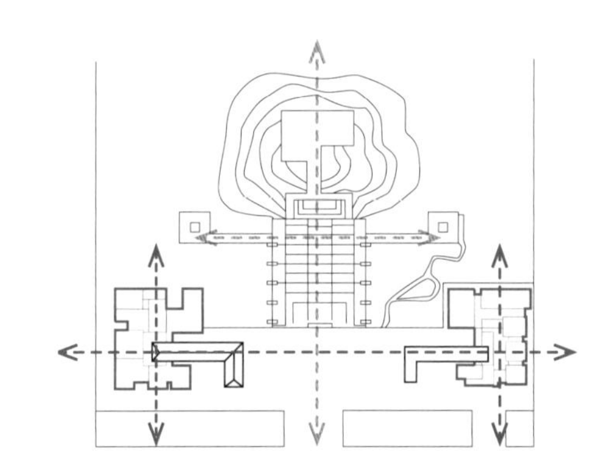

F1-05　呼和浩特盛乐遗址博物馆改扩建

F2 秩序重构

秩序重构是指打破旧关系，建立新秩序。通过对建筑既有秩序的解读，再结合新的使用功能需求，最终形成新秩序是对原有秩序的重构与再造。打破旧关系不是不要原有的秩序逻辑，而是在充分利用的基础上重新建构。重构秩序的策略能够使改造后的建筑在构成逻辑或空间本体上与既有建筑有较大的不同，从而带来了新的空间体验。

F2-01 对既有建筑的动线进行重构或部分重构

在建筑改造设计中，原有的动线系统常常不能满足当下的功能诉求、空间体验及规范等。为此，通过对原有动线的重构，建立新的空间秩序是一种常用的手段。动线的重构可能仅发生在既有建筑的某些区域，用以点控面的方法，使整个空间秩序发生变化；也有可能是对整体动线的重构，在大范围内创造出全新的空间秩序。

案例一：北京成府路150号

URBANUS都市实践

项目在改造中以动线作为切入点，对原建筑的垂直交通系统进行重构。根据改造后的功能需要，将原来位于一角的垂直动线移至平面中央作为交通核，从上部引出一条动线，导入特设的屋顶花园，建立了全新的秩序。

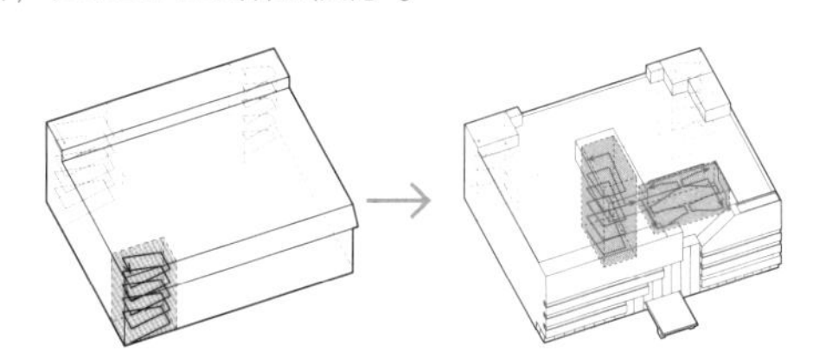

F2-01　北京成府路 150 号

案例二：深圳南头杂交楼

URBANUS都市实践

南头杂交楼前身由城中村内五栋居民楼交错簇拥而成，内部空间混乱无序，且缺少采光、通风等基本的生活条件。改造设计在尽量保证内部房间完整的前提下，通过在内部中心设置垂直公共交通的方式，梳理出一条贯穿中心的主动线，不仅加强了各户之间的联系，还解决了内部采光、通风等问题。

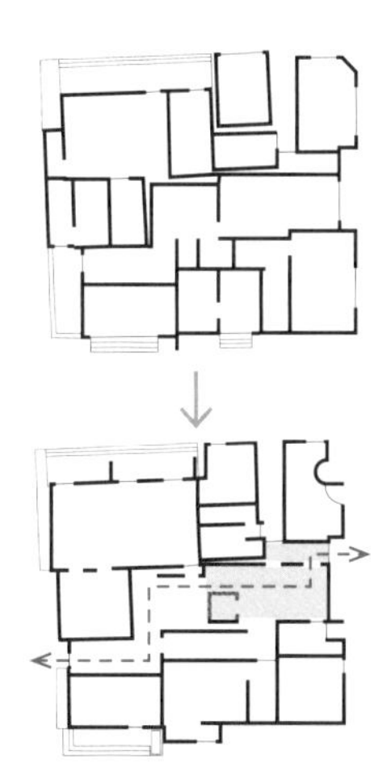

F2-01　深圳南头杂交楼

F2-02 对既有建筑的空间组织方式进行重构

既有建筑的空间组织方式不仅指由建筑实体所围合而成的具象的平面布局，也包括借助建筑实体所形成的抽象的空间基调。结合新的使用需求，对原空间组织方式进行分析、解构与重组，从而得到新的空间组织方式，在带来新秩序的同时，也是对原有秩序的一种拓扑继承。

案例：南京先锋汤山矿坑书店

东南大学建筑学院+艺合境建筑事务所

先锋汤山矿坑书店是以场地内原有的一座20m高双筒砖窑为基础扩建而来的。书店空间重构了由砖窑的竖向感建立的空间基调。与砖窑的垂直性相反，通过在水平方向的延伸，在对比中强调了自身的存在。

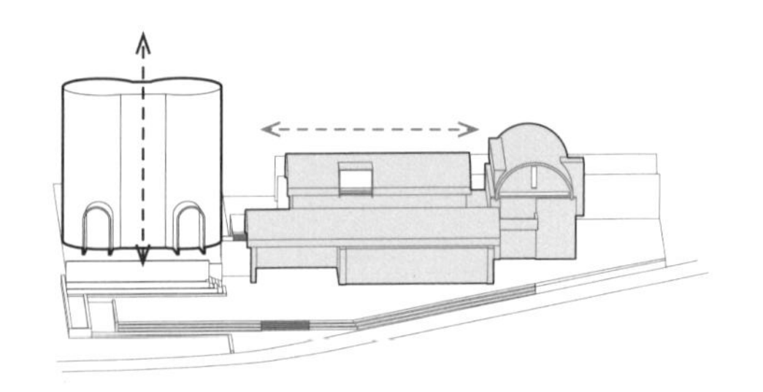

F2-02　南京先锋汤山矿坑书店

F2-03 对既有建筑的建造逻辑进行重构

建造逻辑表现为由建造技术手段呈现出来的构成逻辑，如结构、构造的建构呈现。重构建造逻辑，既可以直接被识别从而直观地感受到新的空间秩序，又可以与既有建筑形成鲜明的对比，强化新旧双方所显现的特征。通常在改造设计中，当既有建筑并不具有鲜明特质、人文价值，或是意在寻求改造前后的强烈对比时，可以采用重构建造逻辑的方法。

案例：屏南先锋厦地水田书店

迹·建筑事务所（TAO）

先锋厦地水田书店改造前原址仅剩三面夯土墙和残破的院墙。改造设计采用了钢结构和混凝土结构，借助材料之间不同的建造逻辑与外观特征，强化了新旧两部分各自的属性，延续文脉的同时建立了全新秩序。

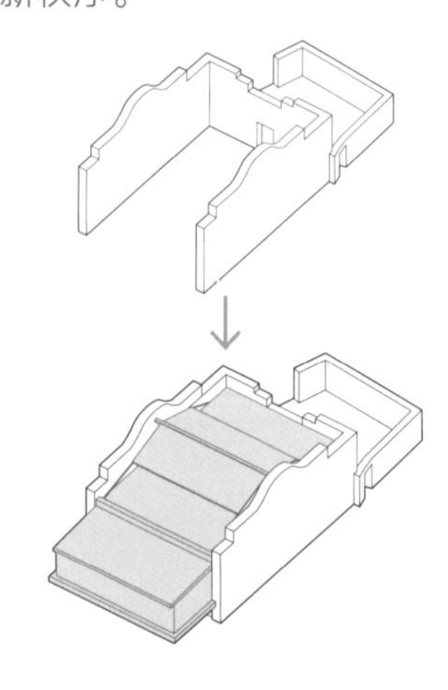

F2-03　屏南先锋厦地水田书店

F2-04 对既有建筑的形态特征进行重构

重构建筑形态无疑是建立新秩序较为彻底的方式。这种重构方式与既有建筑形成鲜明的对比，同时也会借助既有建筑的某些具象化特征，如结构特征、构造特征等，与之建立一定的联系。通常，当既有建筑的形态特征不具备突出的特色、不满足改造后的需求或者追求改造前后的强烈对比时，都可以对既有建筑的形态进行重构。

案例：绿之丘　上海滨江原烟草公司机修仓库改造
同济大学建筑设计研究院（集团）有限公司 原作设计工作室

绿之丘改造设计基于建立一种全新的环境关系。为了削弱既有建筑的六层板楼体量对环境的逼仄感，切削了朝向江岸和城市一侧的建筑角部，再以退台的方式进一步减轻压迫感，由下而上形成一种以层层退台的方式远离江面和城市腹地的全新秩序。

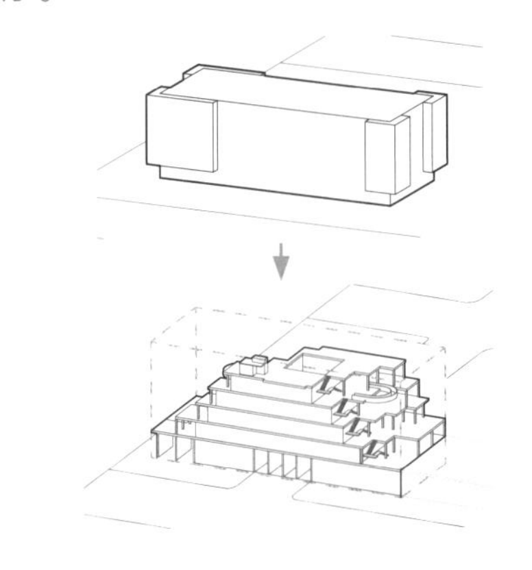

F2-04　绿之丘　上海滨江原烟草公司机修仓库改造

F2-05 对既有建筑与周边环境的方位关系进行重构

在一些特殊的改造设计中，为了保持原有场地空间秩序的独立性，新植入部分可通过脱离既有秩序中存在的方位关系，寻求对立的设计布局，借助反衬强化原建筑与场地环境建立的既有秩序。通常，当场地中的建筑具有明确的主次关系，或既有建筑有突出的主体地位，且改造扩建容易损害这种关系时可以运用这种方法。

案例：丹麦哥本哈根Gammel Hellerup高中扩建
BIG建筑事务所

原有建筑布局是以道路为基准的正交布局。在扩建项目中则重构了这一基本关系，通过对扩建项目方位的偏转，在突出原建筑的同时，也将自身从原有布局中抽离出来，保持自身的独立。

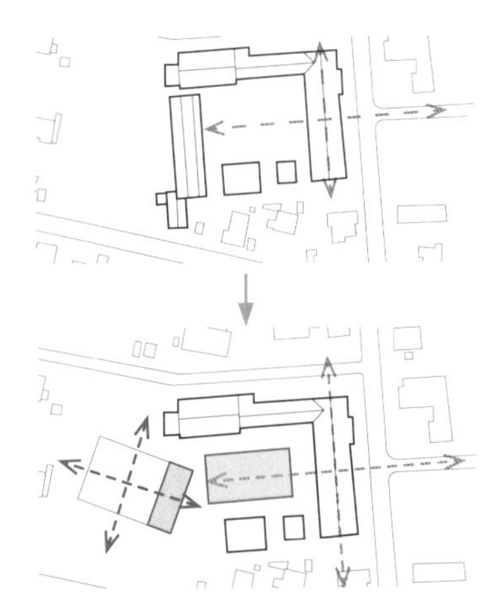

F2-05　丹麦哥本哈根 Gammel Hellerup 高中扩建

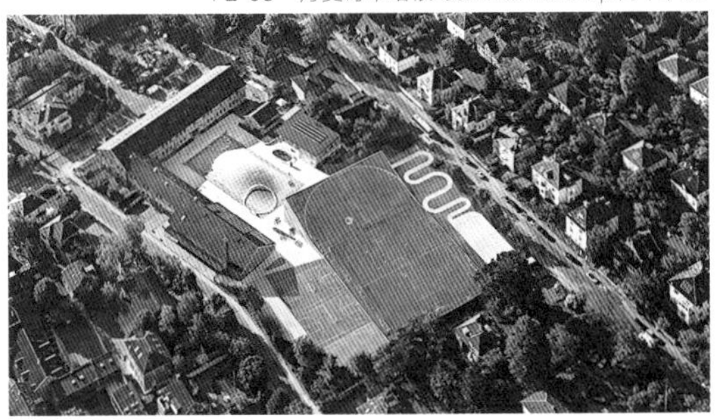

营造氛围

既有建筑改造，营造别样的空间氛围是一个重要的设计主题，对于许多建筑师来说更是极力追求的目标，其本质是实现从人的体验观照维度营造空间品质。前面总结的传承历史记忆和延续原有秩序等策略自然都会产生相应的空间氛围，但仅此还不够。不是所有既有建筑都有记忆价值，也不是所有既有建筑的空间秩序都值得延续，且能被明确感知。所以，与新建筑设计相比，改造设计在营造空间氛围方面还应有更为基础性的策略，其中，运用自然光以及在时间维度上的经营策略效果明显且十分重要。

G1 光氛围营造

G1-01 置入侧面采光口，重塑空间氛围
G1-02 置入顶部采光口，重塑空间氛围
G1-03 置入采光井，重塑空间氛围
G1-04 改变进光方式，营造新生的空间氛围
G1-05 借助光与既有材质的互动，强化既有的空间氛围
G1-06 借助光与“雕塑”的互动，引导空间氛围
G1-07 借助光的强弱对比，界定空间层次
G1-08 借助光的冷暖变化，营造空间领域的性格
G1-09 借助光属性的变化组织路径，触发叙事性体验

G2 时间性氛围营造

G2-01 借助自然光的瞬时变化，标记时间、烘托场所氛围
G2-02 借助自然植物的时令变化，营造亲人的场所氛围
G2-03 借助自然环境的水文变化，回应场所时间性
G2-04 借助真实材质的老化，营造场所的时间感
G2-05 借助材质的时代性组合，营造场所的历时感
G2-06 借助新旧材料不同的建构逻辑，营造场所的历时感
G2-07 回应场地人文环境，引发集体的历史记忆
G2-08 通过调整动线路径的尺度，改变体验的主观时间长度
G2-09 通过改变动线路径的方向，创造行进时的漫游体验
G2-10 通过重组动线节点，触发叙事性的时间体验

光氛围营造

既有自然光的氛围往往不能适应新生的空间，需要进行一定的重塑或强化。置入新的采光口和新的采光形式是重塑光氛围的常用策略；自然光作为提示性要素，能留住视线，强化既有空间氛围。光的属性对比和变化是一种常用策略，其中，光影勾勒出空间的边界，光的强弱区分出空间主次，色彩区分不同的空间性格，塑造出不同空间的领域感；而光作为具有指向性的视觉信息，通过属性变化来引导流线，触发历史叙事。

G1-01 置入侧面采光口，重塑空间氛围

打开侧墙是加强采光最经济常见的方式。外墙上置入不同的采光口会带来不同空间体验：通过靠近地面的洞口反射光线进入室内空间，营造肃穆、神秘的氛围；通过较高位置引入光线，洞口与大面积墙面形成明暗对比，给人以私密、沉静的感受；通过中间高度位置引入光线，同时也引入了室外景色，给人以豁朗，放松的感受。

案例一：桐庐莪山畲族乡先锋云夕图书馆

张雷联合建筑事务所

桐庐莪山畲族乡先锋云夕图书馆由民居改建而成。设计抬高了原有木梁柱框架，形成了约60cm的高侧窗，在引入自然光的同时，也引入了气流和室外的竹林景观，形成了私密而沉静的氛围，契合了阅读需求。

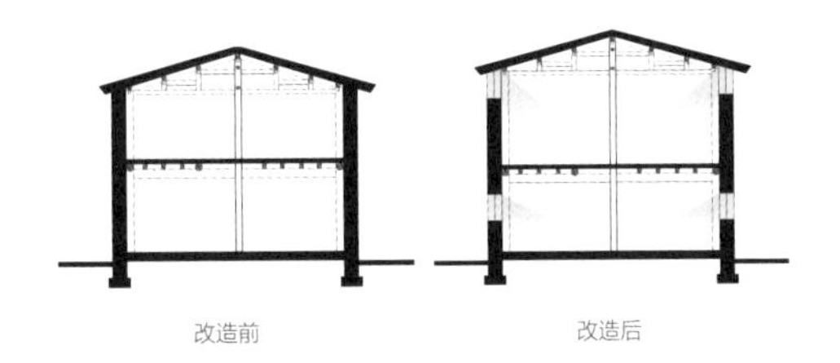

改造前　　改造后

G1-01　桐庐莪山畲族乡先锋云夕图书馆

案例二：广州蒙圣住宅改造

URBANUS都市实践

广州蒙圣住宅的改造中将原先陡峻的单跑梯改为舒适的折返梯，形成新的垂直流线，南北两侧外墙上特殊的采光斗将天光引入底层，从下而上经历了一个从幽暗到明亮、从压抑到释放的过程，构建出一种戏剧性的居住体验。

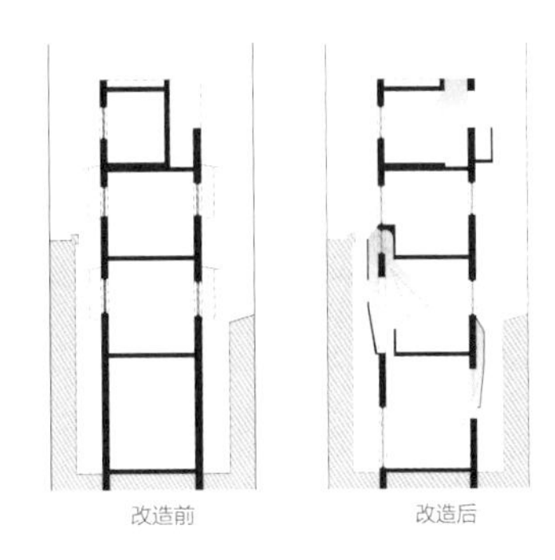

改造前　　改造后

G1-01　广州蒙圣住宅改造

G1-02 置入顶部采光口，重塑空间氛围

根据现有结构揭开部分屋顶是引入光线最为多效的方式。从上部投下的光线影响面积最大、最均匀，也最为明亮。顶部采光口与一定的遮阳处理相结合，容易形成一种光影的笼罩感，营造出或斑驳、或生动、或神圣的氛围。采光口形式、位置与内部空间的主次动线等结合，效果更佳。

案例：内蒙古师范大学青年政治学院图书馆
内蒙古工大建筑设计有限责任公司

图书馆由锅炉房改建而成。原空间采光不足，界面冰冷高耸，给人疏离感。设计在原有屋顶上部切出带形天窗，引入天光的同时也引导了空间的核心动线，重塑了空间氛围。

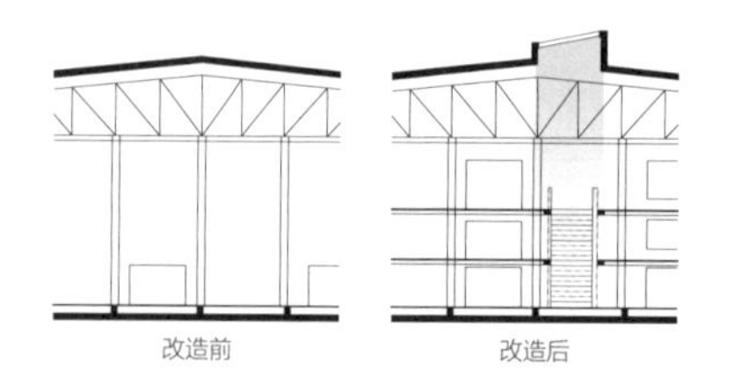

G1-02　内蒙古师范大学青年政治学院图书馆

G1-03 置入采光井，重塑空间氛围

采光井指竖向插入建筑内，将上部自然光引到下部空间的井道。采光井可以独立引入，也可以通过处理中庭、楼梯间、过道等空间，打通楼板或隔墙来引入。采光井引入的光线往往能起到暴露既有结构和材质、营造精神性场所的作用。建筑中置入的采光井有时也被打造成"发光体"，往往与既有不甚明亮的空间形成强烈的对比，产生不同的氛围。

案例：上海申窑艺术中心（一期）
刘宇扬建筑事务所

该项目由车间改造而成，建筑顺应天窗，将走廊打造为采光井。通过楼梯和错落的钢化玻璃打通楼板，自然光穿透至各层。走廊两侧置入半透明阳光板和玻璃，使整个采光井系统营造出通透而光线弥漫的氛围。

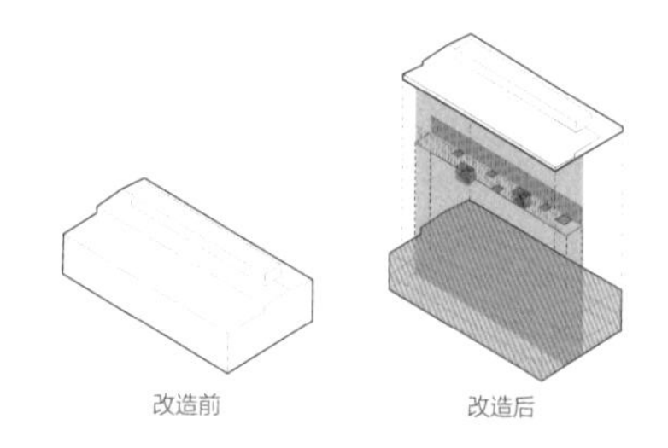

G1-03　上海申窑艺术中心（一期）

G1-04 改变进光方式，营造新生的空间氛围

受限于结构与技术，既有建筑通常在外墙直接开设侧窗以满足基本功能需求。通过改直射光为间接光以满足新生空间氛围的营造是改变进光方式的目的。常用方法有借助反射板改变光线进入方向和角度，或通过过滤层来“筛选”光线进入的量等。建筑改造中，改变采光方式是重塑空间、柔和光氛围的一种有效策略。

案例：日本大分市Double Sukin住宅改造
Makoto SATO-Shigeru Aoki建筑师事务所（佐藤信）

该住宅改造中，设计师在墙外再筑一层外表皮，形成45cm宽的中空层，内壁和外壁上交替分布大小不一的洞口，光线透过外侧洞口，经由双层表皮的漫反射照亮内部，产生柔和而私密的氛围。

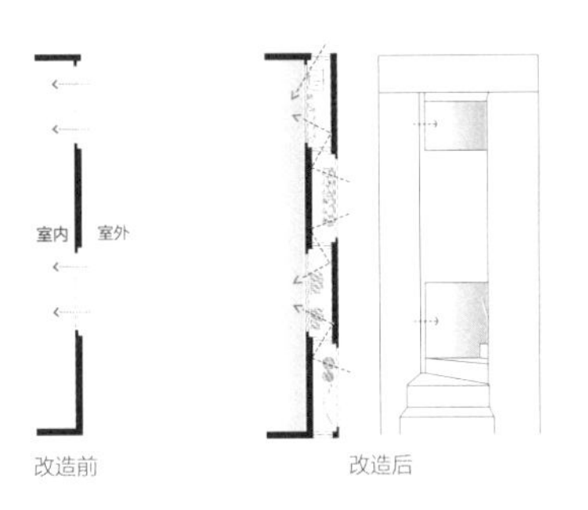

G1-04　日本大分市 Double Sukin 住宅改造

G1-05 借助光与既有材质的互动，强化既有的空间氛围

既有建筑材料一般为夯土、砖石、瓦片、混凝土等，具有浓厚的历史记忆和信息，其表面随时间会产生斑驳的痕迹，带有天然的质朴和手工感，光与其互动会起到强化质感的作用。不同光影形状与既有材料互动方式不同：直射光将材料肌理清晰暴露，陈展岁月；斑点光使既有材料存在于“露”与“藏”之间，营造和谐的阴翳礼赞；漫射光朦胧的特质将材料肌理柔化，有“洗墙”效果。

案例：屏南先锋厦地水田书店
迹・建筑事务所（TAO）

该项目由旧土房改建而成。设计利用伞状结构使其与原夯土外墙脱开，形成条形天窗，天光顺夯土墙漫射下来，朦胧的光既表现了夯土墙肌理，强化原有建筑的历史感，又渲染出柔和的氛围。

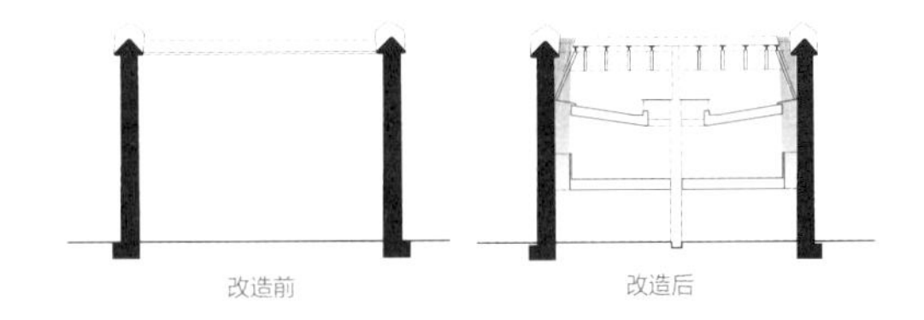

G1-05　屏南先锋厦地水田书店

G1-06 借助光与“雕塑”的互动，引导空间氛围

既有建筑中常常遗留下有历史价值的“展品”或“废墟”，具有某种雕塑性，其在自然光的照射下，对整体空间起到引导气氛的作用。这些“雕塑”表现为一定的“体”的特征，在新的空间中常常起到画龙点睛的作用，甚至成为空间的主角，在为其引入自然光的时候，光的入射角与强度会随着其身份的不同发生改变。

案例：西班牙卡斯蒂略代拉卢斯博物馆
Nieto Sobejano建筑师事务所

卡斯蒂略代拉卢斯博物馆由古堡改建而成。古堡自15世纪起就经历了战争和海水侵蚀，带有浓重的历史感。设计将古堡残破的墙壁进行清理，露出原有面貌，作为馆中“雕塑展品”的一部分。“废墟”之上，混凝土楼板与既有古堡墙壁脱开狭长的裂缝，将光线引入，与古堡形成互动，使得“废墟”成为博物馆的主角。

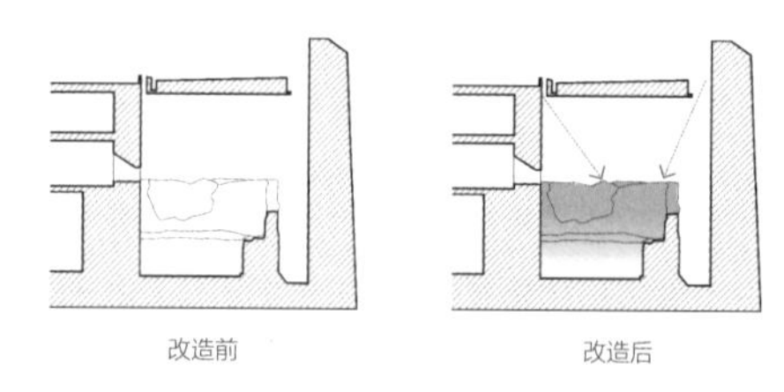

G1-06 西班牙卡斯蒂略代拉卢斯博物馆

G1-07 借助光的强弱对比，界定空间层次

运用光的强弱对比可以界定空间的主次关系，也可以运用光的强弱交替创造明暗有度的空间节律。空间光的强弱由进光量和明暗反差度决定。在既有建筑改造设计中，弱光线给人以昏暗阴翳的感受，强光线则能营造出明快的气氛。把这种主次和节律变化与既有建筑的空间特征相结合，可以塑造出整体空间氛围的层次感。

案例：西班牙格拉纳达阿拉伯浴场改造
伊瓦涅斯建筑师事务所

格拉纳达阿拉伯浴场翻新项目中，通过在不同空间中光的强弱变化界定了不同的空间层次：点窗形成的光洒落在浴室的水面上，营造出朦胧的氛围；大的方形窗洞形成的光落在展厅遗迹上，营造出明快的氛围。

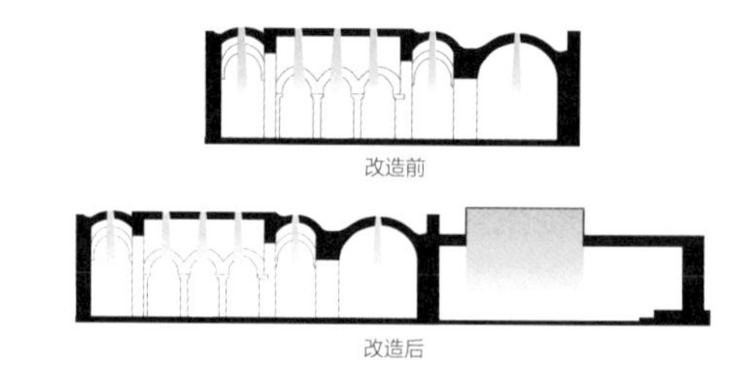

G1-07 西班牙格拉纳达阿拉伯浴场改造

G1-08 借助光的冷暖变化，营造空间领域的性格

营造光色彩变化的途径一般有三个：有色窗透射、有色墙反射和日光变化。与有色窗透射和有色墙反射的既定性不同，日光的营造具有时间性，不同时辰中同一空间能营造出不同的光的性格。暖色调定义的空间给人以喜悦、活力感；冷色调定义的空间给人以安定、沉静感。改造中通过经营不同功能空间自然光线的冷暖变化来进行领域界定。

案例：英国伦敦艺术家工作室改造
VATRAA

项目是由艺术家工作室改造而成的住宅，天光经过裸露的墙体反射进庭院，绿植和院墙为地下卧室营造出宁静的暗调；明亮的日光通过屋顶大天窗直射进客厅，浅色吊顶与家具的漫反射光为其营造出明亮的暖调。

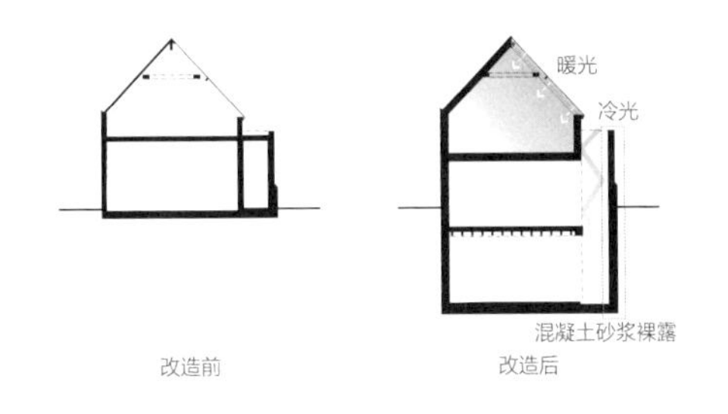

G1-08　英国伦敦艺术家工作室改造

G1-09 借助光属性的变化组织路径，触发叙事性体验

光的属性包括明暗、冷暖、色相等，借助它们的变化可以引导行为动线，这是人眼睛趋光性作用的结果，明暗变化导向明，如再叠加冷暖和色相的变化，可以触发叙事性体验。在改造建筑中，结合新旧空间的路径组织，叙事性体验常有两类意向：多个空间由昏暗至明亮的路径过程，暗喻从过去走向未来，相反的路径过程则喻示回望历史。

案例：上海BROWNIE/Project画廊
Offhand Practice

BROWNIE/Project画廊由厂房改造而成。既有空间被界定为明、暗两个部分，外墙开口形成明亮的中心展厅，暗的房间则将自然光隔绝。从“明”的展厅进入“暗”的房间，再随光的指引上到二楼豁然开朗的“空中浮桥”，感受到明—暗—明的动线变化。

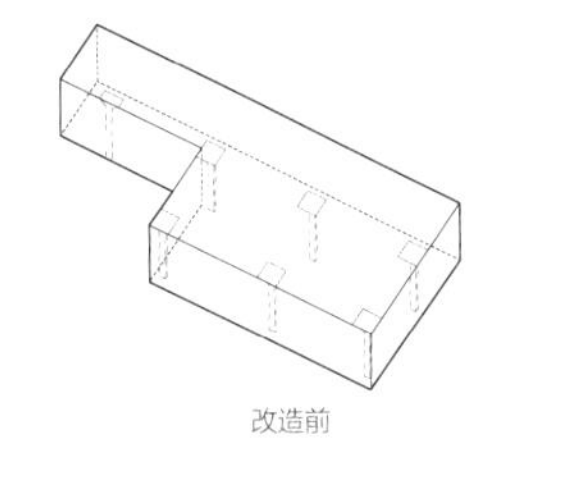

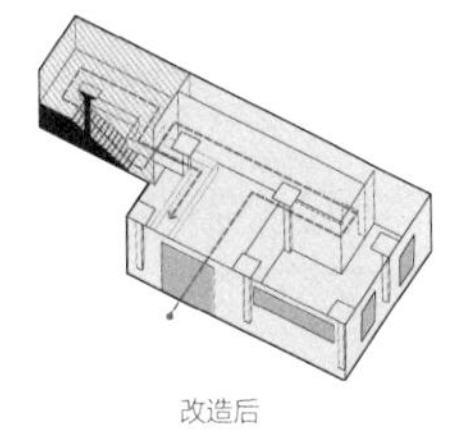

G1-09　上海 BROWNIE/Project 画廊

时间性氛围营造

在建筑改造设计中，高品质的空间氛围仅作为视觉上的营造显然不够，还需要通过时间维度的经营来营造更接近精神层面的场所氛围。场所的时间性靠人的感知来度量，诉诸物的时间变化与人的运动变化。物的时间变化又分为建筑环境中自然物的时间变化和建筑自身材质的时间变化，借此获得一种光阴感；人的运动变化则通常表现为运动过程中的路径变化和节点控制，借此获得一种综合感知的历时体验。

G2-01 借助自然光的瞬时变化，标记时间、烘托场所氛围

自然光记录着不同时节及时刻的体验：清晨清澈的光、下午安定的光、日落热烈的光，都是建筑一天的庆典，四季亦可被捕捉。光移动、变长、变短、聚集或消散，形成建筑随时间变化的丰富表情。

案例：英国格拉斯哥艺术学院雷德大楼改建
斯蒂文·霍尔建筑事务所

结合功能需求，将光阴感融入场所：春季正午的光在井中反射；秋季正午的光穿过三层露台；夏季正午的光通过庭院倾泻到负一层的礼堂。

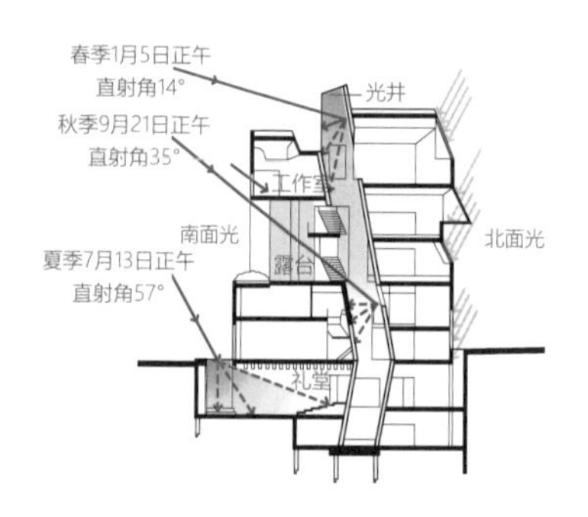

G2-01　英国格拉斯哥艺术学院雷德大楼改建

G2-02 借助自然植物的时令变化，营造亲人的场所氛围

植物是时间与人互动的。春季嫩叶抽芽、夏季枝叶繁茂、秋季硕果累累、冬季枝干傲雪霜，这种由生长带来的生命力产生亲人的体验感和场所氛围。

案例：北京花木公司办公楼改造
北京墨臣建筑设计事务所

建筑改造结合空间路径特设了多个四季庭院、中庭。植物赋予了建筑季相，生长更替也强化了建筑的活力，获得建筑的“亲生命性”。

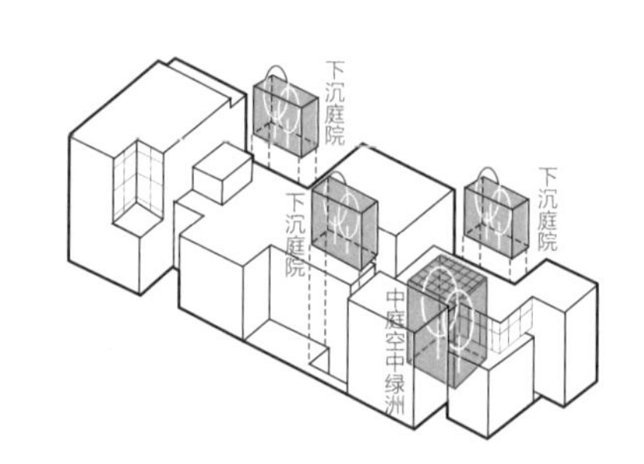

G2-02　北京花木公司办公楼改造

G2-03 借助自然环境的水文变化，回应场所时间性

改造建筑空间中线性流逝的水要素，有着涝旱两极的性格，运动着的潮汐和丰枯伴着季节性变化诱发人们的时间意识。改造建筑设计中，可以利用建筑空间的组织呼应水进入场地的方式，以水的流逝与聚合蕴含生命的消逝和繁荣，回应场所时间性。在特定时候，水同时展现了自然的和历史的时间因素。

案例：意大利威尼斯奎瑞尼·斯坦帕里亚基金会改造
卡洛·斯卡帕

建筑师借用潮汐变化中运河河水的时涨时落，在建筑处理中记录了时间的变化。建筑同时回应了因河流涌入而产生的特定时间和特定进入方式，为建筑注入了独一无二的场所感和时间记忆。

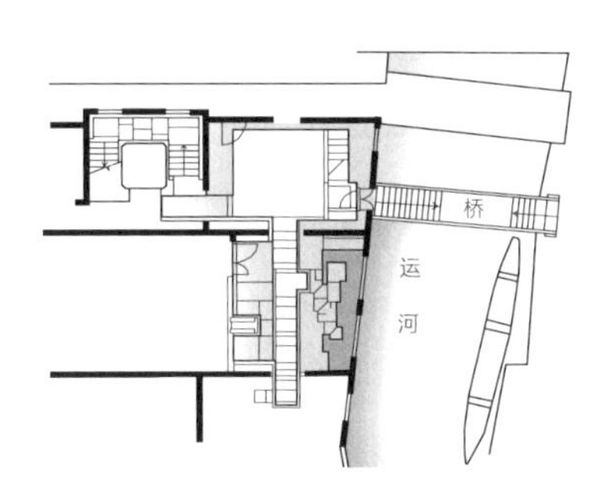

G2-03 意大利威尼斯奎瑞尼·斯坦帕里亚基金会改造

G2-04 借助真实材质的老化，营造场所的时间感

随着时间变化，建筑材料会出现逐渐老化的表征，真实自然的材料如石材、木材、砖石、瓦片、灰泥、耐候金属等在老去的过程中蕴含了一种生命感。建筑改造活动中运用这些材料或老建筑的原有材料，借助材料老化的真实性来呈现时间，容易获得建筑锚固于场地之中的感受，激发人们的时间意识，建构有机环境。

案例：西班牙马德里CaixaForum艺术中心改造
赫尔佐格和德梅隆建筑事务所

CaixaForum艺术中心将原电力站的标志性砖墙立面保留下来，建筑顶部的加建部分采用穿孔耐候钢板作为围护材料，穿孔和受到剐蹭的部分产生锈蚀的保护膜，在时间作用下留下老去的痕迹，与整个街区的历史氛围相得益彰，营造了一种独特的时间感。

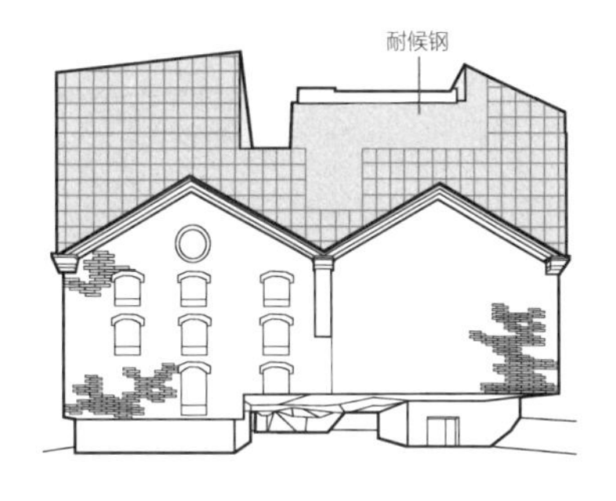

G2-04 西班牙马德里 CaixaForum 艺术中心改造

G2-05 借助材质的时代性组合，营造场所的历时感

建筑改造设计中，传统与现代材料的融合碰撞可以造成一种跨越时间的变化。将传统材料和现代材料进行时代性的组合是常用的策略：一类是再现旧质感，如熟石灰内掺大理石粉作为墙体抹面材料，再现旧的材料形式；另一类是碰撞并置，如在木质材料中嵌入金属，同时呈现不同时代的材料质感。这两类策略都是以新的组合减弱或加强不同时代常用材料的差异性来突出建筑的时间性特征。

案例：意大利威尼斯奥利维蒂陈列室改造

卡洛·斯卡帕

在奥利维蒂陈列室改造设计中，卡洛·斯卡帕用金属条（黄铜或铜）和玻璃分割水磨石，在威尼斯传统灰泥中置入金属，使得新旧常用材料碰撞并置，呈现时间。在现代的混凝土地面刮出水平线条并抛光，让混凝土这种原本粗糙的材料，再现了石材一般的质感，获得了历史感。

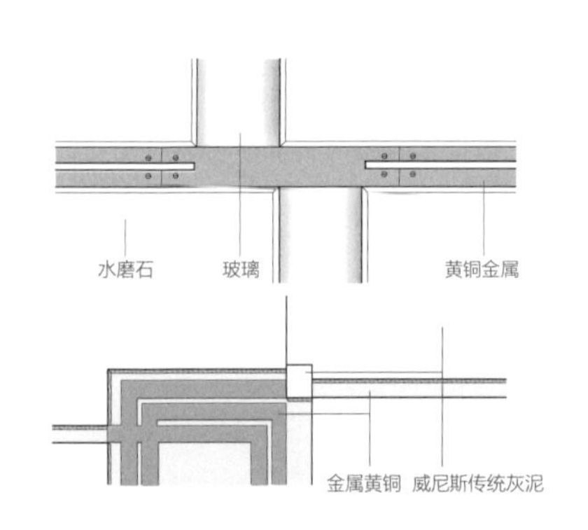

G2-05 意大利威尼斯奥利维蒂陈列室改造

G2-06 借助新旧材料不同的建构逻辑，营造场所的历时感

建筑改造设计中，建筑的建构方式和由此显现的细部特点可以帮助展示建筑的时间性。通过新旧结构、材料的建构逻辑，细部的色彩、肌理等的转换与对比，使由它们代表的多个时代共存，呈现改造建筑时间的复杂性，在创造建造逻辑共时性的同时和历史建立联系，让人感知多重时间意义的叠合，营造场所的历时感。

案例：英国伦敦泰特现代博物馆改扩建

赫尔佐格和德梅隆建筑事务所

伦敦泰特现代博物馆改扩建中，建筑师将传统的结构材料——砖作为表皮与玻璃平等对待。扩建部分的砖挂贴在钢结构之上，与玻璃条带共存于表皮，也与原建筑砌筑的砖形成对照，通过转换后的建构逻辑获得场所的历时感。

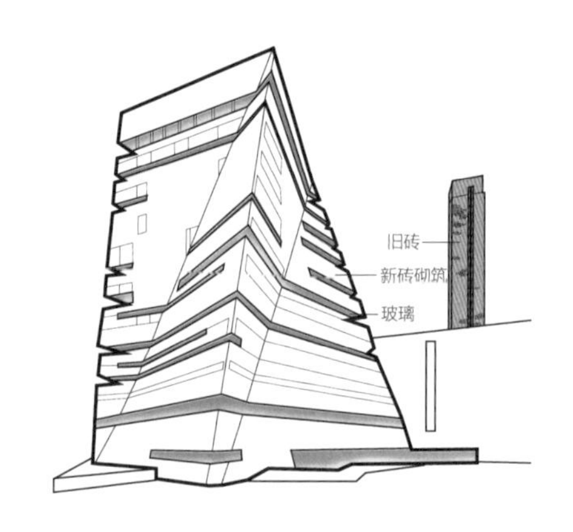

G2-06 英国伦敦泰特现代博物馆改扩建

G2-07 回应场地人文环境，引发集体的历史记忆

既有建筑所在的地域、时间将建筑锚固在特定的环境中，这种锚固表现为场地人文要素与变化中建筑的多重关系。在时间轴上演变的生活场景、地域建构、固有审美等都可以构成场地的人文要素。通过建筑形式、空间肌理等的过渡融合、对比冲突，可以凸显空间架构的先后时间性。正像传承记忆策略一样，改造设计通过这种表达，可以引发集体的历史记忆。

案例：美国纽约普特拉艺术学院加建
斯蒂文·霍尔建筑事务所

普特拉艺术学院的加建是在基地两侧不同时间建造的历史建筑之间嵌入的一个连接体。改造设计将原有建筑的楼板分别引出，在相会处设置坡道解决高差，坡道尽端处装设透明玻璃，清晰呈现并放大了交会的形态操作，强调了不同年代生活空间的变化和各自的历史记忆。

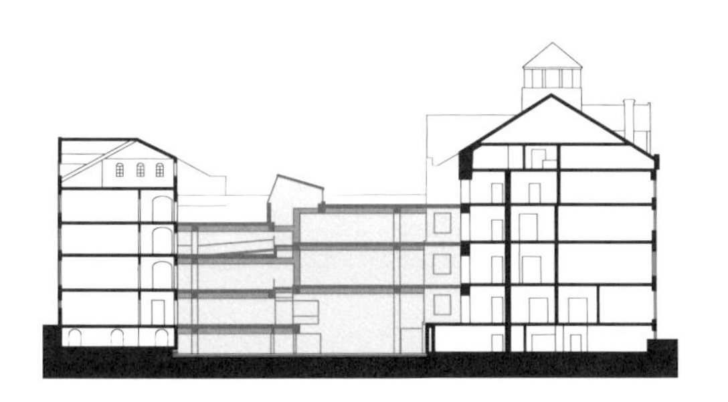

G2-07　美国纽约普特拉艺术学院加建

G2-08 通过调整动线路径的尺度，改变体验的主观时间长度

通过调整运动路径的尺度感，引起人的注意，产生主观上时间的变化。路径中深远开阔的空间产生向前运动的引力，缩短了主观时间体验；逼仄阴翳的空间产生相斥的推力，拉长了主观时间体验。在改造建筑的空间设计中，通过不断建立空间收放的对比，带动人心理感知的变化，使人主观感受到的时间长短发生改变，营造不同的时空氛围。

案例：德国柏林犹太人博物馆改造
里伯斯金工作室

柏林犹太人博物馆改造通过改变路径空间的比例尺度，再配合明暗的变化，给参观者带来不同的时间节奏感：从老建筑进入新建筑通过地下一条长而幽暗的坡道，拉长时间感受，将观众代入到事件的情绪中，后面的路径跟随空间逐步向上打开，获得相反的体验。

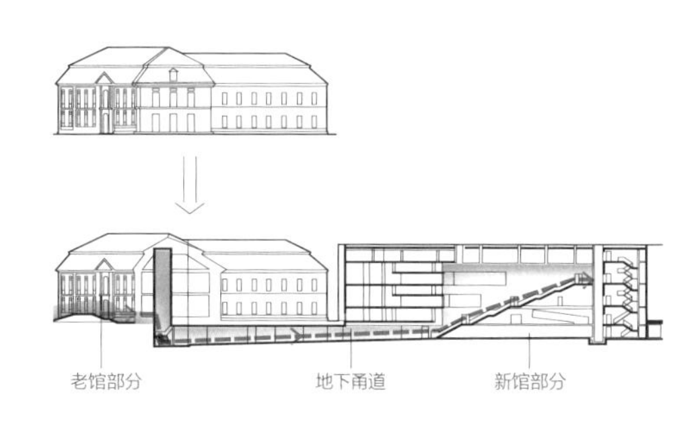

G2-08　德国柏林犹太人博物馆改造

G2-09 通过改变动线路径的方向，创造行进时的漫游体验

通过调整运动路径的方向，引起人的体验注意，使整体时间节奏发生变化。路径中空间的转折产生秩序变化，带动了身体和心理的感知，模糊了形态要素，强化了时间经历，进而产生丰富的漫游体验。在改造建筑的空间设计中，利用路径的分支、转向可形成一种多选择下时间片段的交织，在有限的空间内营造无限的时空体验。

案例：美国堪萨斯纳尔逊-阿特金斯艺术博物馆扩建
斯蒂文·霍尔建筑事务所

项目设置了多选择路径和多个连通室内外的建筑出入口，使人拥有更为灵活多变的时空体验。如建筑师所言："身体在空间穿行时所感受的一切是一种纠缠的经历，这时不再有清晰的单独元素，单独元素融入包含一切的模糊场景中。"

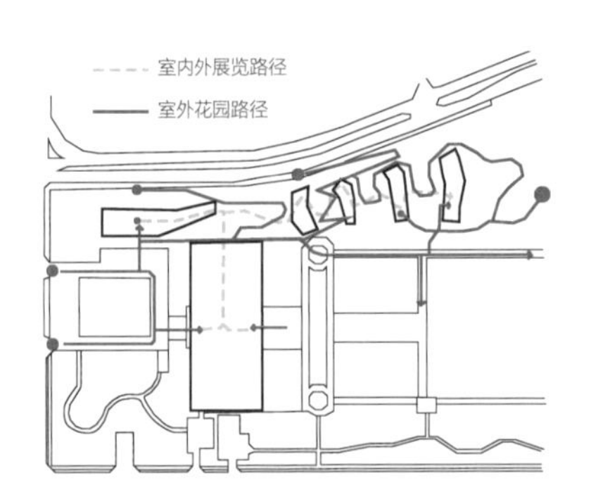

G2-09 美国堪萨斯纳尔逊 - 阿特金斯艺术博物馆扩建

G2-10 通过重组动线节点，触发叙事性的时间体验

通过在动线中设置空间节点，把路径中的停顿处作为整体时间节奏的纽带，形成停顿—运动—停顿的节奏，使整体时间节奏发生变化。在改造建筑的空间设计中，可以在空间上介入断裂的路线、核心标志物等暗示重要场所，形成整体路径的停顿，重组时间节点，串联多重复杂空间，建立丰富层次，触发叙事性的时间体验。

案例：意大利维罗纳老城博物馆改建
卡洛·斯卡帕

设计师在空间转折处的二层挑台上设置了一尊骑马雕像，形成视觉构图的焦点。在这里，记忆被重新调动，时间要素被中断又重新接续，丰富了空间体验，强化了空间的精神核心。

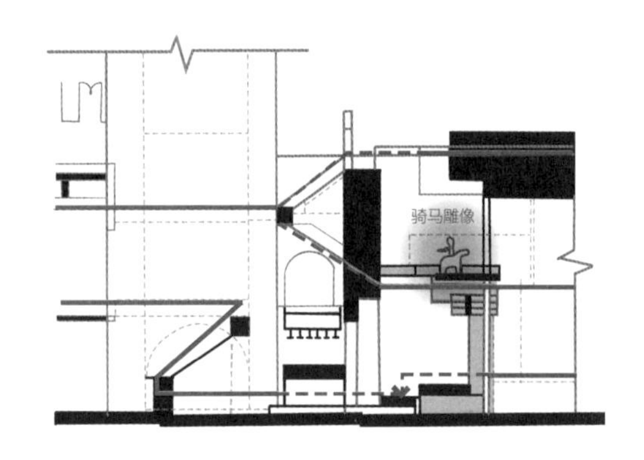

G2-10 意大利维罗纳老城博物馆改建

提升功效

既有建筑，多数情况下因其空间具有利用价值而被改造，因而，在改造设计中，提升空间的使用功效自然就是一个重要的命题。在实际改造项目中，常常因过分关注空间气氛而降低了空间的利用效率。因此，提升功效策略更注重空间氛围和使用效率的合一，换句话说，注重从人的行为和心理观照方面提升空间效率，进而营造空间品质。同时，从可持续的角度来看，建筑改造不仅要满足当下功能，还应尽可能适应日后不断改变的其他新功能。因此，提升空间功效，包括提升空间的当下功效和持久功效两个方面。

H1 提升空间的当下功效

H1-01 识别既有空间特性，匹配恰当的新功能
H1-02 建构多义空间，满足不同功能的变化
H1-03 激活冗余空间，赋予边角空间以新的功能
H1-04 保留特殊空间，诱发适宜的新功能
H1-05 增设中介空间，串联零散空间，借强化联系提升功效

H2 提升空间的持久功效

H2-01 划分主辅空间，使主要空间具有功能弹性
H2-02 选用通适结构，满足日后功能改变的需求
H2-03 建构基础单元，通过叠加生长应对建筑的功能变化
H2-04 统一空间高度，增加多种功能置换的可能性
H2-05 保留开放空间，满足日后增建的需要

提升空间的当下功效

着眼于改造后的空间与当前改造所赋予功能的有效对应关系，挖掘潜在可能，达到少做功、多收效的目的。通常有如下策略：识别既有空间特征，为其匹配恰当的新功能，借改造前后空间的转换提升空间的当下功效；建构多义空间，满足不同功能的变化，借空间使用中的多样性提升空间的当下功效；激活冗余空间，赋予边角空间以新的功能，借空间的增量提升空间的当下功效；保留特殊空间，诱发适宜的新功能，借空间的特殊品质提升空间的当下功效；增设中介空间串联零散空间，强化各部分的空间联系，借空间的关联性提升空间的当下功效。这些策略着眼点各不相同，但都注重一定“场合”下的功能塑造。

H1-01 识别既有空间特性，匹配恰当的新功能

识别既有空间被赋予的功能，可从源头上提升建筑改造的功效。每个既有空间都有大小、朝向、位置等属性特征。其中，大小决定新功能的类型，朝向决定新功能的质量，位置决定新功能与其他功能的联系。通过对既有空间特征进行适应性评价，赋予其最适宜的使用功能，以最少的改造获得最大的功效。

案例一：意大利帕尔马帕格尼音乐厅

伦佐·皮亚诺建筑工作室

建筑师在现有厂房中选择两间尺度分别适合音乐厅和排练厅的车间，对号入座：一号厂房改造为音乐厅的主体观演厅空间，仅拆除了横向墙体，加固了纵向墙体；二号厂房改造为排练厅，也设置了餐吧等休闲功能区。

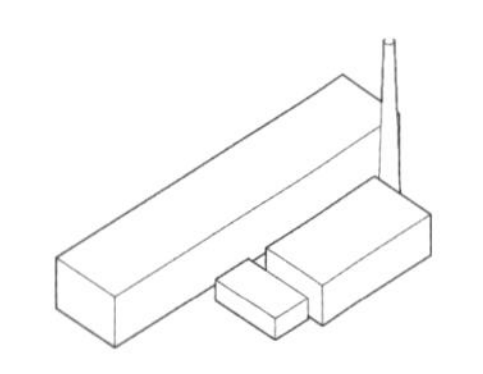

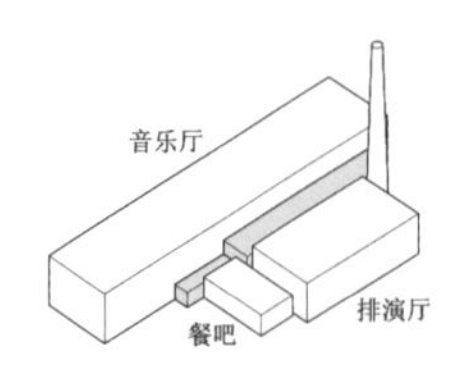

H1-01 意大利帕尔马帕格尼音乐厅

案例二：德国库普斯墨赫博物馆（MKM博物馆）扩建

赫尔佐格和德梅隆建筑事务所

MKM博物馆扩建后的新结构，以视觉上合适的方式完成了现有博物馆和港口的连接，并对港口沿线的一排建筑物形成了合适的结合。扩建部分更为博物馆增加了画廊空间。整个改造过程使得原有建筑承载新的功能，从而成为博物馆的交通路径和展览空间。

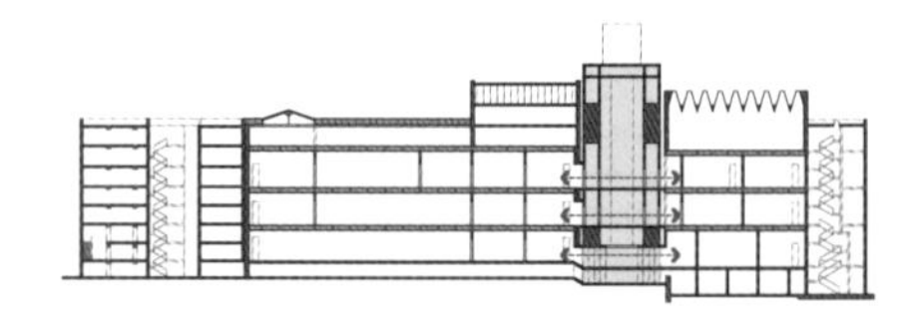

H1-01 德国库普斯墨赫博物馆（MKM 博物馆）扩建

H1-02 建构多义空间，满足不同功能的变化

多义空间是指某一空间满足多种功能需求，可分为同一时间满足不同功能和不同时间满足不同功能两种情况。前者是指利用恰当的空间分隔，让整体空间在同一时间段中满足多种活动需求；后者指使空间在不同时间段满足不同的活动需求，具有使用灵活性。通过构建多义空间，能够使单一空间的使用效率得到较大的提高。

案例一：上海滨江道办公楼

中国建筑上海设计研究院有限公司

上海滨江道办公楼改造前是附着在两栋建筑之间的外部楼梯，改造后将其整合为建筑的中央大厅，6.5m宽的大型楼梯除了作为联系东西两侧的垂直交通外，进一步利用错位向上的梯段，划分出另一侧的休憩及会谈空间，并扩大休息平台，布置绿植以供人短暂停留，使得整段楼梯在同一时间不同位置和不同时间同一位置均“上演”着多样功能。

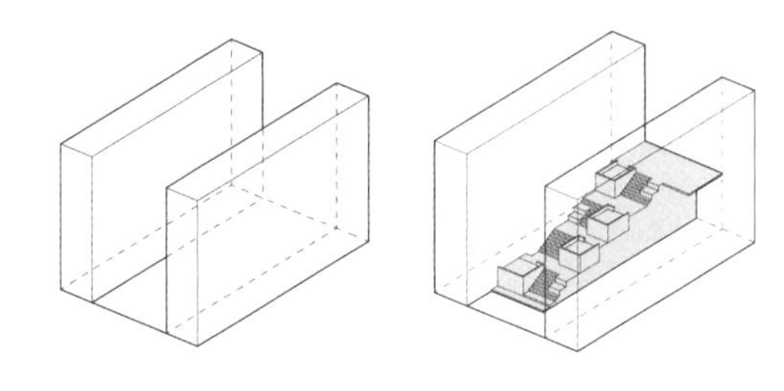

案例二：“绿之屋”近零碳办公空间改造

中国建筑设计研究院有限公司 绿色建筑设计研究院

绿色建筑设计研究院办公空间改造在室内预留了5.4m×15m的多功能空间，借助组合隔断的变化调整，可进行展览、会议、沙龙、茶歇等不同功能的快速转换。

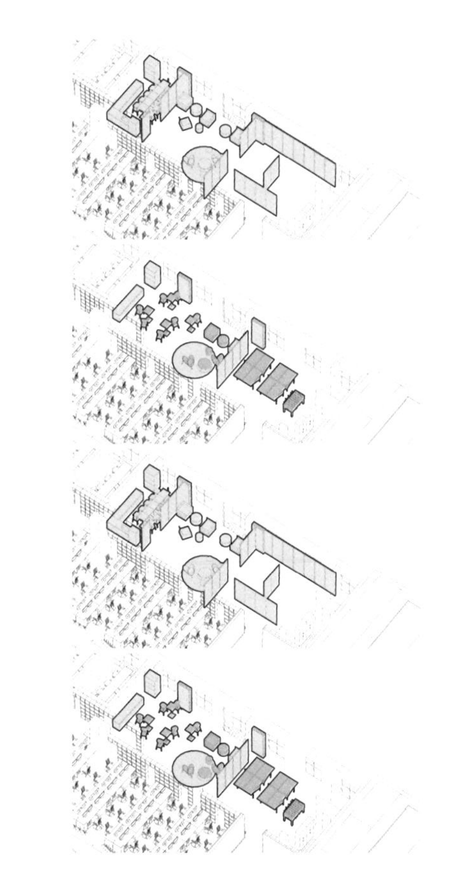

H1-02 上海滨江道办公楼

H1-02 “绿之屋”近零碳办公空间改造

H1-03 激活冗余空间，赋予边角空间以新的功能

冗余空间是指建筑中不承担主体功能或不易安排空间功能的边角空间，如建筑转角、屋顶、结构层、楼梯下方、承重体内部等，这些地方往往受限于不利的空间比例尺度而被空置。巧妙利用冗余空间，不仅从数量上提高了空间使用效率，而且是灵活运用空间尺度置入功能的一种体现，可以获得改造建筑特有的体验。

案例：厄瓜多尔康多尔·瓦查纳山峰天文台改造

丹尼尔·莫雷诺·弗洛雷斯、玛丽·科贝特、巴勃罗·贝当古

天文台改造项目合理利用已有结构，在老旧屋顶上增设台阶和平台，使平时并不被人关注的屋顶空间，具备了休息、眺望等新功能，增添了被改造建筑的活力。

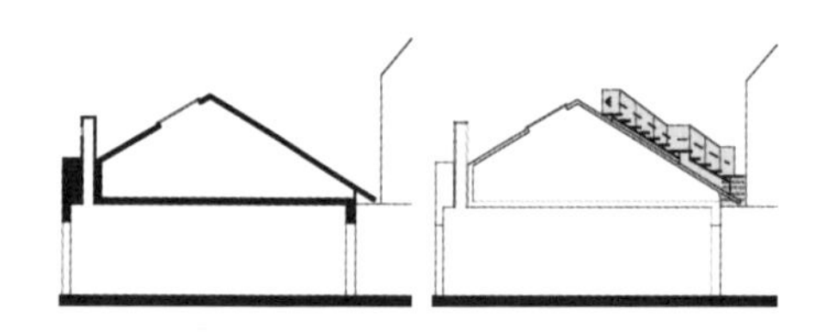

H1-03　厄瓜多尔康多尔·瓦查纳山峰天文台改造

H1-04 保留特殊空间，诱发适宜的新功能

被改造建筑中常常有一些特殊的功能空间或装置，如具有一定内部空间的机器设备、工业容器等。改造时适当利用，常能给予建筑师特殊的灵感，诱发出特殊的新功能。以这种方式新增的功能空间往往更适宜此时此地的建筑改造，让被改造的建筑从人文关怀、空间感受、经济效应、生态意义中的某一方面或多个方面得到空间效率的提升。

案例：乌海黄河化工厂改造

内蒙古工大建筑设计有限责任公司

乌海黄河化工厂改造项目保留了代表时代工艺水平的大型机器与结构，将其作为“实物展品”，将整个区域打造为展陈体验区；同时将场地中金属罐体整合进动线中作为入口，把罐体酷感十足的内部空间打造为过厅，并在任务书之外延伸出一个新展厅。此外，将建筑实训馆中有梦幻般光影感的旧厂房空间，用玻璃封闭花格窗改造为集散、交流的前厅。

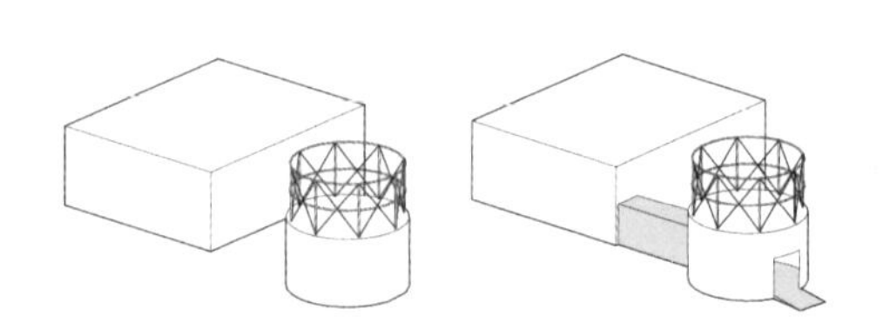

H1-04　乌海黄河化工厂改造

H1-05 增设中介空间，串联零散空间，借强化联系提升功效

建筑师面对的改造建筑常常是一些分散的单体，适宜的连接成为有效利用的基础策略。用于连接的空间大而分之，有厅和廊两类方式，有效的连接和恰当的尺度可以让这些厅或廊成为房间功能的延伸，不仅起到组织人流交通的作用，也能置身其中，感受周边既有建筑带来的特定气氛，在提升使用效率的同时，增加空间感受。

案例一：烟台所城里社区图书馆

直向建筑设计事务所

所城里社区图书馆改造项目引入回廊系统，重塑了进入院落空间的秩序与层次，使院子的空间格局和使用状态从“一”变为“多”。回廊系统串联起了社区图书馆的各个功能空间，也为户外活动的延展提供了更多的场地。

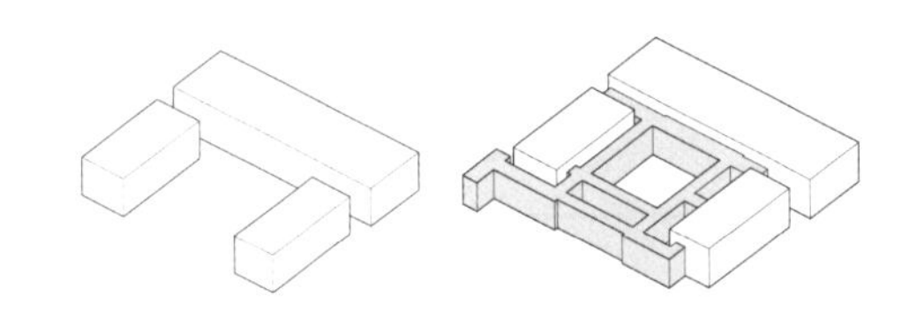

案例二：丽水文里・松阳三庙文化交流中心

家琨建筑设计事务所

文里・松阳三庙文化交流中心在梳理后的基地内植入一个蜿蜒连续的深红色耐候钢廊道。该廊道对于现状树木和遗存采取了审慎退让的态度。窄处为廊，串联保留老建筑；宽处为房，容纳新增业态。整体营造出一个既公共开放又富于传统情致的当代园林。廊道在疏解后的街区中蜿蜒穿梭，有如“泥鳅钻豆腐”：疏解后的老街区“厚”而“松”，作为基质；新介入的廊道蜿蜒灵动，打通联系，并在临街界面探出触角。

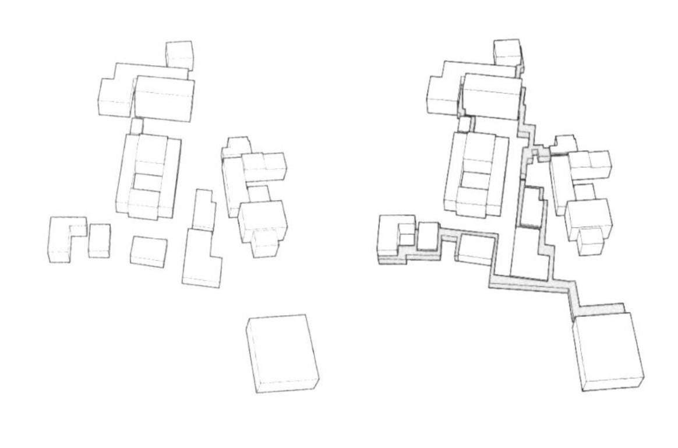

H1-05　烟台所城里社区图书馆

H1-05　丽水文里・松阳三庙文化交流中心

H2 提升空间的持久功效

指在当前空间改造设计的同时，为持久的使用或未来的功能变更留有空间余地，使改造后的空间具有可持续性。通常有如下策略：划分主辅空间，使主要空间具有功能弹性，借划分属性提升空间的持久功效；选用通适结构，满足日后功能改变的需求，借支撑体的通用性提升空间的持久功效；建构基础单元，通过叠加应对功能变化，借单元体的可生长性提升空间的持久功效；统一空间高度，增加多种功能置换的可能性，借高度的一致性提升空间的持久功效；保留开放空间，满足日后增建的需要，借开放度提升空间的持久功效。这些策略着眼点各不相同，但都注重为将来的某种"场合"预留再改造的弹性可能。

H2-01 划分主辅空间，使主要空间具有功能弹性

主要空间与辅助空间对应被服务空间与服务空间，其中被服务空间指承载重要功能且相对比较开放的空间，如主体功能房间、活动大厅、休闲区域等，服务空间则是起辅助作用且相对封闭的空间，如卫生间、楼梯、仓库等。将主要空间和辅助空间独立成组放置，增加了主要空间的开放性与灵活度，获得持续使用和改造的弹性基础。

案例一：美国纽黑文耶鲁大学美术馆扩建

路易斯·康

耶鲁大学美术馆扩建设计集中布置了一个狭长的服务空间，包括矩形的电梯、管道和储藏室，以及一个嵌在混凝土圆柱筒形中外轮廓成等边三角形的铁质楼梯等。服务空间与被服务空间是路易斯·康提出来的一种设计策略，其在耶鲁大学美术馆扩建中有突出表现。

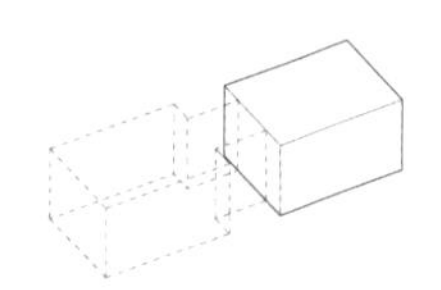

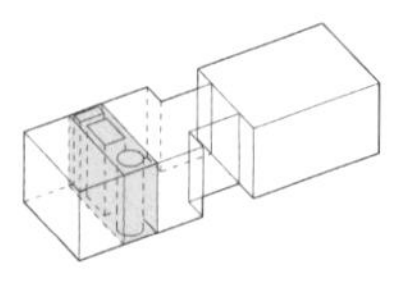

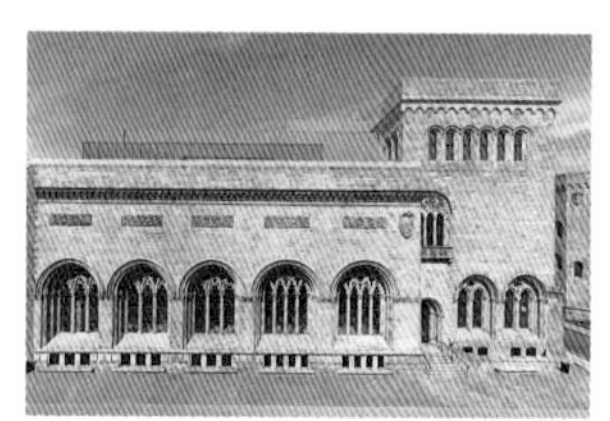

H2-01 美国纽黑文耶鲁大学美术馆扩建

案例二：昆山锦溪祝家甸砖厂改造

中国建筑设计研究院有限公司 本土设计研究中心

锦溪祝家甸砖厂改造基于安全核的概念，在保持旧砖厂外观基本不变的情况下，在二层植入三个"安全核"，作为主要使用空间，容纳展厅、手工坊、咖啡吧等功能；并联合形成支撑体系，共同承载屋面的荷载。同时，在三个安全核之间放入两个独立的镜面"小盒子"作为辅助空间，设置卫生间和机房等功能。这两个"小盒子"以镜面反射的方式消解在大空间中，给主要空间提供了足够的灵活性。

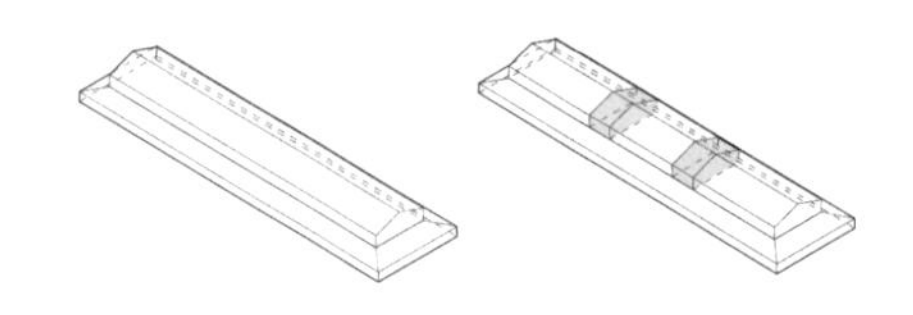

H2-02 昆山锦溪祝家甸砖厂改造

H2-02 选用通适结构，满足日后功能改变的需求

通适结构是指能够承载大多数功能的结构体系，其形式和相关技术参数如跨距、荷载等不仅满足当前的功能，也能满足未来可能出现的大多数功能。改造设计时，使用坚固持久的通适结构，针对当前的功能尽可能布置可拆卸的填充体，以便未来在建筑体系不变的前提下满足再次改扩建的需要，达到空间持久使用的功效。

案例一：英国伦敦Coal Drops Yard购物中心改造
赫斯维克事务所

改造项目创新性地使两座建筑的人字形屋顶从内侧扩展并相交，在连接两座高架桥的同时定义出庭院的位置。新屋顶由20个钢制单元构成，固定在4个桁架结构上，中部由64块承重玻璃板呈锯齿状排列。这种介入方式构建了一个新的楼层，形成具有凝聚力的中央区域。同时其下方的遮蔽空间极具灵活调整的可能性，可置换为购物、餐饮和表演活动区域。

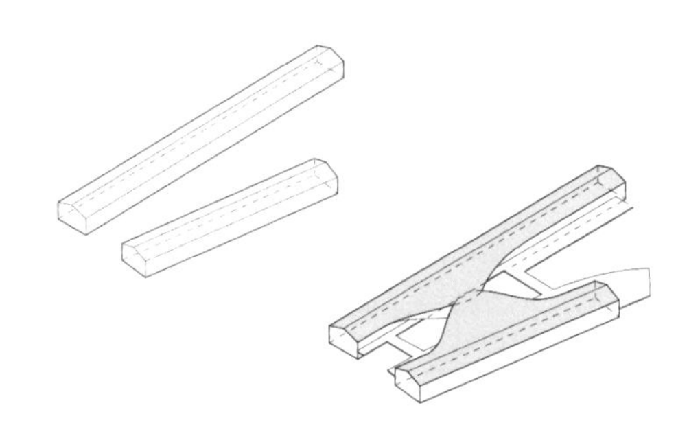

H2-02　英国伦敦 Coal Drops Yard 购物中心改造

案例二：上海龙美术馆西岸馆
大舍建筑设计事务所

龙美术馆西岸馆设计采用以独立墙体支撑的“伞拱”悬挑结构，自由状布局的剪力墙插入原有地下车库与其框架结构柱浇筑在一起，将其转换为展览空间。而地上空间因“伞拱”在不同方向的连接，形成了多重空间，涵盖了展览、餐饮、休闲等多种功能；同时机电系统都被整合在“伞拱”结构的空腔里。这样的结构性空间，在形态上不仅对人形成庇护感，与保留的江边码头的煤料斗产生视觉呼应，也为后续功能的变换带来便利。

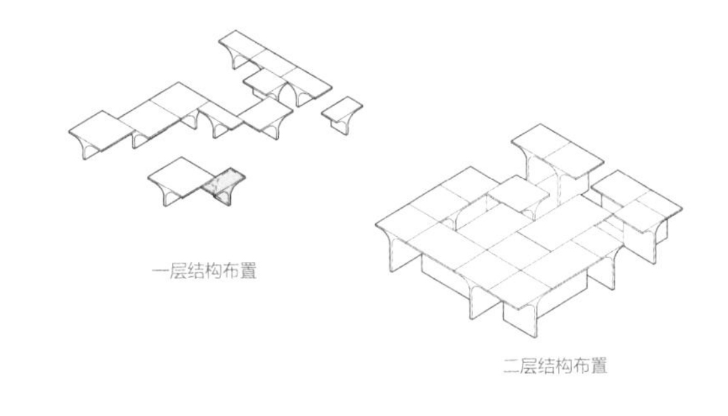

H2-03　上海龙美术馆西岸馆

H2-03 建构基础单元，通过叠加生长应对建筑的功能变化

基础单元是指可叠加生长的基础空间体。改造设计时，通过植入或划分的方式，建构一个个小的基础单元，每个基础单元的尺度能够适应未来的多种功能。基础单元通过组合形成母体，也可先聚集成一种子体，子体再组合形成更大的母体。通过基础单元在母体中的增减，达到建筑功能增减的灵活性，使建筑具有适应未来发展的生长特性。

案例：北京民国小院改造
胡越工作室

民国小院改造在保留建筑西侧南北向平行布置的三间红砖房后，将原有建筑东侧的房屋作为基础单元原型，进行复制，从而填满余下空间，并在复制建筑中灵活置入咖啡厅、操作间与设备间等功能以满足需求。

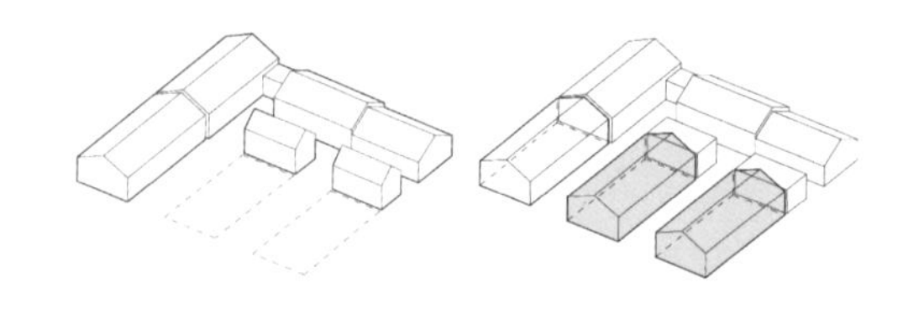

H2-03 北京民国小院改造

H2-04 统一空间高度，增加多种功能置换的可能性

统一空间高度，其目的是让功能多样、流线复杂的具体建筑空间，获得相对自由的布局条件。在一般的建筑设计中，出于经济性考量，层高设计会根据具体功能的配置而选择适宜的高度，以至常常在一个建筑中会有多个层高甚至夹层。而立足于未来的改造设计，可以用统一空间高度的策略增加多种功能置换的可能性。

案例：荷兰阿姆斯特丹De Walvis办公楼改造
卡恩建筑师事务所

该办公楼改造在视觉上分离出楼板，限制高度为3m。这样的方式使每一个楼层都有着尽量开放的布局，其中大面积的窗户让自然光线和周围的景色流入内部，以此让大楼看起来比之前更为轻盈。在强烈的横向视觉冲击下，内部的空间有着灵活的布局，而地板上的一些开口可以在未来将不同的楼层联系起来。

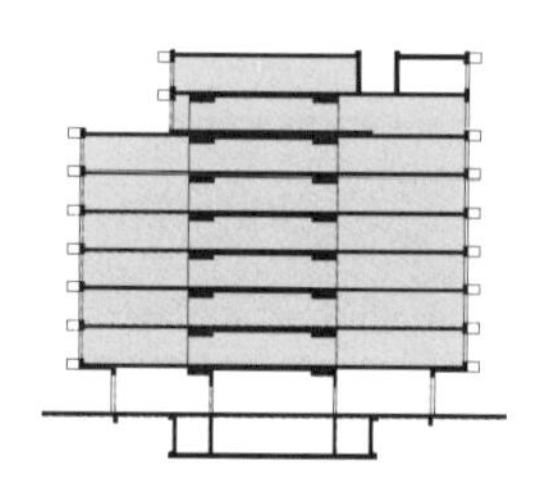

H2-04 荷兰阿姆斯特丹 De Walvis 办公楼改造

H2-05 保留开放空间，满足日后增建的需要

开放空间是指边界模糊、视线无阻的空间，空间开放度视具体建筑需要而定。改造设计中，如既有空间是大空间，应尽可能保留其开放度，积极营造水平无阻、上下通透的开放视野，如需加层，尽量在有利于视野通透的位置实施。这样既实现了少用功的“绿色”初衷，又能延续既有空间的气氛，更满足了日后增建的需要。

案例一：北京未来设计园区办公楼改造

胡越工作室

北京未来设计园区办公楼改造虚化建筑，将原有围护结构全部拆除，并按需布置新围合体形成主体建筑，将剩余的框架部分留作室外过渡空间，同时首层架空形成丰富的室外露台，确保了未来各部分加建拆改的可能性。

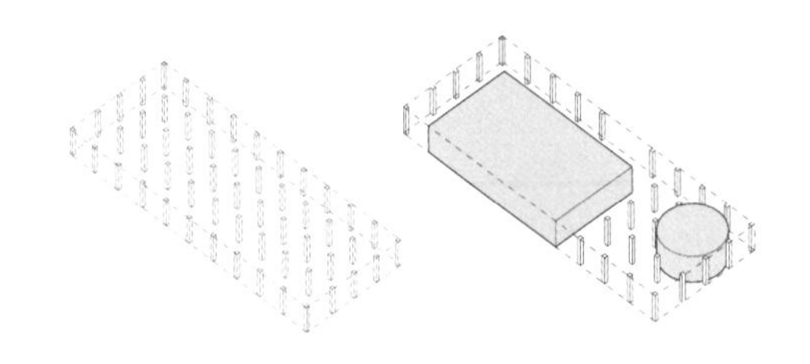

H2-05 北京未来设计园区办公楼改造

案例二：奥地利Handelszentrum 16号仓库改造

Smartvoll

16号仓库改造项目中，既有空间的尺度及结构跨度为多样化功能的植入提供了较大的灵活性。为了保持空间的开放性和功能承载能力的灵活性，改造通过植入不同标高的平台进行功能区域的划分，在保持空间弹性的基础上，提升了空间的体验感。

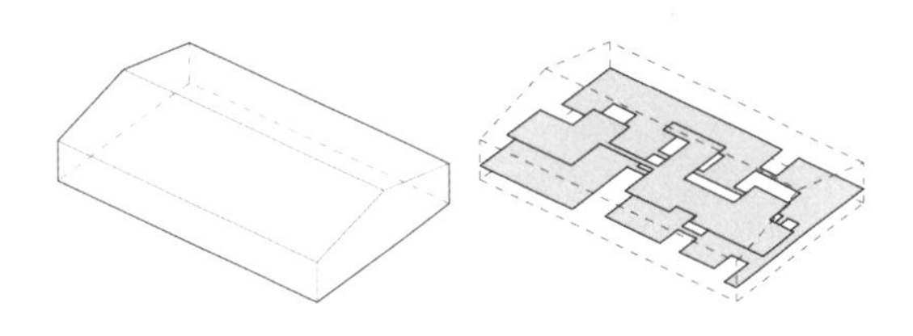

H2-05 奥地利 Handelszentrum 16 号仓库改造

肆

改造案例与策略统合

功能确定的改造案例与策略统合

功能弹性的改造案例与策略统合

功能确定的改造案例与策略统合

能确定的改造分为两类：一是延续改造前的功能，采取策略多以基础策略为主，即提升建筑本体物理性能有关策略为主，前文总结为结构全、节能保温、性能改良、地处理等主要方面，这些策是一般民用建筑在改造时必面对的问题，因此，建筑师面对项目时常常通过解决这问题来切入设计，再展开对他问题和主题的统合；一类转变改造前的功能，所面对问题更为复杂，常常不是简的新旧功能置换，而是在既空间内赋予或叠加新功能，此，改造设计时首先追求新能和既有空间之间的吻合度，此基础上，新功能的具体诉又不可避免地借助相应的策进一步实现，而这些策略的合是任何一项优秀的改造设案例共同呈现的特征。下面取的改造项目就是这两类的出范例。

01 隆福大厦改造

02 “仓阁” 首钢工舍智选假日酒店

03 江苏省园艺博览会主展馆 A 筒仓改造

04 文里 · 松阳三庙文化交流中心

05 金陵美术馆

06 艺仓美术馆

07 成府路 150 号

08 贵州美术馆

09 角门西改造

10 北京首钢三高炉博物馆及全球首发中心

11 北京首钢六工汇购物中心

12 内蒙古工业大学建筑馆

01 隆福大厦改造

项目建设地点：北京市东城区
原建筑建造时间：改革开放后
改造设计时间：2014年8月—2015年9月
改造竣工时间：2017年5月
主创建筑师：崔愷、柴培根、周凯

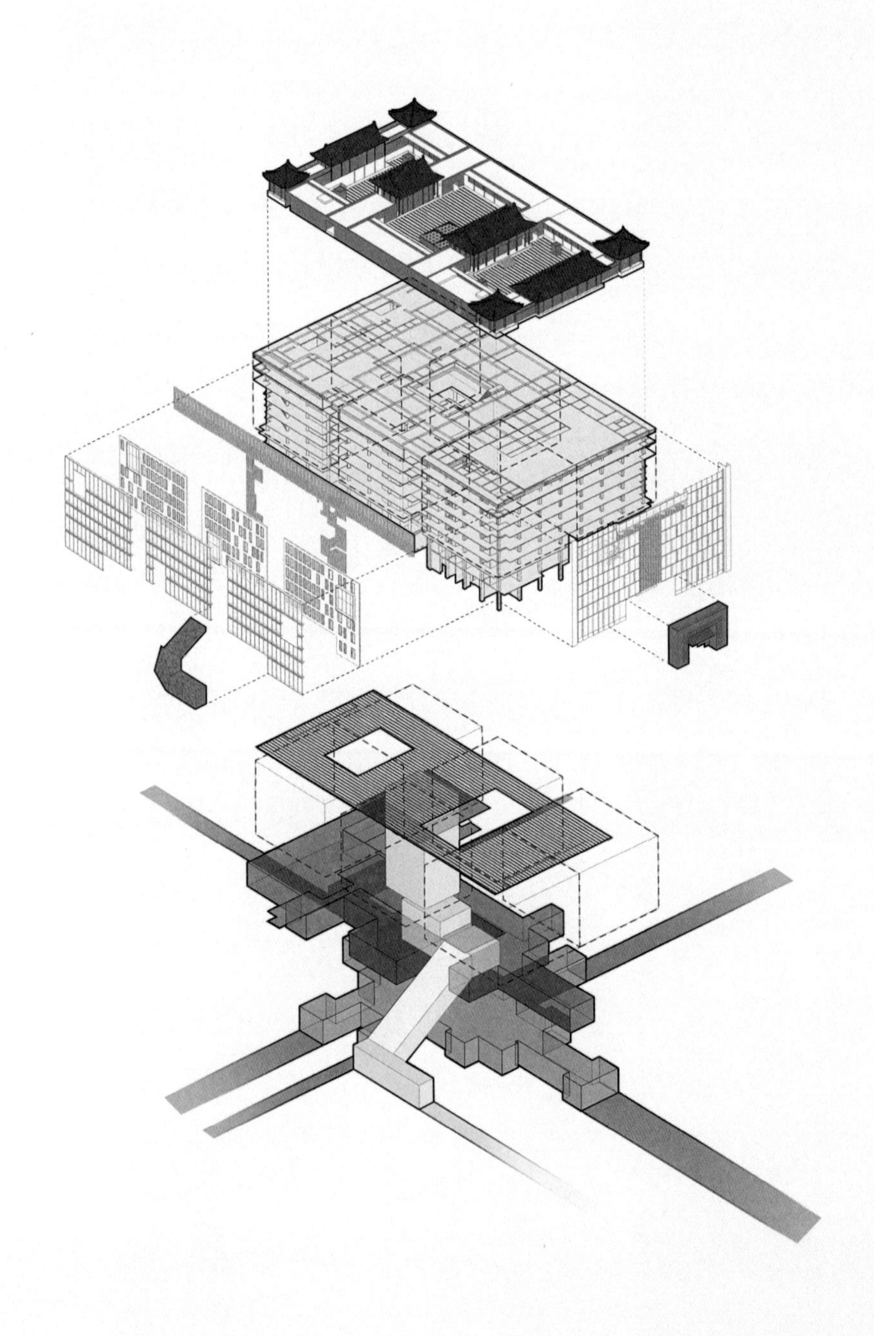

改造前

功能： 商业综合体

建筑结构： 南楼：板柱—剪力墙结构；北楼：框架—剪力墙结构

建筑面积： 58300m²

建筑层数： 地上10层，地下3层；北区2层，南区4层

建筑材料： 面砖为主

外观：

屋顶空间：

总平面图：

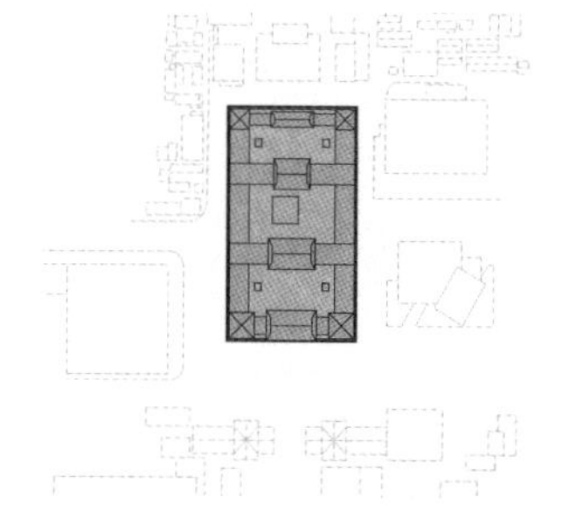

改造后

功能： 以办公为主的综合体，兼有部分商业及文化展览功能

建筑结构： 南楼：板柱—剪力墙结构；北楼：框架—剪力墙结构

建筑面积： 58300m²

建筑层数： 地上10层，地下3层

建筑材料： 玻璃幕墙、石材幕墙、陶板幕墙

外观：

屋顶空间：

总平面图：

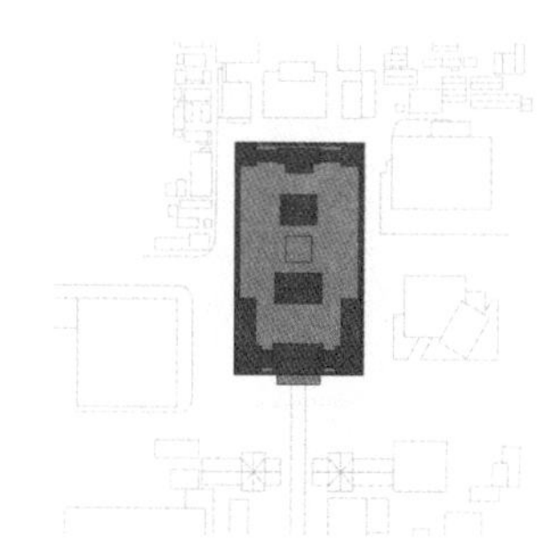

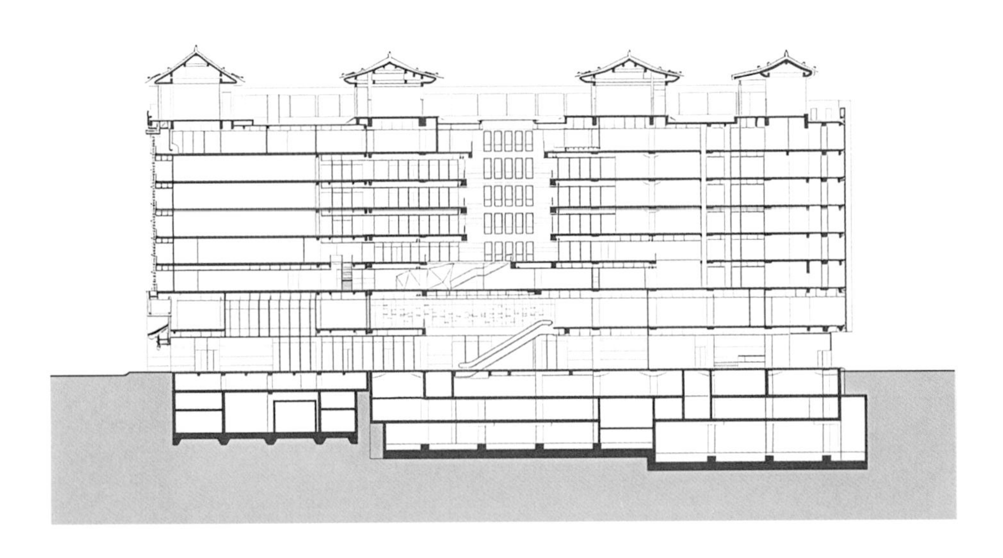

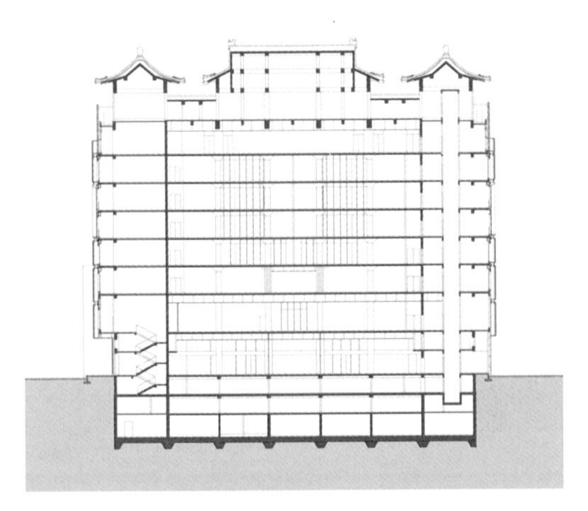

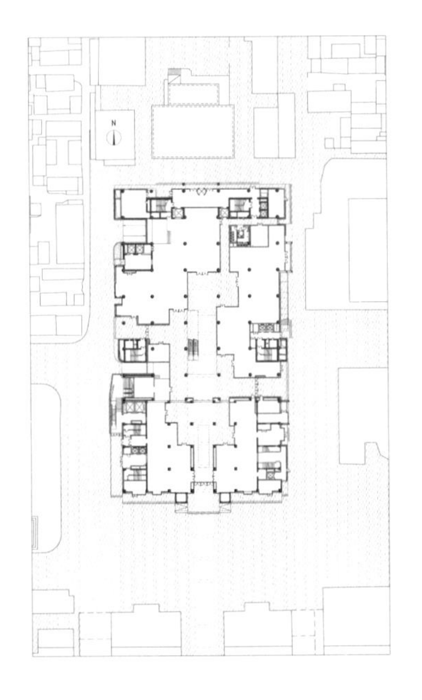

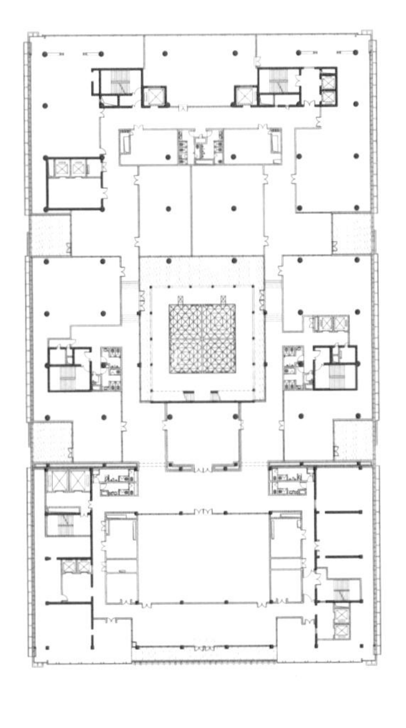

1	
2	
3	4

图 1
5-5剖面图

图 2
3-3剖面图

图 3
首层平面图

图4
八层平面图

1

2 3

4 5

图 1
隆福大厦屋顶

图 2
从隆福大厦屋顶
向东看

图 3
西北方向半鸟瞰

图4
南立面设计对轴线的
强化（高文仲/摄）

图5
位于三层的办公大堂
（高文仲/摄）

改造设计特点

1）首层空间融入了城市街区

首层商业空间被轴线主街和延展到东西方向的支线街道拆分成几组单元。同时，原来大厦首层完整的界面也顺应内部的变化被拆解，不同材料组合的盒子以及坡屋顶形态更好地与周边住区在尺度上融合。

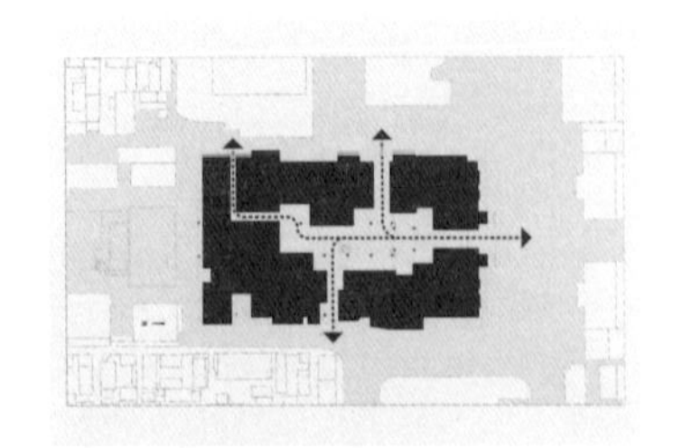

2）立面处理消解了建筑体量

结合平面分区和结构加固的内在逻辑，东、西两个立面的划分延续并强化了原来的三组体块，使得纵向的建筑尺度至少在视觉上是被拆解的，对街道和周边环境不会造成过强的压迫感。

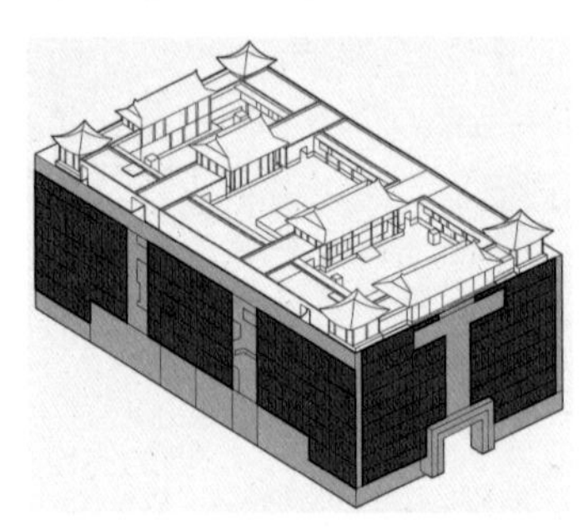

3）功能分区适配了既有空间

原建筑进深较大，通风采光差。因此平面上靠外侧布置标准办公区等正式空间，内侧为会议讨论等非正式空间，最大化利用建筑采光条件。配套健身设施，并进行空间绿化点缀，缓解大进深空间氛围感，在平面上调配新功能以适应旧空间。

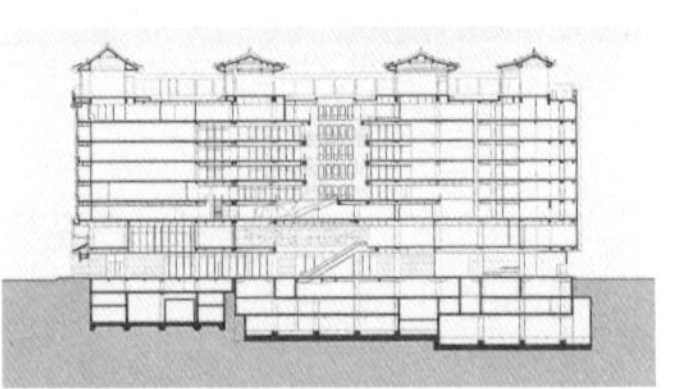

4）仿古修复激活了屋顶空间

设计工作聚焦在重塑屋顶建筑与主体关系、修复仿古建筑并整理屋顶院落的空间层次上，重新发掘屋顶的场所价值，旨在打造能被广泛使用的公共场所。

5）形式逻辑呼应了历史轴线

在北京的旧城中，建筑南北轴线能以公共空间的方式，串联起东西向的街巷，引导人的行为与活动，实不多见。所以在改造中，刻意通过南立面的设计，强化轴线，以提示曾经的场地痕迹。

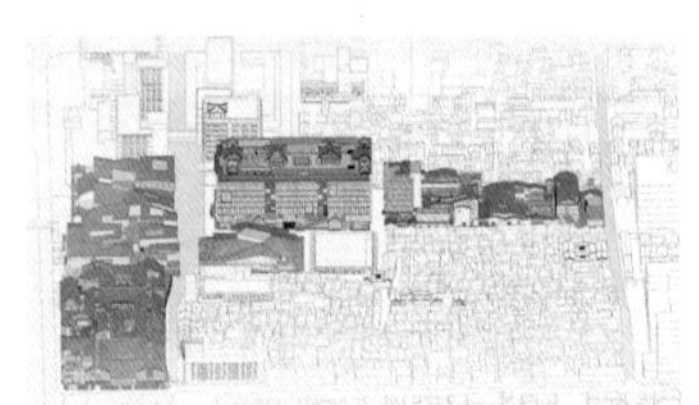

策略统合分析示例

核心策略：建筑师保留了屋顶原有仿古建筑并进行适度修复，局部加建红墙限定并强化屋顶空间。这一策略尊重了城市集体记忆，基本上维持了原貌，解决了延续精神、组织动线等问题，统合了传承记忆、建立秩序等多个其他策略，实现了以下统合目标。

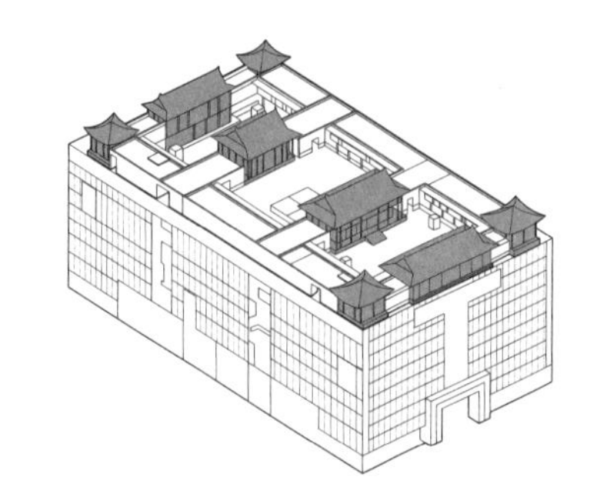

统合目标 1：保护仿古建筑，统合了传承记忆的策略

在原有结构的基础之上结合新的使用要求，修复更新了仿古建筑细节，且未改变原有风貌，强化了这组仿古建筑是隆福寺地区的某种认同和记忆。

统合目标 2：组织观游流线，统合了建立秩序的策略

为满足当下的功能需要和空间体验，新增电梯，建立直达屋面的专用流线，对原空间动线进行重构。

统合目标 3：强化空间限定，统合了营造氛围的策略

增加了两面完整的红墙，重新定义了屋顶的东西边界，将仿古建筑明确置于红墙之内，使得红墙内一组琉璃瓦屋顶的意象更清晰。墙与院的关系，建筑形制与色彩系统上的对比强化了古建筑的漂浮感。

统合目标 4：优化功能布置，统合了提升功效的策略

通过调整空调系统和主机位置等一系列技术设计，将原屋面布置的大量设备进行移位，如空调室外机、排烟风机等，形成了完整集中的可利用空间。

02 “仓阁”首钢工舍智选假日酒店

项目建设地点：北京市石景山区
原建筑建造时间：1992年
改造设计时间：2015年12月
改造竣工时间：2018年5月
主创建筑师：李兴钢、景泉、黎靓、郑旭航、王树乐

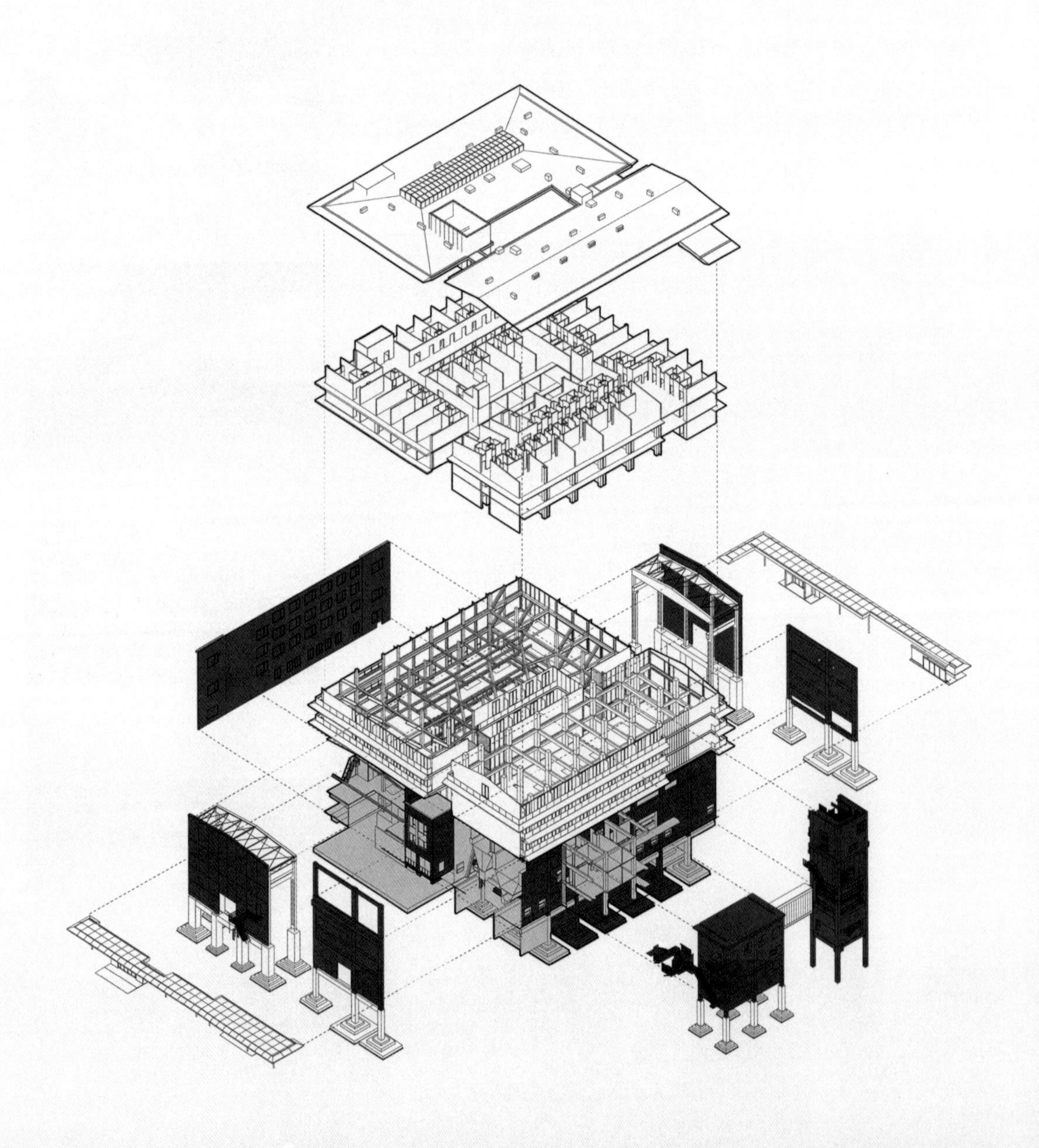

改造前

功能：铁厂配套的空压机站、返矿仓、低压配电室、转运站

建筑结构：钢筋混凝土框排架结构

建筑面积：约2000m^2

建筑层数：北区2层，南区4层

建筑材料：混凝土、黏土砖、涂料、钢

外观：

室内：

总平面图：

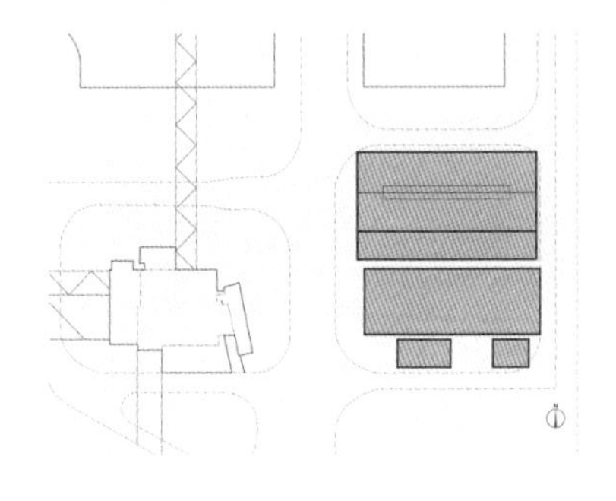

改造后

功能：酒店

建筑结构：钢结构+钢筋混凝土框架结构

建筑面积：9890.03m^2

建筑层数：7层

建筑材料：混凝土、砌块、涂料、钢、铝、玻璃、木

外观：

室内：

总平面图：

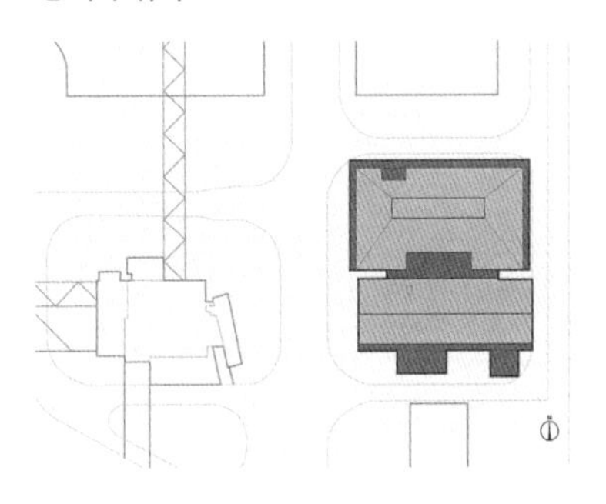

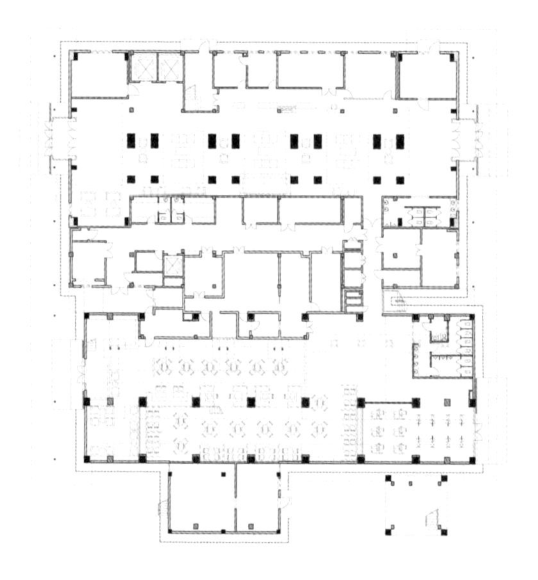

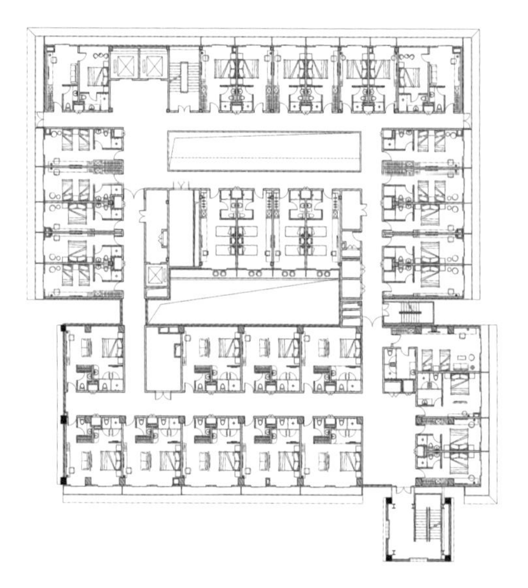

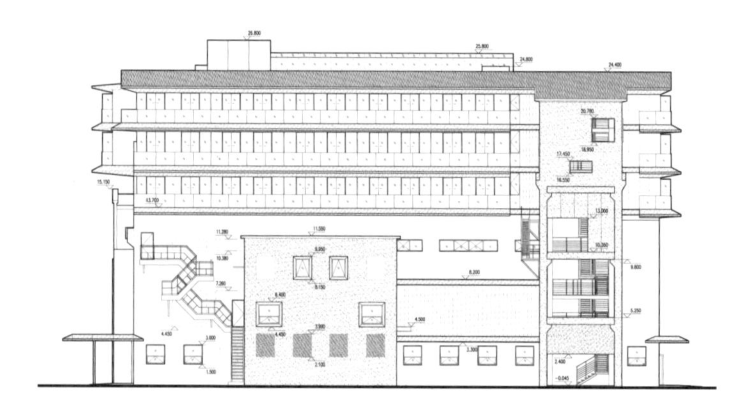

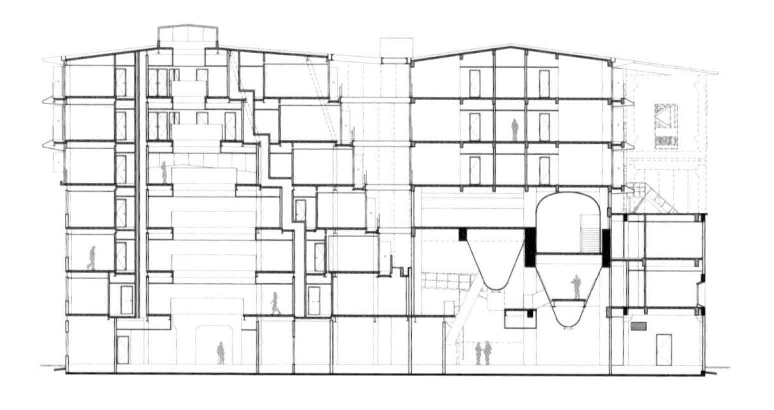

1 | 2
3
4

图 1
首层平面图

图 2
客房层平面图

图 3
南立面图

图4
剖面图

1 | 2
3 | 4
5 | 6

图 1
鸟瞰图

图 2
室外楼梯

图 3
大堂吧

图4
客房层

图5
酒吧前后对比

图6
利用返矿仓改造成的酒吧

改造设计特点

1）体量叠加保护了工业风貌

设计最大限度地保留了原有废弃和预备拆除的工业建筑及其空间、结构和外部形态特征，将新结构见缝插针地植入其中并叠加数层，以满足未来的使用功能。

2）既有结构实施了检测加固

对原建筑进行全面的结构检测，确定了“拆除、加固、保留”相结合的方案；使用粒子喷射技术对需保留的涂料外墙进行清洗，在清除污垢的同时保留了数十年形成的岁月痕迹和历史信息。

3）功能布置适配了既有空间

料斗下部出料口被改造为就餐空间的空调风口与照明光源，上方料斗的内部被别出心裁地改造为酒吧廊；将4座既有建筑水平相连，分为南北两区，围绕中庭、南区走廊和南北区之间的天井布置客房。

4）室内采光塑造了空间氛围

屋顶天光通过透光膜均匀漫射到环形走廊，错落、高耸的采光中庭在“阁”内形成颇具仪式感的“塔”形内腔，艺术灯具从天窗向下垂落，宛如一片轻盈、虚透的金属幔帐，与原始粗犷的工业场景形成鲜明对比。

5）材料表现形成了新旧对比

被保留的“仓”与叠加其上的“阁”并置，形成强烈的新旧对比。同时，“仓”的局部增加了金属雨篷、室外楼梯等新构件，“阁”则在玻璃和金属的基础上，局部使用木材等具有温暖感和生活气息的材料。

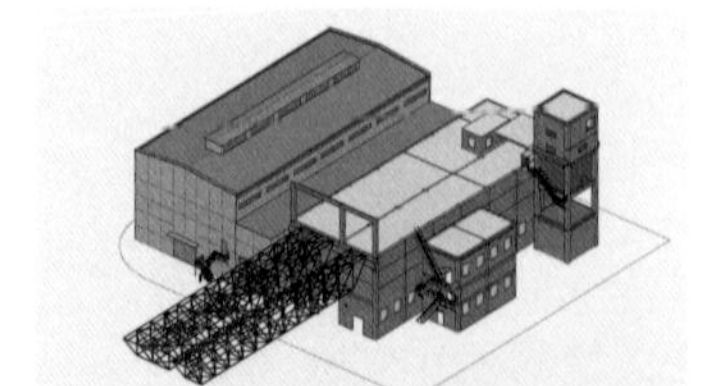

改造过程1：对原建筑进行结构检测和分析

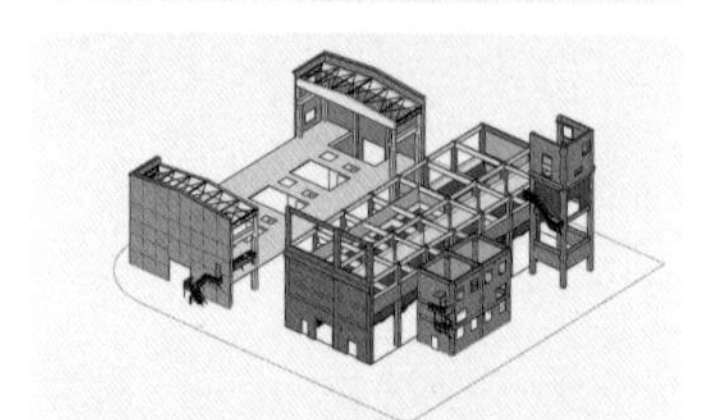

改造过程2：拆除无法利用的部分

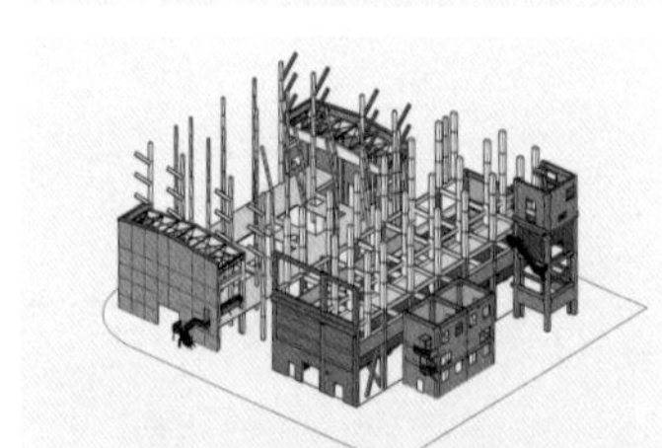

改造过程3：植入新的承重体系

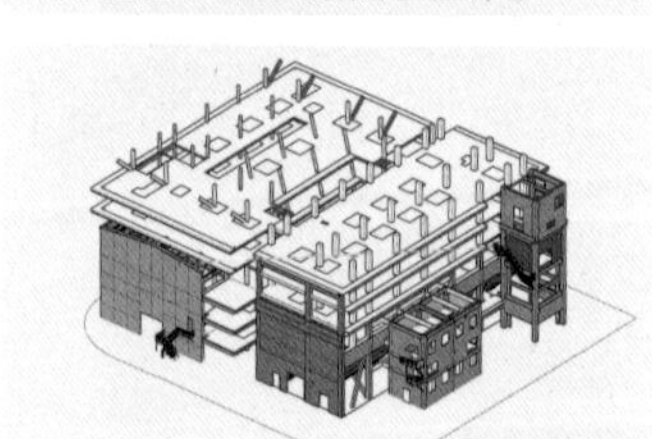

改造过程4：搭建楼板

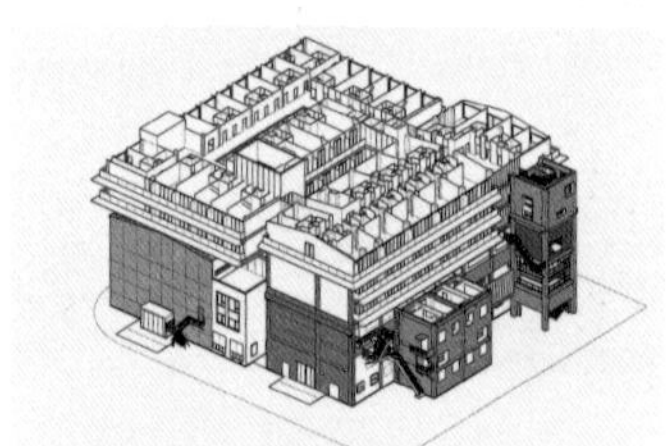

改造过程5：增建墙体

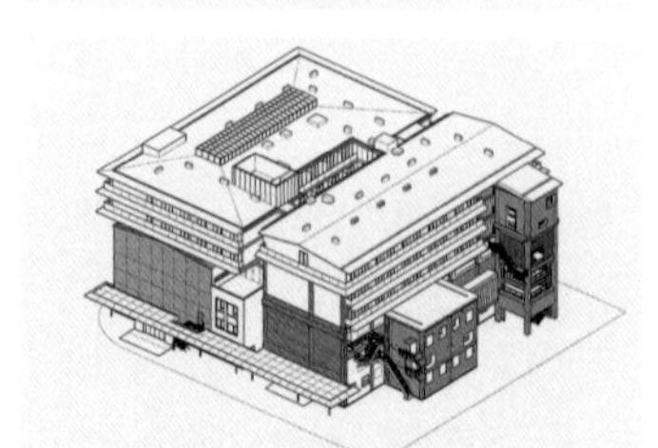

改造过程6：增建坡屋顶和雨篷

策略统合分析示例

核心策略：该项目保留了原大跨厂房作为公共活动空间（即“仓”），架设数层客房漂浮于厂仓之上（即“阁”）。这一策略见缝插针地植入新结构，于厂房顶部叠加新体量，解决了增加使用面积、功能需要等多项问题，统合了结构安全、营造氛围等多个策略，实现了以下统合目标。

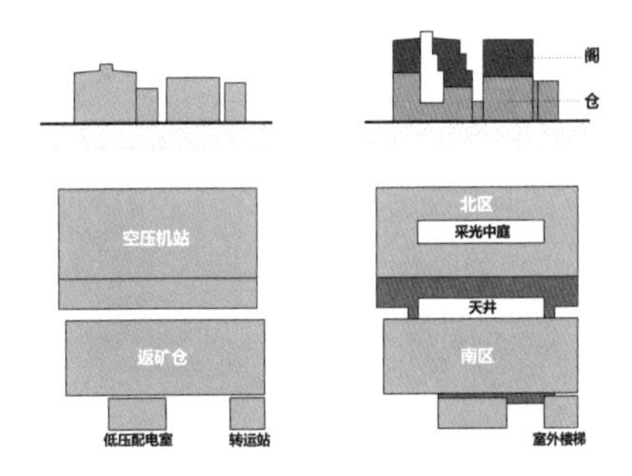

统合目标 1：保留原有设施，统合了场地处理的策略

北区厂房中，原空压机站的东、西山墙及端跨结构得以保留，诸多极具工业特色的构件被暴露在大堂公共空间中；在南区厂房，3组巨大的返矿仓金属料斗与检修楼梯被完整保留在全日制餐厅内部。

统合目标 2：增加使用面积，统合了结构安全的策略

返矿仓原设计为地上5层的现浇混凝土框架结构，由于种种原因只施工了3层，客观上为加建提供了荷载余量。改造时，在原结构上新加3层混凝土框架，原有柱子用增大截面法进行加固，同时在底部增设 X 形钢支撑加大结构的抗侧力刚度。

统合目标 3：并置新旧材料，统合了传承记忆的策略

施工中引入古建修复领域的“粒子喷射技术”，清理墙面但不破坏原始痕迹，保护了建筑的老工业气质；新建部分增加金属雨篷、室外楼梯等，上层加建部分使用U型玻璃、Low-E玻璃及合金属板等材料，新旧材质交融展现了历史与现代的碰撞。

统合目标 4：植入特色功能，统合了营造氛围的策略

料斗下方的出料口被改造为空调风口和照明光源，料斗内部被改造为酒吧廊，通过修复清理料斗内腔并用特殊照明加以烘托，营造出充满回忆和历史感的空间氛围，客人穿行其间，可近距离感受那些曾用于工业生产的庞然大物。

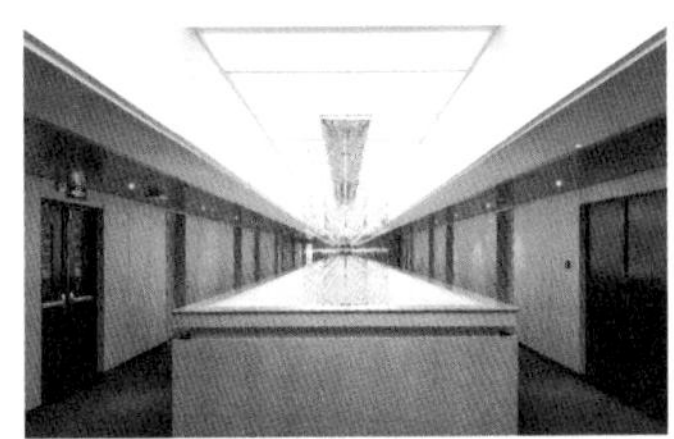

江苏省园艺博览会主展馆A筒仓改造

项目建设地点：江苏省南京市
原建筑建造时间：20世纪70年代
改造设计周期：2019年10月—2020年2月
改造竣工周期：2020年2月—2021年5月
主创建筑师：崔愷、关飞、董元铮、王德玲、张嘉树

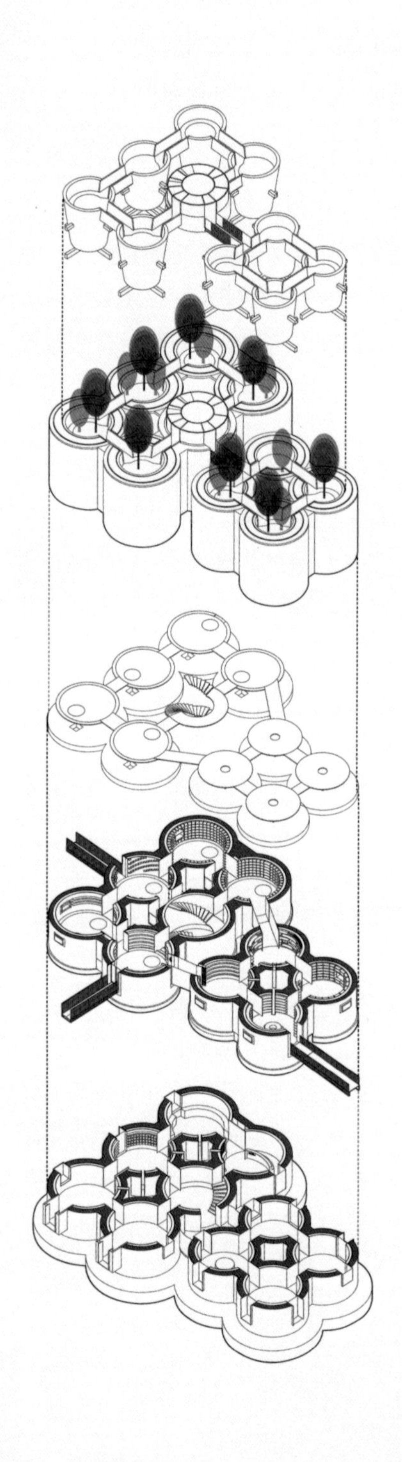

改造前

功能：工业

建筑结构：砖混结构

建筑面积：691m²

建筑层数：—

建筑材料：混凝土、黏土砖

外观：

室内：

总平面图：

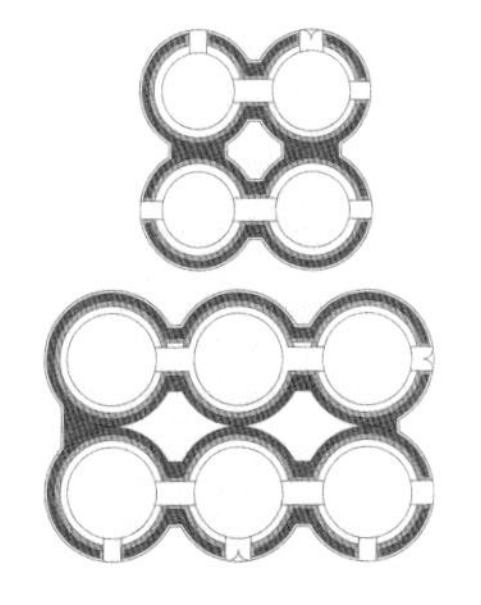

改造后

功能：书店、商业、展览

建筑结构：砌体结构

建筑面积：691m²

建筑层数：—

建筑材料：混凝土、砌块、钢板

外观：

室内：

总平面图：

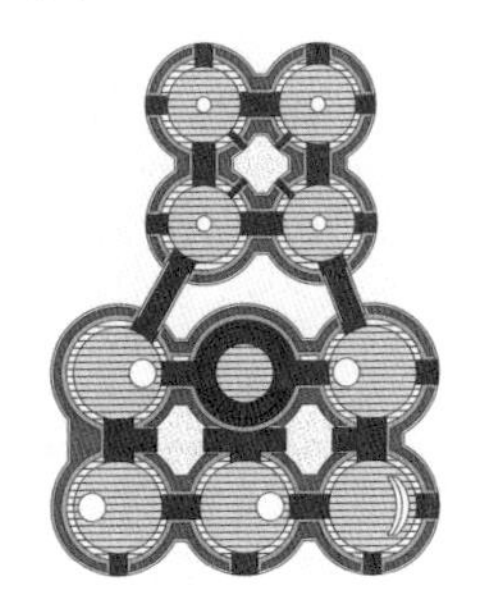

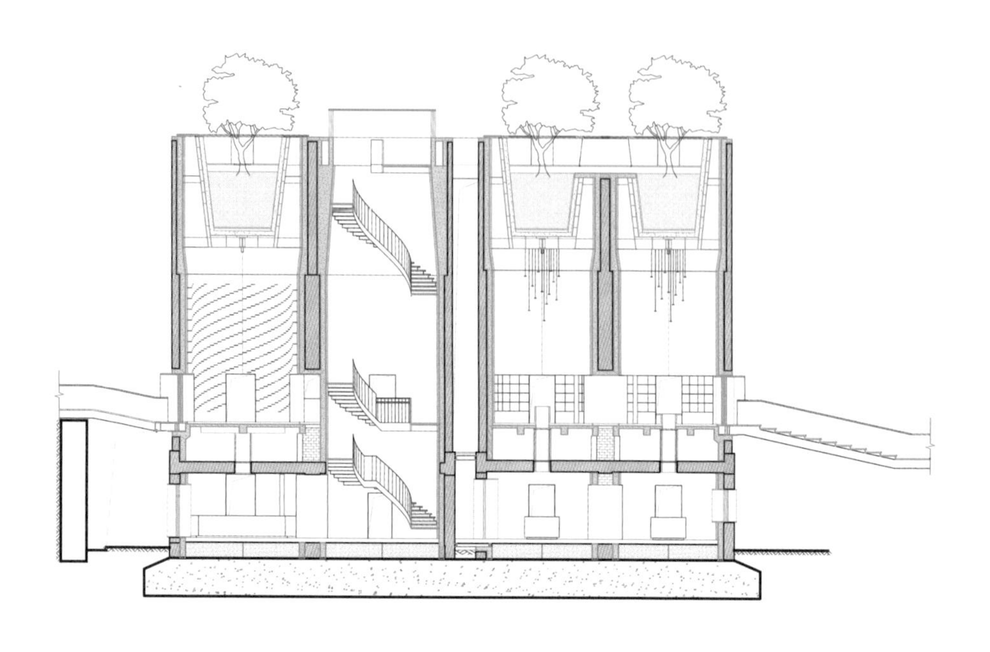

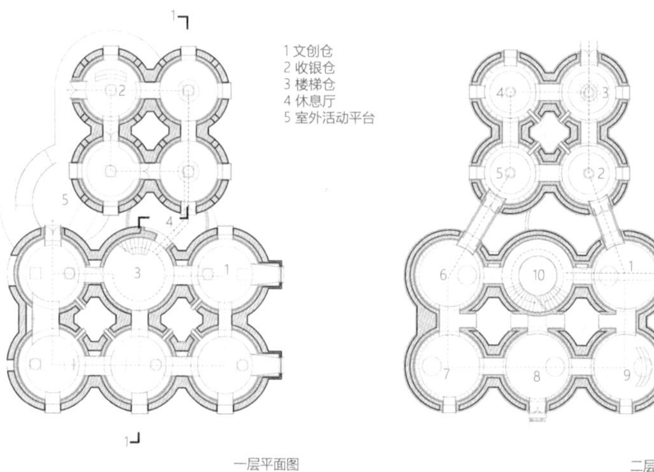

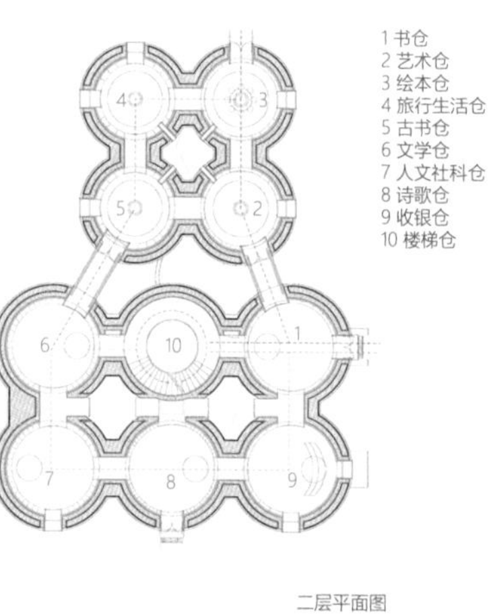

1

2

3

图 1
1-1剖面图

图 2
一、二层平面图

图 3
剖轴测图

1	2	
3	4	5
6	7	8

图 1
筒仓立面

图 2
筒仓外观

图 3
旅行生活仓

图 4
筒仓立面

图 5
诗歌塔

图6
筒仓连桥

图 7
筒仓远眺

图 8
筒仓鸟瞰

改造设计特点

1）形式外观延续了原有风貌

采用内壁混凝土加固层加固原有的砖墙，同时混凝土部分作为内置钢结构楼梯、楼板、家具的垂直承重构件，这样筒仓的外观风貌几乎可以不作任何改变。

2）筒仓结构进行了内壁加固

使用较少干预的方法对砖混结构的圆柱筒壁进行加固，同时利用筒仓建筑现状的底层、二层（原为料斗底部）和屋顶层所必要的游览路径和交通构件等设施。

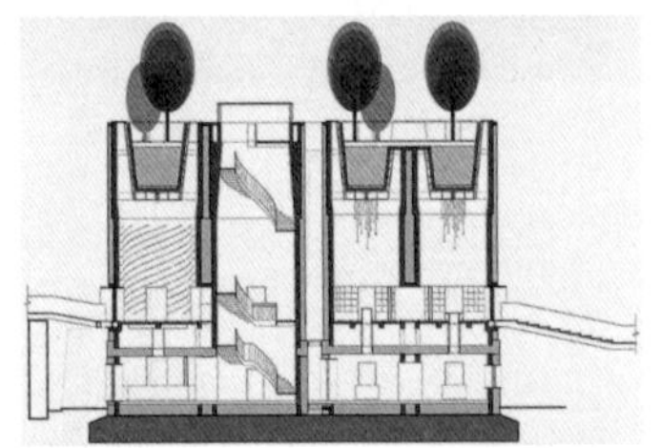

3）空间一体化整合了功能使用

由于每一个筒仓内部空间非常有限，建筑师将各个空间整合、连通成为一体化的空间，为未来的空间激活和功能置入带来灵活性。

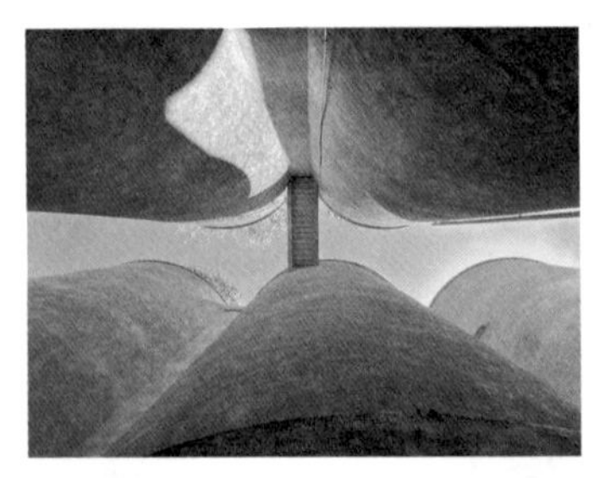

4）垂直交通建立了观游路径

流线组织选取中央的一个筒作为交通核心，置入旋转楼梯，将底层、二层和屋顶层垂直联系起来。以中筒为核心，周边的9个筒仓通过南北两个玻璃连廊的联系，可以形成3层简单的环形游线。

5）业态选择适配了既有空间

先锋书店作为南京的文化名片入驻这个奇妙的空间，为筒仓空间价值的激活注入了动力；以先锋书店为主要功能的筒仓与其“书的圣殿”的气质相得益彰。

策略统合分析示例

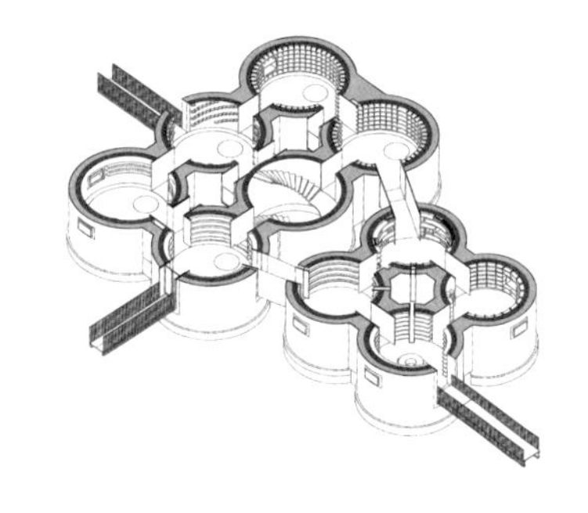

核心策略：建筑师在筒壁上开设洞口并搭建玻璃连廊，通过建立游览动线将每个筒仓串联在一起。这一改造策略以实现空间一体化为目的，解决了动线组织、空间体验提升等多项问题，统合了建立秩序、营造氛围等多个策略，实现了以下统合目标。

统合目标 1：完成空间串联，统合了结构安全的策略

内侧的混凝土扶壁层同时兼顾了串通空间所加开的大小洞口的结构加固动作，一气呵成。

统合目标 2：组织人员流线，统合了建立秩序的策略

以中筒为核心，周边的9个筒仓通过南北两个玻璃连廊的联系，可以形成3层简单的环形游线，建立起内部秩序。

统合目标 3：切换主题场景，统合了营造氛围的策略

连桥两端筒仓的主题独立，使游览节奏富有变化，于封闭、高耸的环境中切换空间体验感。

统合目标 4：赋予空间弹性，统合了功效提升的策略

通过连廊实现空间一体化，原本相对独立的仓筒空间被联结成为一个整体，为空间的未来使用和功能转换带来适变性。

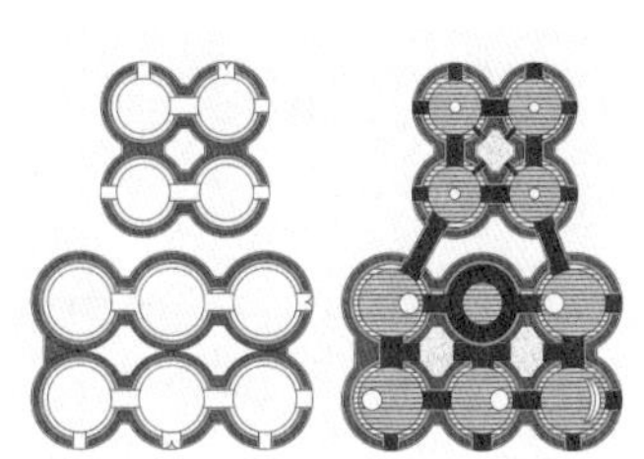

04 文里·松阳三庙文化交流中心

项目建设地点：浙江省丽水市
原建筑建造时间：—
改造设计时间：2017年—2020年
改造竣工时间：2020年
主创建筑师：刘家琨

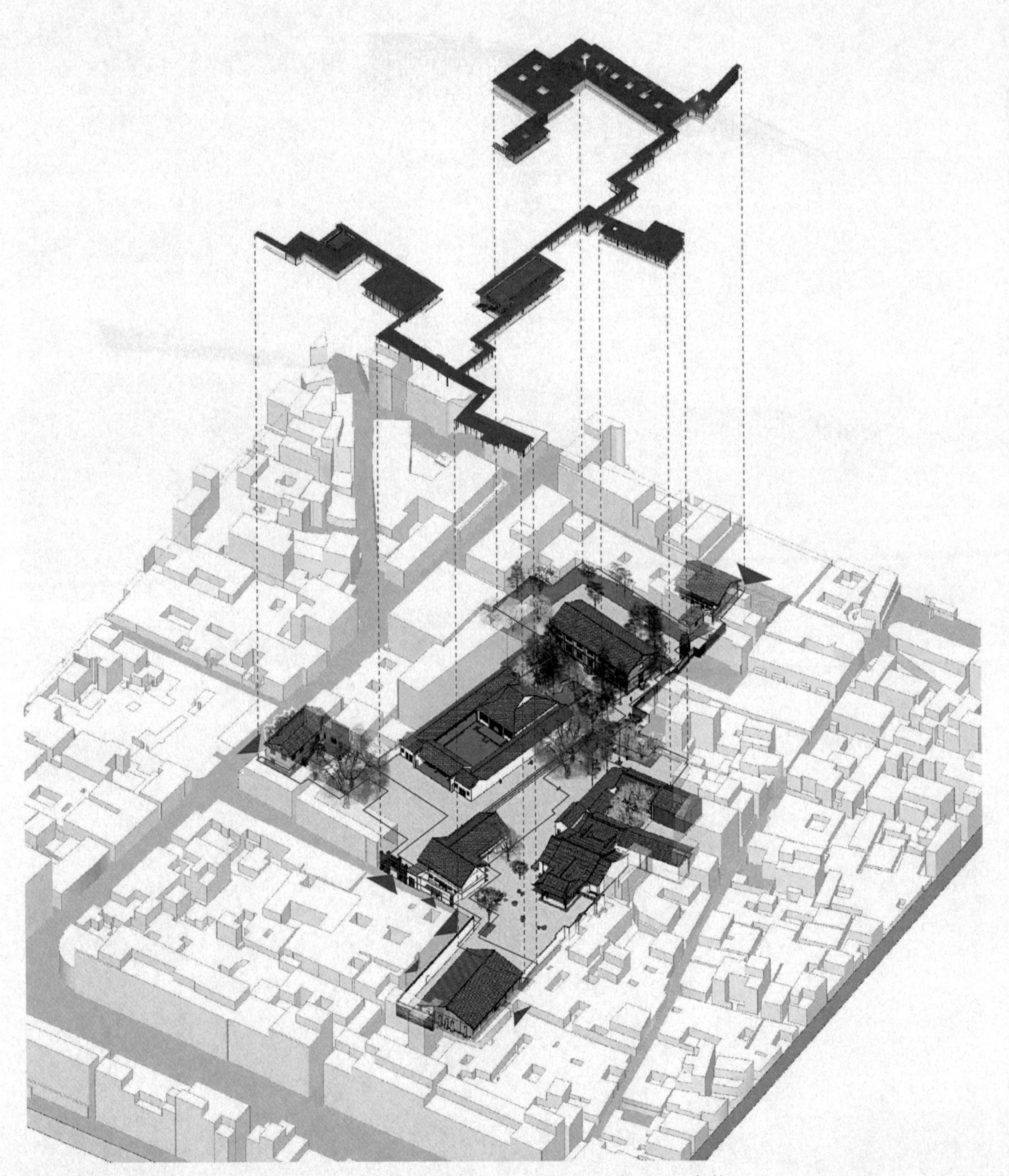

注：历史遗存建筑建造时间分别为1127年、1596年、1960年、1970年、1980年、1990年等。

改造前

主要功能：城隍庙、电视台、幼儿园、办公、民居等

主要建筑结构：砖木结构

建筑面积：约2335m²

建筑层数：1层、2层等

主要建筑材料：砖、瓦、木 等

总平面图：

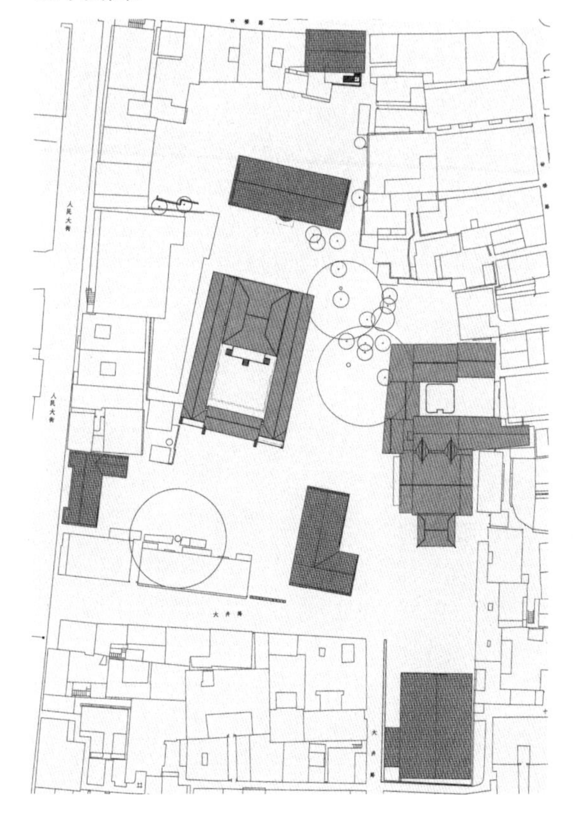

改造后

功能：文化交流中心

建筑结构：钢结构+砖木结构

建筑面积：总面积4713m²（更新部分2378m²/保留改造部分2335m²）

建筑层数：1层

建筑材料：耐候钢、石材、金属、钢

总平面图：

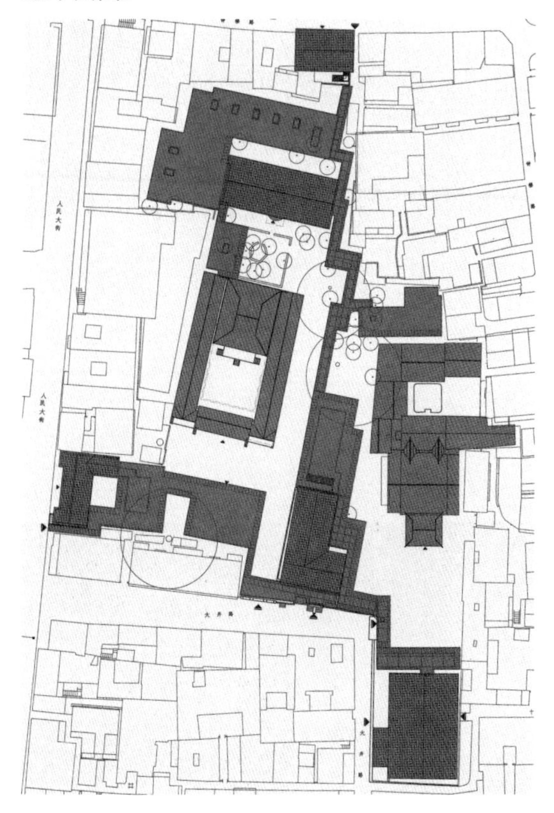

1 商业（原电视台）
2 精品民宿客房
3 精品民宿客房（原区委办公楼）
4 精品民宿大堂
5 文庙
6 中餐厅（原银行）
7 书苑
8 茶楼（原幼儿园）
9 文仓美术馆（原粮仓）
10 城隍庙
11 民宿高级套房
12 咖啡厅
13 青云路
14 园区入口

图 1
廊道内景

图 2
俯瞰廊道

图 3
青云路入口节点

图 4
一层平面图

图 5
香樟树院（存在建筑 Arch-Exist/摄）

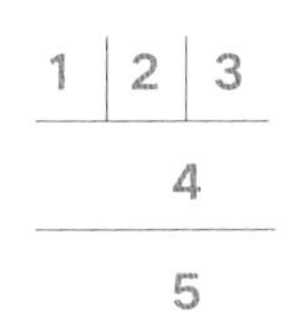

图 1
城隍庙前广场（存在建筑Arch-Exist/摄）

图 2
文仓美术馆内部

图 3
院内民宿“小堂”（存在建筑Arch-Exist/摄）

图 4
屋顶平面图

图 5
廊道入口

改造设计特点

1）总图布局恢复原有街区肌理

在梳理场地时于一尺一寸的进退中切削出场地边界，并以加建的方式恢复原有街区肌埋。同时，着重释放两庙前的公共空间，打通街区与周边社区连通的巷道“孔隙”。

2）功能串联，植入新体系

在基地内植入一个蜿蜒连续的深红色耐候钢廊道。廊道对于现状树木和保留遗存进行了审慎退让。窄处为廊，串联保留的老建筑；宽处为房，容纳新增业态。

3）功能更新，植入新业态

延续两庙街区原有的庙堂文化和市井文化脉络，植入书店、咖啡、美术馆、非遗工坊、民宿等业态，为周边提供一个公共的文化交流活动场所。

4）空间组织面向社区

恢复并强化以青云路为轴、两庙为翼的传统格局；修缮老庙，延续市井烟火；新旧界面以线性方式展开，将整个街区转化为展示建筑遗存与动态文化生活的泛博物馆。

5）风貌保护延续历史文脉

设计中对现存建筑进行细致评估和分级保护，呈现完整连续的历史断层，使不同时空的物质遗存与场所记忆得以交融共生。

（存在建筑Arch-Exist/摄）

（存在建筑Arch-Exist/摄）

（存在建筑Arch-Exist/摄）

（王厅/摄）

策略统合分析示例

核心策略：改造将一个单层耐候钢廊道植入旧建筑群之中，将原本分散的、不同年代的老建筑串联起来，并植入全新的业态。这一策略从老建筑与街区的关系出发，将分散的单体在空间、肌理、功能、形态、氛围等多个方面统合在一起，实现了以下统合目标。

统合目标 1：疏解了老街区的空间和肌理，统合了秩序重构的策略

廊道营造出一个既公共开放又富于传统情致的当代园林。廊道在老街区中蜿蜒穿梭，犹如“泥鳅钻豆腐”：疏解后的老街区“厚”而“松”，作为基质；新介入的廊道蜿蜒灵动，打通联系，并在临街界面探出触角。

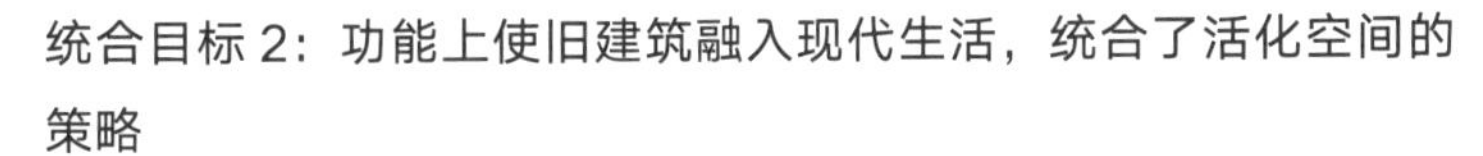

统合目标 2：功能上使旧建筑融入现代生活，统合了活化空间的策略

轻介入的廊道体系，有效平衡了既有建筑与新增功能的关系，使旧建筑的功能在取舍之间满足了当代街区生活的需要，业态上激活了现代生活空间。

（存在建筑Arch-Exist/摄）

统合目标 3：以平直、低矮的形态形成老建筑的展台，统合了新旧并置与对照的策略

廊道整体均为1层，高度低于老建筑檐口，如同低平的“展台”衬托作为“展品”的老建筑，新旧并存，原真表达。更新系统作为结构整体“轻落”在场地上，避免深基础对于场地的破坏。

统合目标 4：形成线性的街区历史时间轴，统合了时间性氛围营造的策略

改造以一种线性体验式空间穿越到传统的肌理中，来体现对历史城镇的干预，同时把老城镇在时间上的丰富性自然地呈现出来。

（存在建筑Arch-Exist/摄）

金陵美术馆

项目建设地点：江苏省南京市
原建筑建造时间：20世纪60、70年代
改造设计时间：2011年10月
改造竣工时间：2013年10月
主持建筑师：刘克成、肖莉

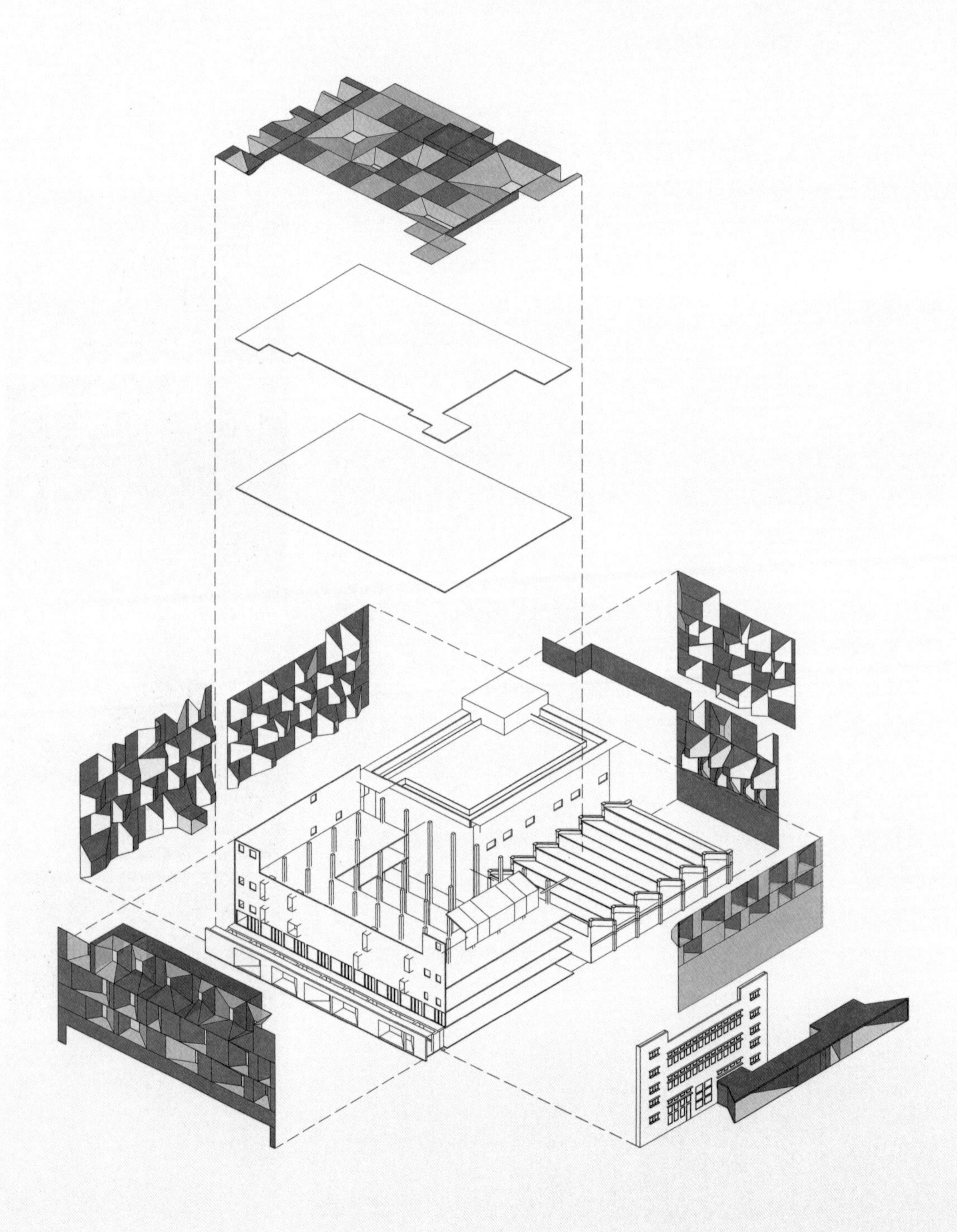

改造前

功能：工业厂房

建筑结构：框架结构

建筑面积：10759m^2

建筑层数：主体3层，局部4层

建筑材料：混凝土

外观：

立面：

局部：

改造后

功能：美术馆

建筑结构：框架结构

建筑面积：12974m^2

建筑层数：主体3层，局部4层

建筑材料：主体混凝土，外立面穿孔铝板

外观：

立面：

局部：

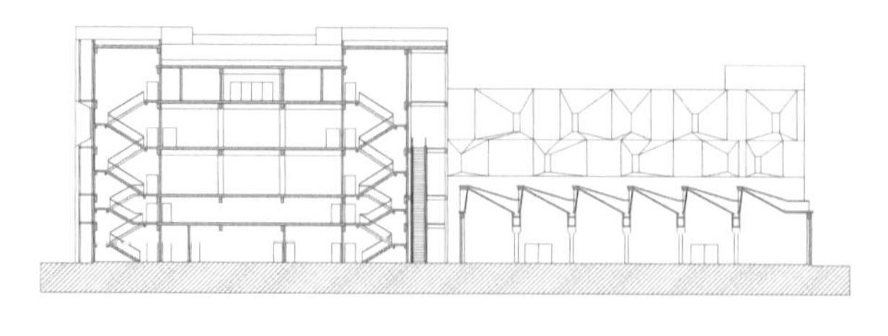

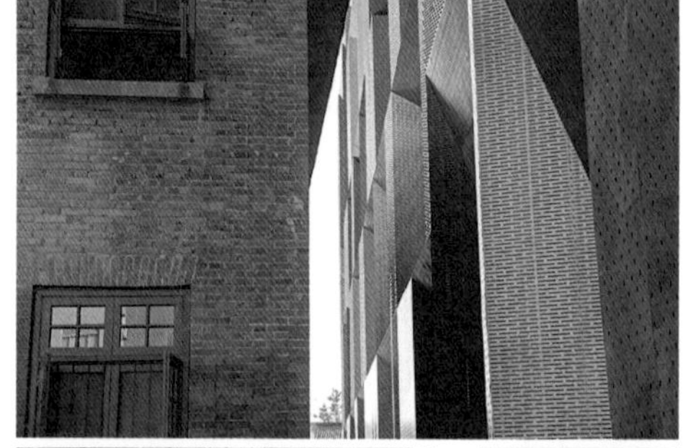

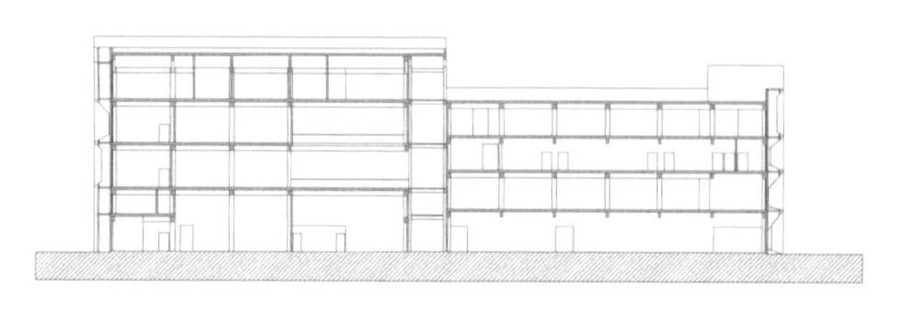

	2
1	3
	4
5	

图 1
新旧建筑对比

图 2
剖面图一

图 3
剖面图二

图 4
总平面图

图 5
建筑局部

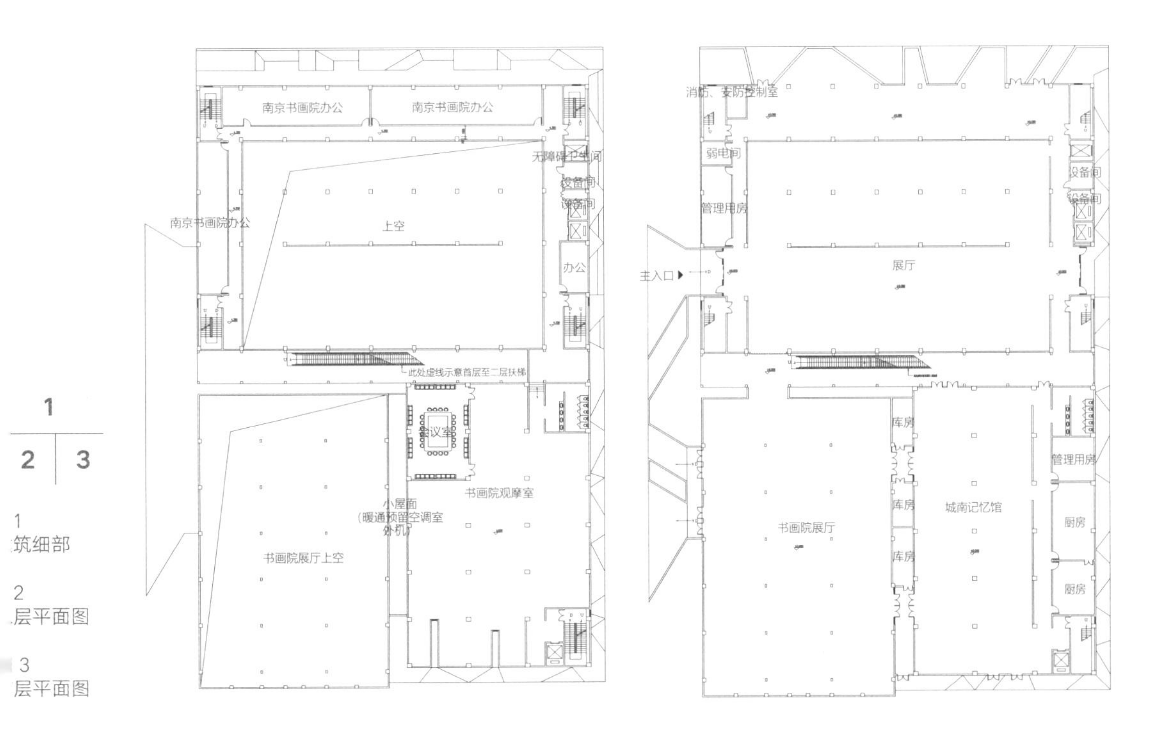

1	
2	3

1
筑细部

2
层平面图

3
层平面图

改造设计特点

1）外部空间尝试将历史街区与工业空间融合

改造设计将传统街巷引入老工业建筑内部，打通原本封闭的历史街区，形成一个开放的城市艺术广场，为传统街区注入活力。

2）内部空间打造多层次、多维度的立体空间

将不同尺度、维度的空间叠加起来，让寻常的工业厂房转变为一个丰富的立体花园，创造出独特的、国际化的艺术空间，使传统生活与中国艺术融合在一起。

3）外观形象协调现代材料与传统肌理

通过对与传统砖瓦肌理“对话”的金属打孔板的应用，在工业建筑与传统建筑之间植入一层半透明的表皮，调和了两类不同遗产的相互关系，修补了传统街区的历史肌理。

4）运用绿色技术提升物理性能

通过对新材料、新技术以及太阳能等新能源的应用，减少能源消耗，降低碳排放，塑造与环境友好的绿色艺术博物馆。

策略统合分析示例

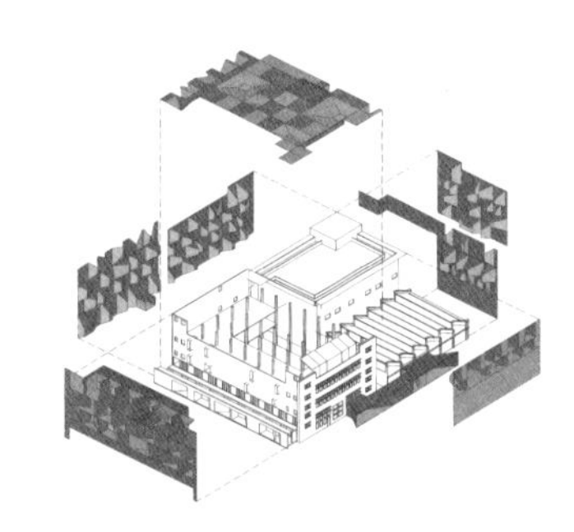

核心策略：该项目以穿孔金属板这种当代工业材料覆盖建筑，形成全新的肌理与不同尺度感的结构单元和形式。这一策略从新旧关系入手，通过材料的运用统合了多项策略，实现了以下统合目标。

统合目标 1：强化建筑的多元性和差异性，统合了新旧并置与对比策略

通过穿孔金属板和传统青砖灰瓦的对比，承认并加强了材料的多元性和差异性；以金属表皮切分外观和体量，减轻原有建筑的沉重感，使之与历史街区空间肌理及尺度相协调，也打破了既有建筑平直的天际线，在小尺度的凹凸之中进一步同小尺度的城市空间融合。

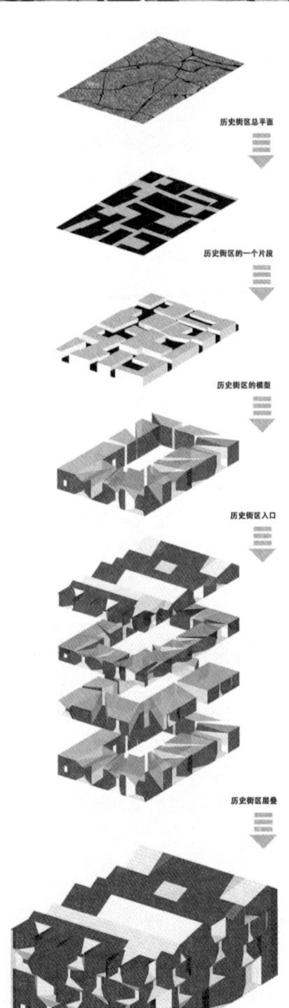

统合目标 2：形成独立的沉浸式体验空间，统合了场所营造策略

利用内向性的、沉浸式的空间，对并置的新旧材料、空间和片段进行整合，但并不削弱彼此的独立性，营造了带有历史性或特定记忆的多元空间。

统合目标 3：形成了物质对记忆的延续和呈现，统合了记忆传承策略

考古学的地层或堆积的概念被用在对新旧材料的对比或建构的并置之中。层积是历时的空间，也是物质对记忆的延续和呈现；层积也以新旧材料的组合、剖面的揭示等方式呈现。

统合目标 4：表皮贯穿建筑内外，统合了氛围营造的策略

穿孔金属板在南立面的凹进处，内侧被反转为一组梯形凸窗，挤压着室内的贯通交通空间。外表皮直接作用于内部空间，内部狭长的交通空间的一侧是4层高的原建筑水泥抹灰立面，而另一侧带凸窗的墙面则戏剧般地表达着内和外的关系，使人仿佛置身于金属板插入体的墙体之中。

统合目标 5：外表皮集成被动式保温与通风策略，统合了立面性能提升策略

穿孔铝板建构的外表皮和原建筑外墙之间形成一道空腔，成为大尺度的空气夹层，为老建筑提供了额外的被动式保温；同时铝板的孔洞对于组织风压通风和热压通风有较大帮助。

06 艺仓美术馆

项目建设地点：上海市浦东新区
原建筑建造时间：1984年
改造设计时间：2016年2月—2016年10月
改造竣工时间：2016年12月
主创建筑师：柳亦春

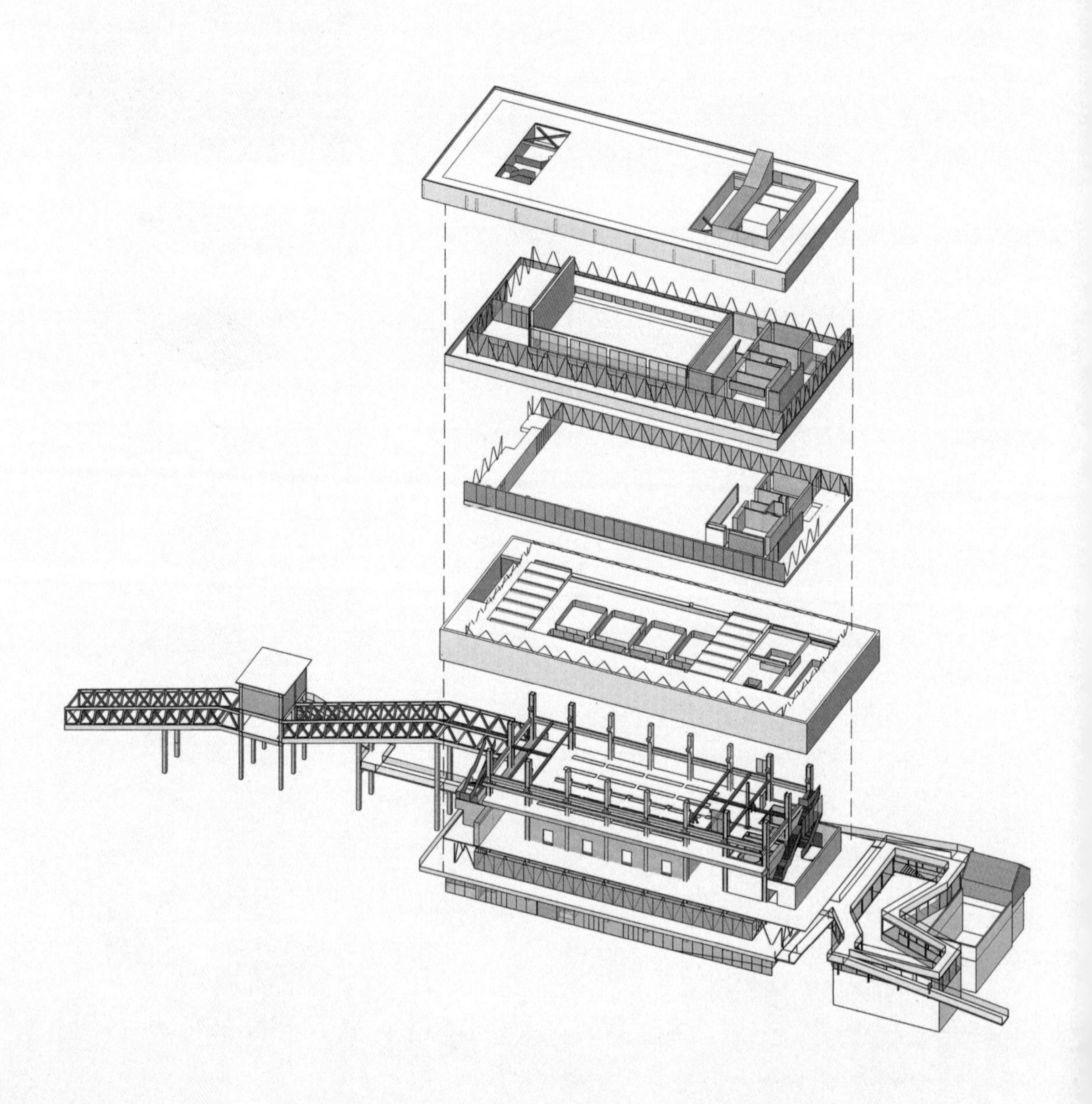

改造前

功能： 煤仓

建筑结构： 混凝土框架结构

建筑面积： 5791m^2

建筑层数： 5层

建筑材料： 混凝土

外观：

局部：

室内：

改造后

功能： 美术馆

建筑结构： 悬吊钢结构、张弦梁结构

建筑面积： 约9180m^2

建筑层数： 5层

建筑材料： 混凝土、阳极氧化铝板、玻璃

外观：

局部：

室内：

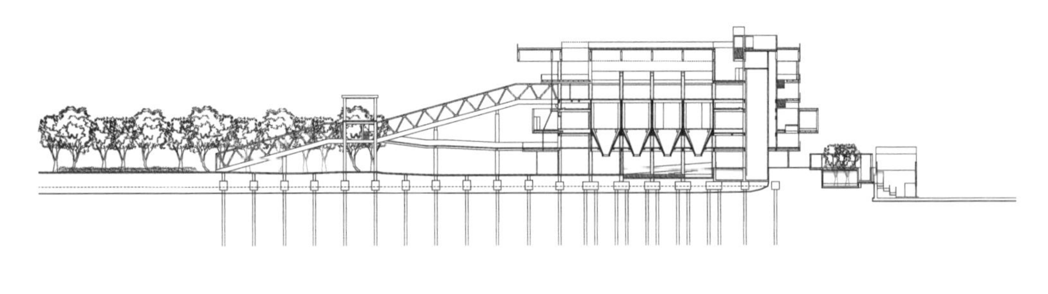

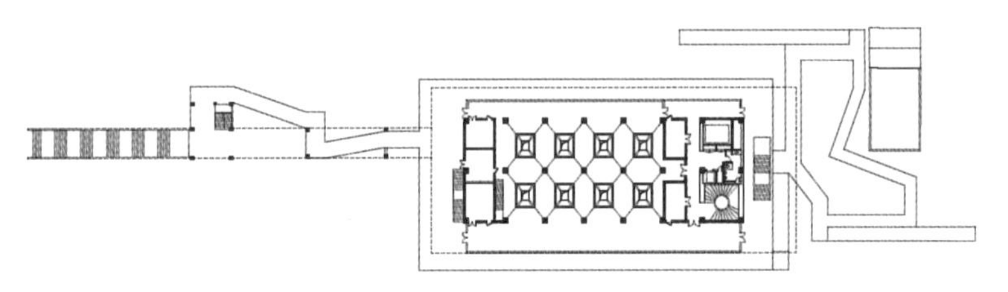

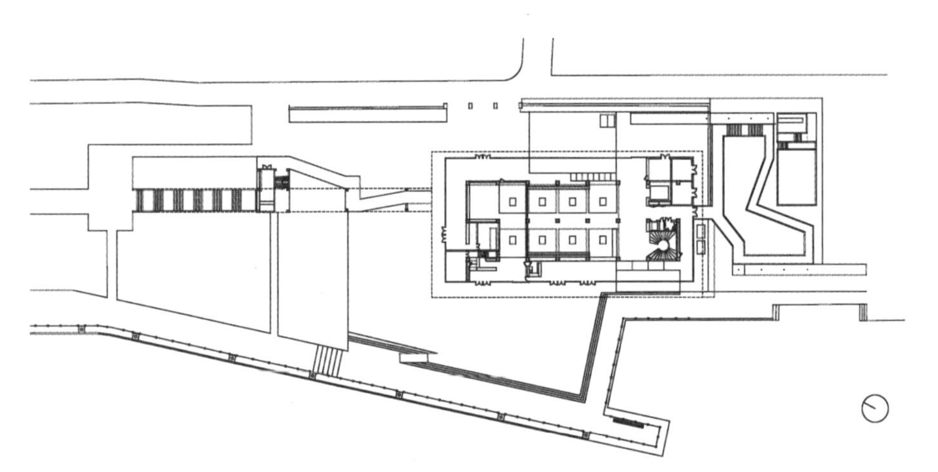

1

2

3

4

图 1
剖面图

图 2
二层平面图

图 3
首层平面图

图4
建筑外观

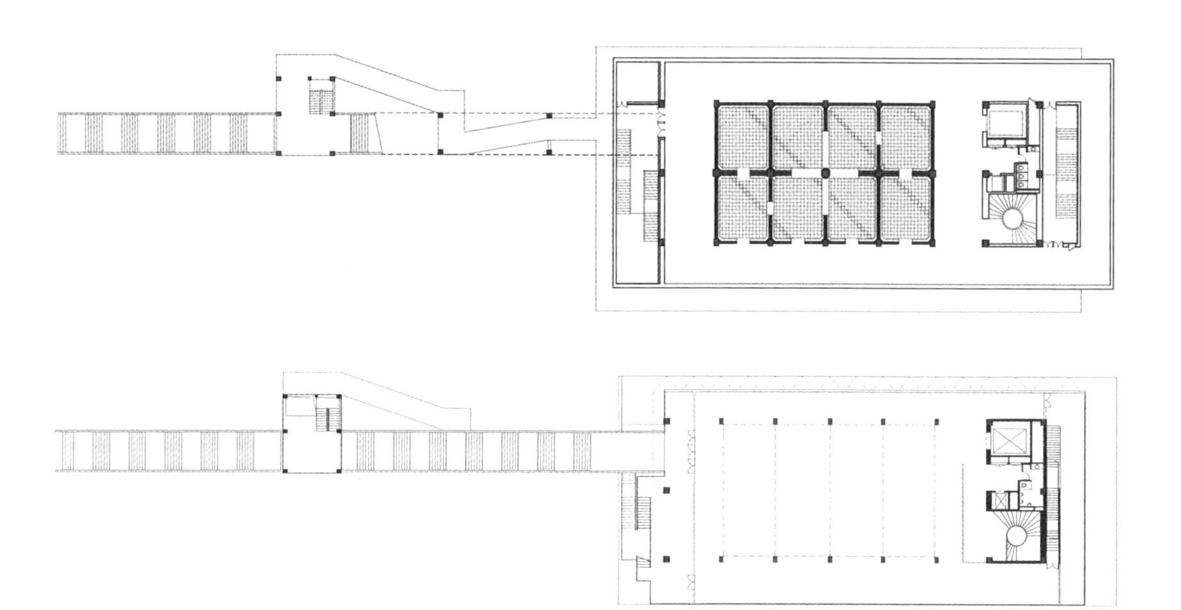

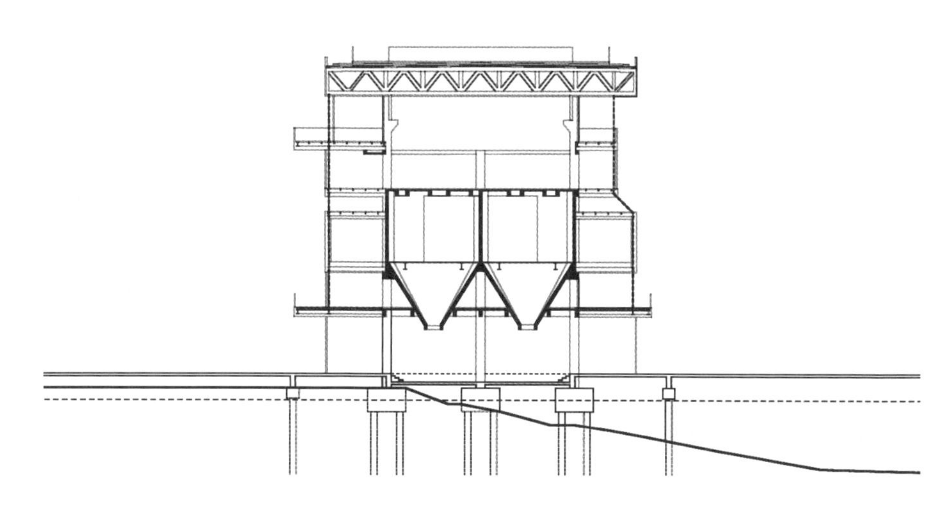

1

2

3

4

图 1
三层平面图

图 2
四层平面图

图 3
剖面图

图4
建筑室内

改造设计特点

1）保留了既有工业建筑的形式特征

改造设计保留了老白渡煤炭码头的煤仓和运煤传送道，将美术馆与既有的工业遗构有机结合，从当代城市空间特点和需求出发构建滨江漫游城市公共空间节点。

2）功能转换适配了既有空间形态

改造设计充分考虑既有空间的类型与特征，将煤仓建筑改造为美术馆展览空间的同时，将运煤的传送构架改造为高架景观步道、艺术品商店和便民服务设施。

3）交通流线形成了滨江漫游路径

改造设计以蜿蜒曲折的步道、楼梯、天桥、坡道及景观平台，塑造了内外交替、动静相宜的滨江漫游路径与城市公共空间节点。

4）结构介入提供了精确的技术支持

长廊采用张弦梁加悬吊的钢结构体系，与混凝土排架形成了新的整体结构，既承担了上部廊道的地面结构，也向下悬挂，形成了玻璃盒体商店的屋顶部分。

策略统合分析示例

核心策略：该项目新植入的主体采用悬吊结构，利用拆除屋顶后留下的框架支撑一组巨型桁架，通过桁架逐层下挂，下挂的楼板一侧悬吊于上部，一侧与原结构相连作为竖向支撑。这一策略从解决技术与规范问题出发，同时兼顾了功能、空间、形式及运营等多方面的考虑，实现了以下统合目标。

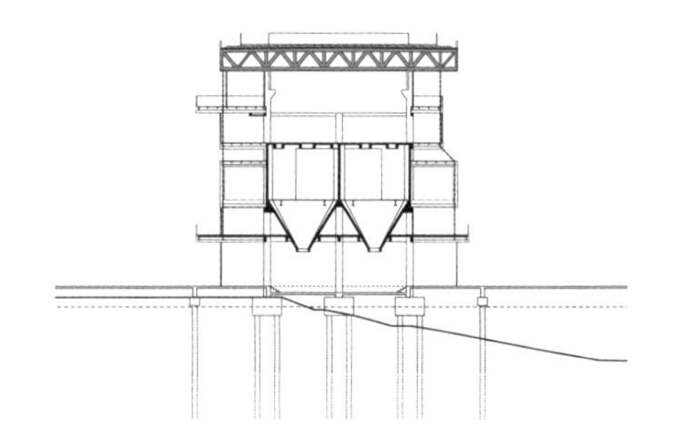

统合目标 1：保护了老码头原有风貌，统合了记忆传承的策略

桁架悬吊结构的使用在满足现代美术馆对于空间和面积需求的同时，没有在高桩码头上添加额外的基础，降低对现有煤仓结构的破坏，保护了老码头的原有风貌。

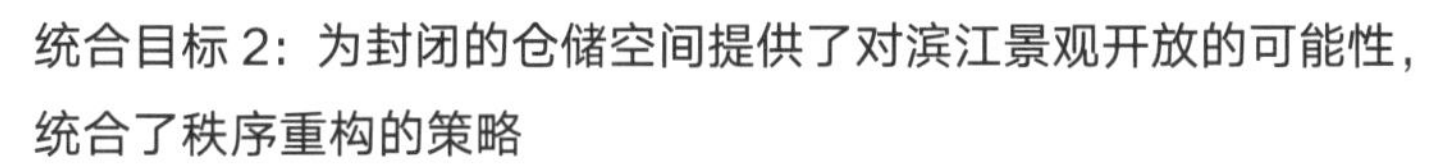

统合目标 2：为封闭的仓储空间提供了对滨江景观开放的可能性，统合了秩序重构的策略

层层下挂的结构既完成了煤仓仓体作为展览空间的流线组织，也以水平线条构建了原本封闭的仓储建筑与黄浦江景观之间的开放的可能。

统合目标 3：以结构上的安全带来了视觉上的安全，统合了局部主动加强的策略

层层下挂的竖向结构采用交叉索系统，在增加安全性的同时，加强了侧向支撑，给建筑带来了独有的视觉安全感和形式感。

统合目标 4：新旧结构形成的空间为美术馆的使用和运营提供了多样性，统合了传承记忆的策略

一至三层将储煤斗相互打通，形成粗粝质感的混凝土墙体空间，外围以吊挂的展廊贯通；用于悬吊下部结构的桁架梁暴露在四层展厅中；斜向的运煤通道被改造为钢结构大楼梯直通室外，为美术馆的运营及展览组织提供了多样性。

成府路150号

项目建设地点：北京市海淀区
原建筑建造时间：1998年
改造设计时间：2019年—2020年
改造竣工时间：2021年
主创建筑师：王辉、王宇曈

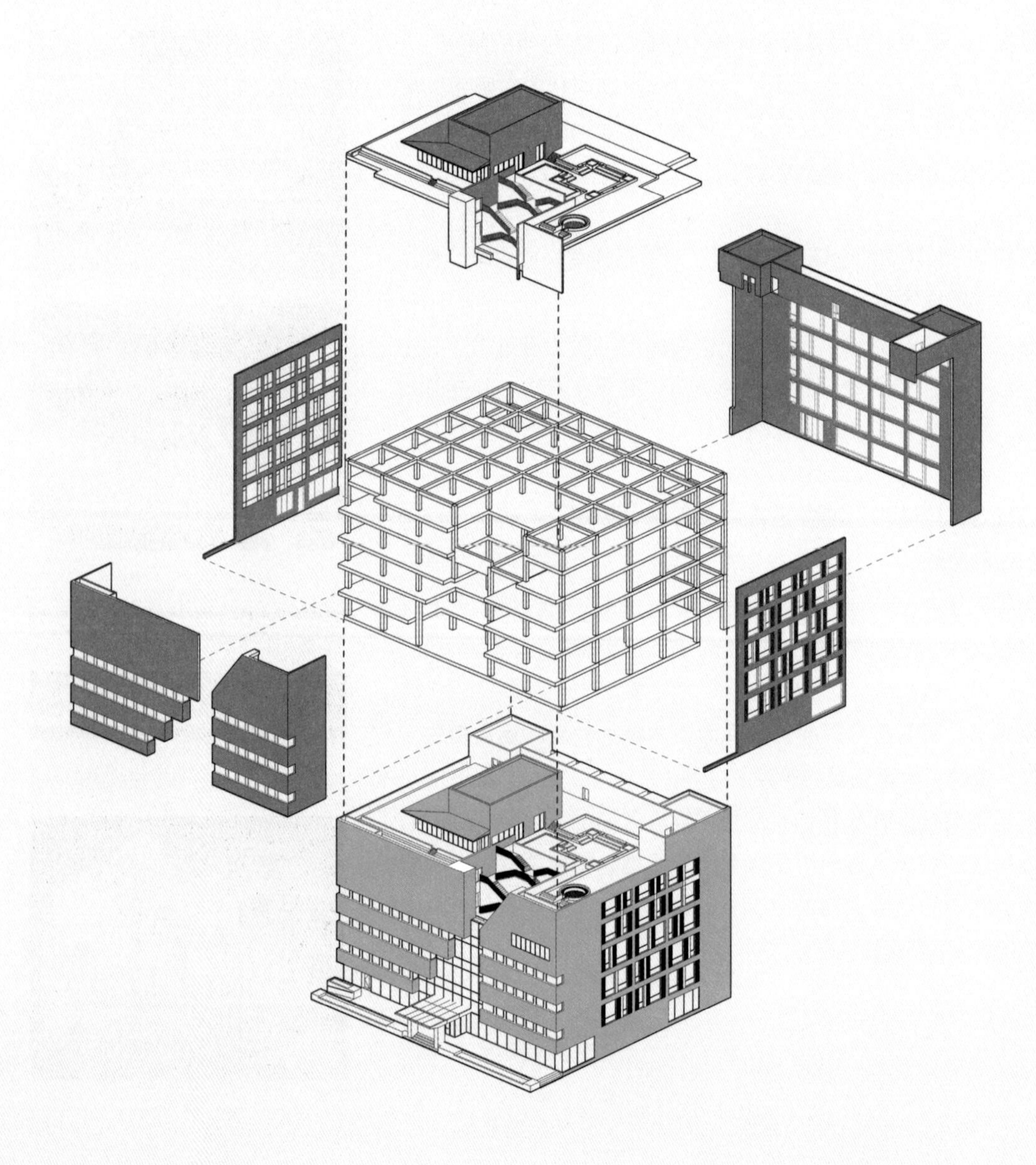

改造前

功能： 商业建筑

建筑结构： 混凝土结构

建筑面积： $10448m^2$

建筑层数： 5层

建筑材料： 混凝土、面砖

外观：

首层平面图：

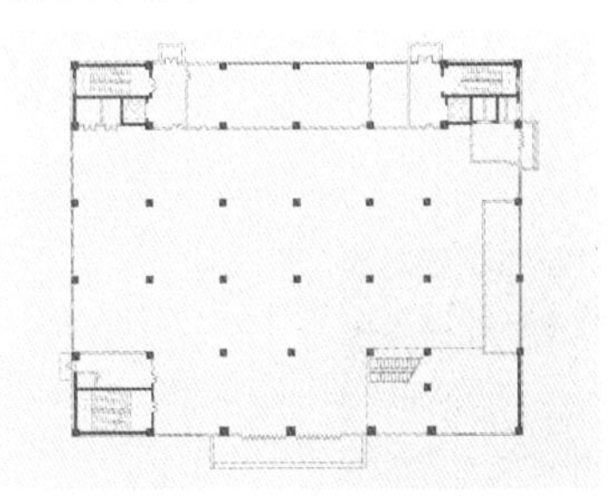

四层平面图：

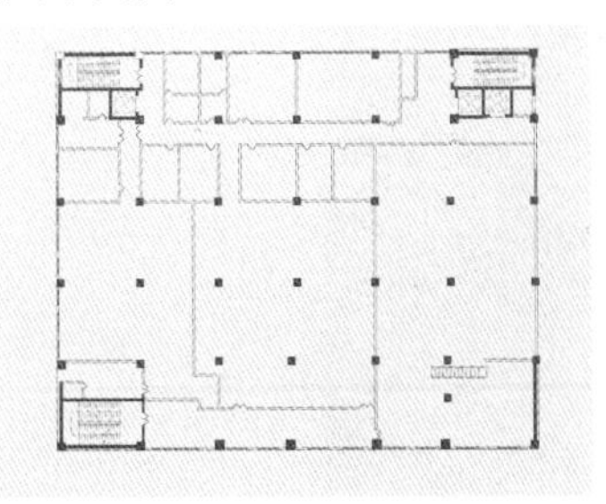

改造后

功能： 办公建筑

建筑结构： 混凝土结构+钢结构

建筑面积： $10448m^2$

建筑层数： 5层

建筑材料： 混凝土、钢材、陶土砖、铝板

外观：

首层平面图：

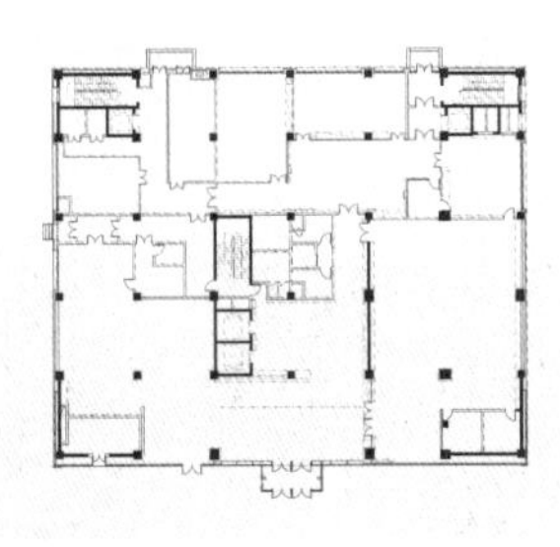

四层平面图：

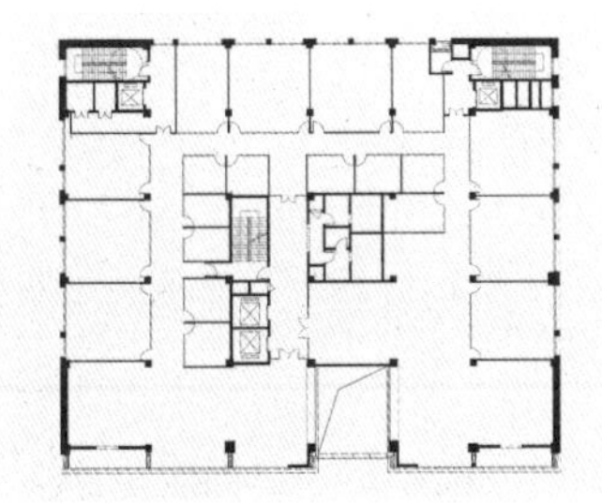

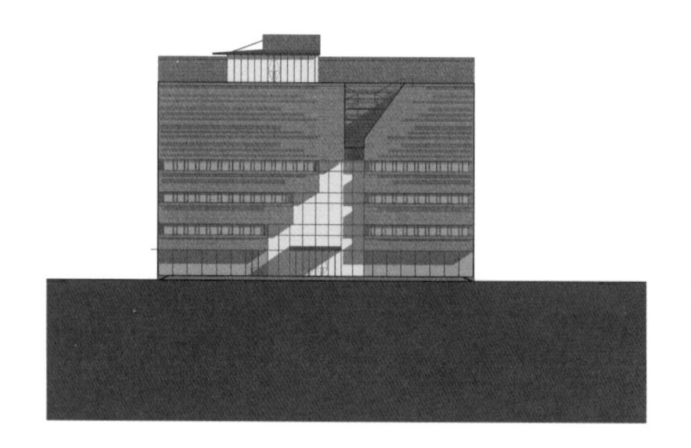

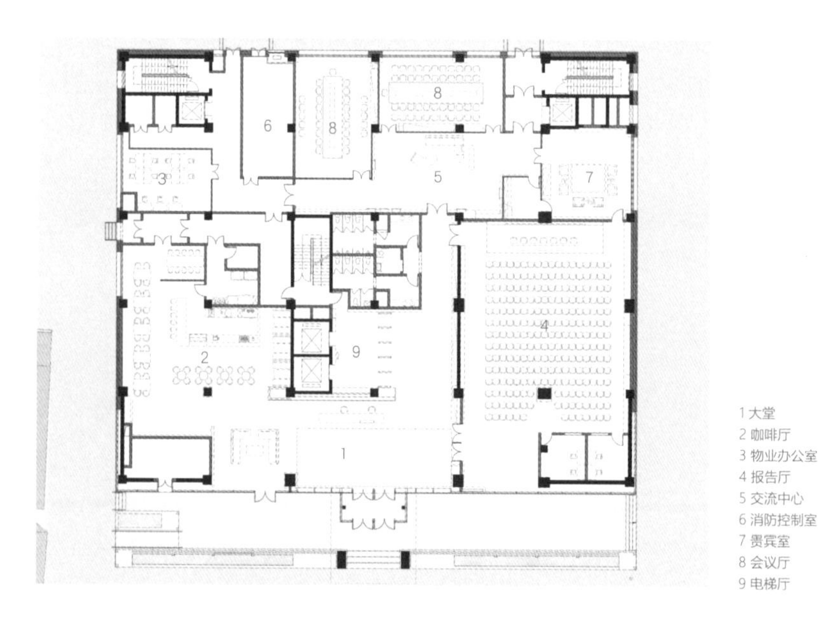

1
2
3

图 1
立面图

图 2
首层平面图

图 3
建筑外观

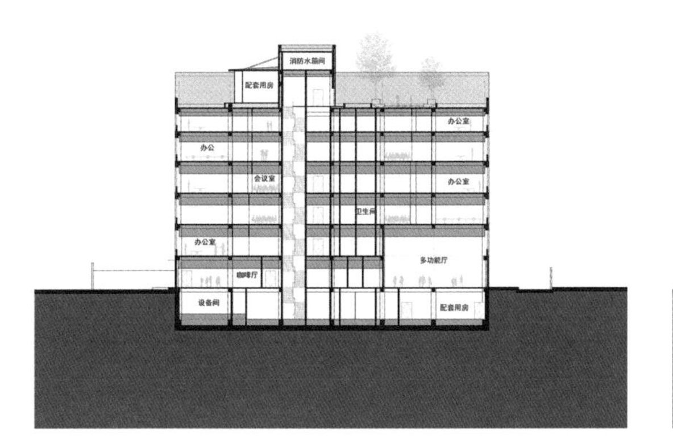

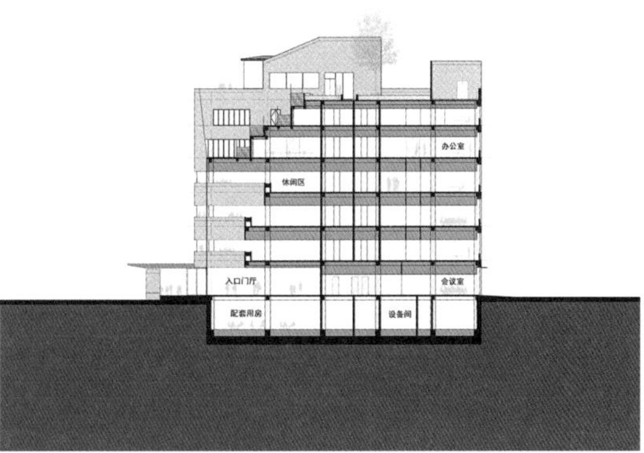

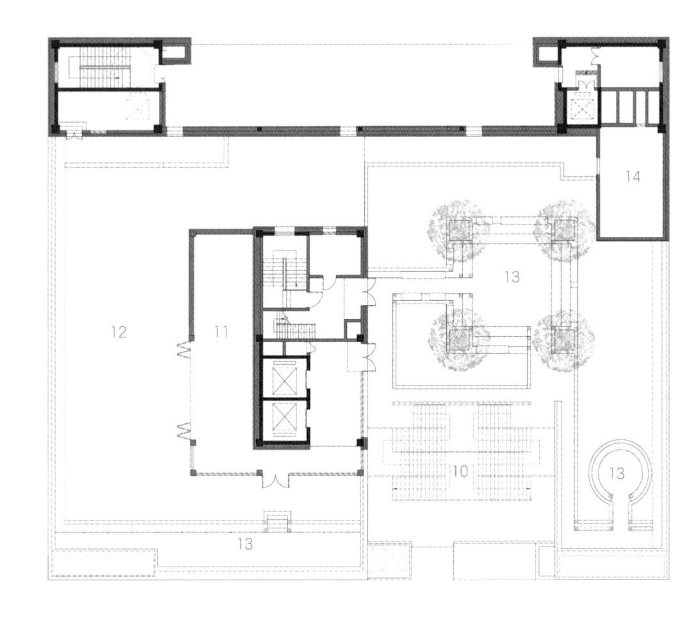

10 下沉阶梯花园
11 活动室
12 屋顶平台
13 砖头花
14 屋顶设备区

1

2

3

图 1
剖面图

图 2
平面图

图 3
建筑细部

改造设计特点

1）空间利用植入屋顶花园

通过对场地周边环境的分析，针对既有建筑缺少公共活动空间的现状，改造设计引入了屋顶花园，一方面创造出一个全新的适合年轻人放松与交往的空间，另一方面在对场地绿化进行补充的同时，也最大化地利用了周围优越的区位环境。

2）形态特征打破原有秩序

在原方形体块的基础上，通过在沿街立面挖出一个4层高的上下贯通空间，形成倒阶梯形向上攀升的空间；屋顶花园形成自上而下的反向凹凸空间，并在外立面打开一个倒三角的豁口，这一处理手法与原形态形成较大差异，强化自身新建属性。

3）动线组织强调纵向引导

通过内部和外部的动线处理，把人引导到屋顶，并把这种内在的运动通过外形表达出来。在屋顶下沉花园，通过对体块的掏空和梯级错叠的砖砌楼梯，强化了纵向引导的动线，在满足垂直交通功能需求的同时，也提高了屋顶使用率。

4）材料选择结合在地特质

既有建筑位于成府路南侧，周边有较多知名高校，且正对清华大学南门路口。材料选择在保证活力的前提下，与清华大学的学府气息结合起来，建筑外立面采用了有清华“红区”特色的陶土砖，并根据现有建筑条件设计具有独创性的砖幕墙体系，传达出一脉相承的简约与质朴。

策略统合分析示例

核心策略：该项目在入口门厅外立面上挖出一个倒梯形的4层通高、向上攀登的空间；而屋顶花园在外立面上下沉两层，形成一个漏斗形的自上而下向的“拥抱”空间。这一策略从动线组织与场所营造的主题出发，解决了多个问题，实现了以下统合目标。

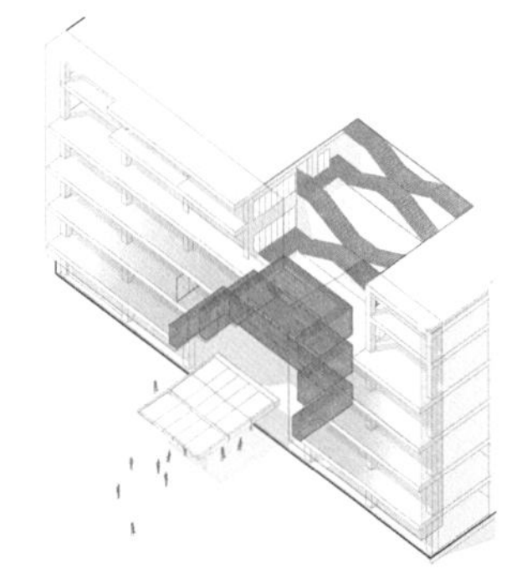

统合目标 1：连接了上下空间，统合了建立秩序的策略

改造后既有建筑外立面由倒梯形的4层通高与屋顶花园下沉的2层漏斗形空间构成。其中4层通高部分对应内部的主要办公区，属于被服务空间；而上部的屋顶花园及其下沉的两层属于服务空间。通过内部空间属性的外化，在完成改造的同时，也建立了内部空间秩序。

统合目标 2：划分了空间领域，统合了场所营造的策略

屋顶花园在水平尺度上借助下沉两层的操作，创造出不同高度的通透视野，提升空间丰富性；然后又通过砖砌楼梯，在消除楼层隔阂感的同时，创造出多个平台，形成交流空间。外立面上倒梯形的4层通高，彰显了其内部的通高部分，从而划分出不同的场所范围。

统合目标 3：利用了屋顶空间，统合了屋面性能优化的策略

既有建筑为典型的平屋顶多层建筑，外立面的改造设计将视线重点引至屋顶，进而创造出屋顶花园，在符合功能布置的基础上也是对屋面性能的优化。同时还在屋顶新增的竖向交通核顶部，合理设置遮阳设施，进一步提升屋面性能。

统合目标 4：组织了通风采光，统合了空间性能优化的策略

通过在外立面上挖出4层通高空间这一操作，建筑内部也创造出一个对应的4层通高的中庭空间。通过对不同层高的串联，组织自然通风路径；同时，屋顶花园的下沉处理与内部中庭一起将自然光更充分地引入建筑内部。

08 贵州美术馆

项目建设地点：贵州省贵阳市
原建筑建造时间：1958年
改造设计时间：2016年—2017年
改造竣工时间：2021年
主创建筑师：李立、汤朔宁

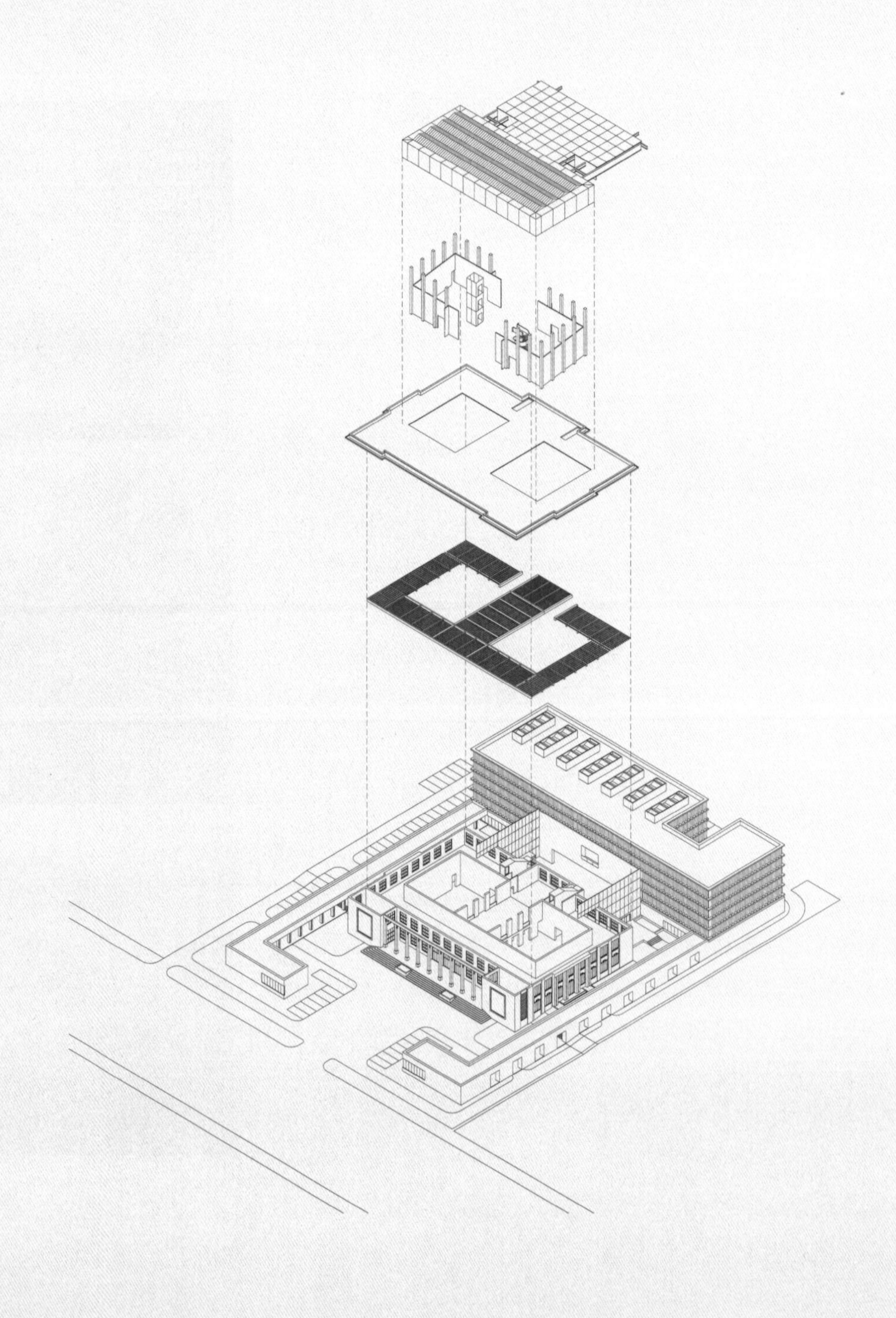

改造前

功能：博物馆

建筑结构：框架结构

建筑面积：3583m^2

建筑层数：2层

建筑材料：混凝土、水刷石、花岗石

外观：

室内：

局部：

改造后

功能：美术馆

建筑结构：框架结构

建筑面积：15700m^2

建筑层数：3层

建筑材料：石材、钢、玻璃

外观：

室内：

局部：

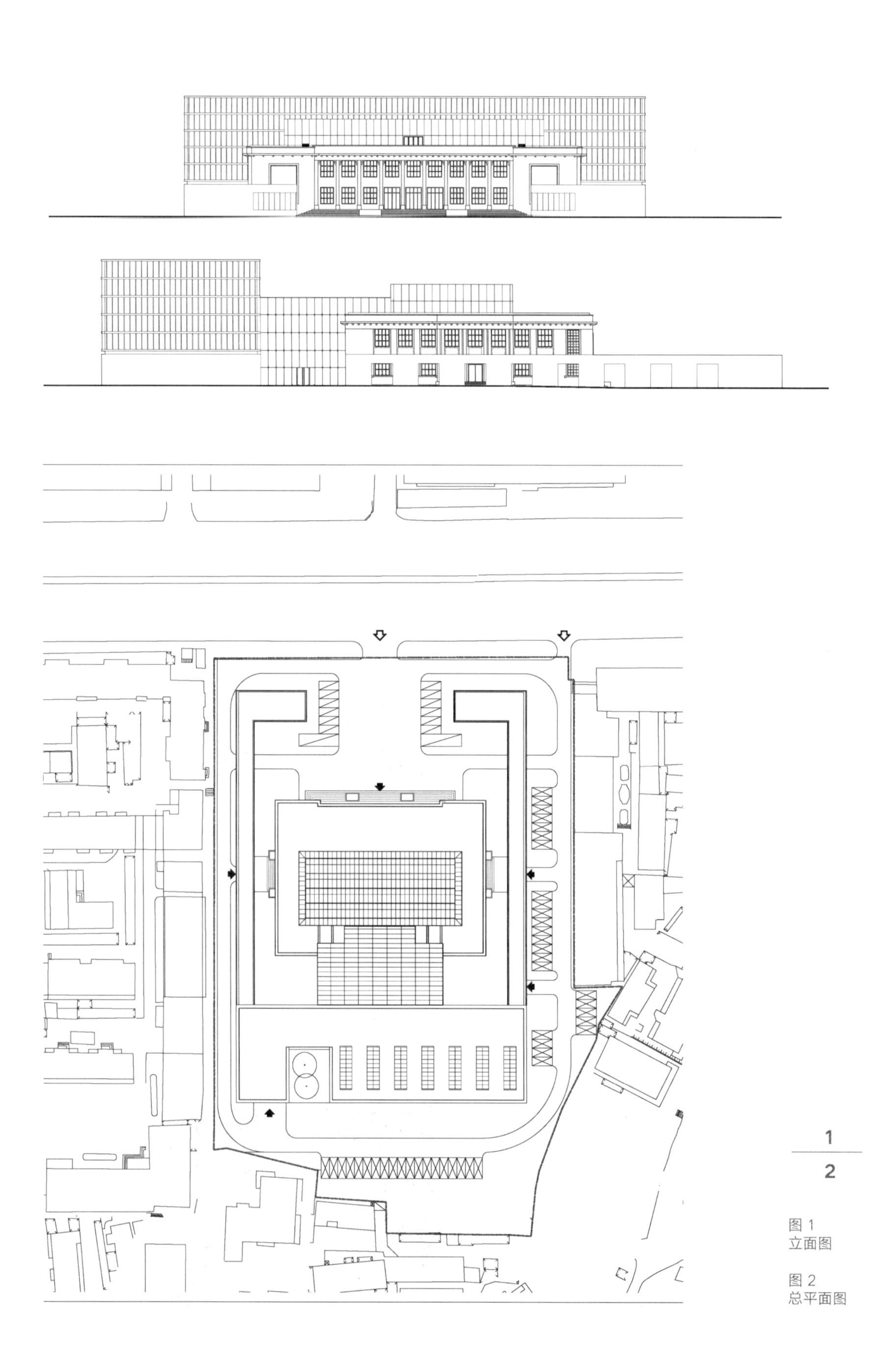

1

2

图 1
立面图

图 2
总平面图

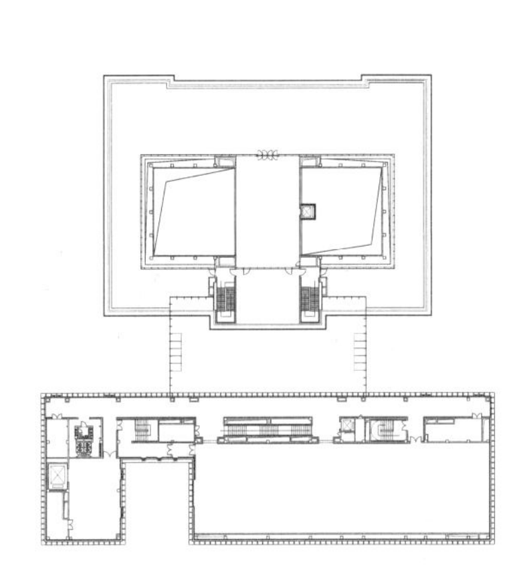

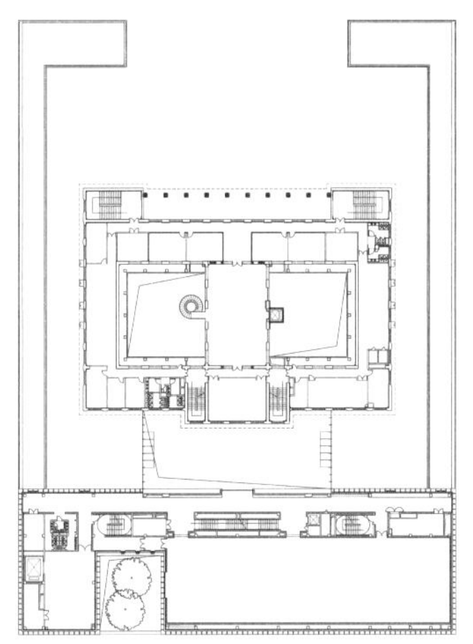

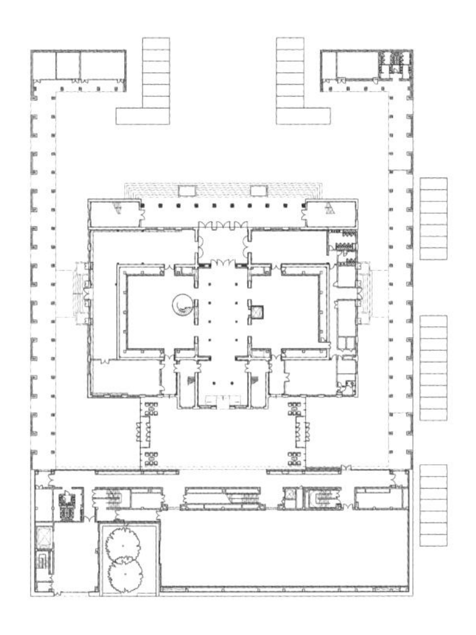

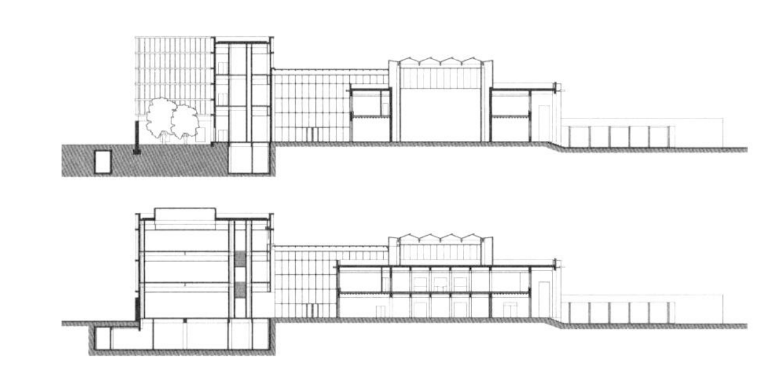

1	2	3
	4	
	5	
	6	

图 1
三层平面图

图 2
二层平面图

图 3
首层平面图

图4
剖面图

图4
建筑室内

图4
建筑入口

改造设计特点

1）总图布局充分尊重了历史建筑

在完整保留历史建筑的基础上，南侧的新馆、东西两侧加建的展览长廊与老馆形成适度围合的庭院，拓展了历史建筑的场域，在周围碎片化的城市环境中围合出一处安静的公共文化领地。

2）功能布置充分利用和活化了历史建筑空间

完善和优化历史建筑内部空间，以适应当代艺术展示的全新要求，充分拓展、挖掘旧建筑屋面和内天井等冗余空间的潜力，增强空间的适应性和多样性。

3）外观修缮保留了历史建筑风貌与特征

对老馆进行全面修缮、加固与整饬。老馆外立面整体及细节装饰保留完整，采用内保温技术措施，最大限度地保留外立面风貌；保留结构砖墙、框架柱及一层顶板预制密肋梁板，延续了原结构体系的时代特征。

4）景观处理保存和延续了场地记忆

为了保护场地西南的两棵百年古树，将新馆西侧退让出一个凹入庭院，在整个施工周期中精心养护，使古树与新馆共生。

5）立面设计融合新老建筑风貌

以老馆预制密肋梁的肌理为参照，形成覆盖新馆的蜂窝木纹石材百叶，为老馆提供一个整体、协调的建筑背景；加建的玻璃大厅，使老馆南立面直接呈现在新建筑的室内，室内空间效果和历史风貌保护相得益彰，实现了新老建筑的对话共生。

策略统合分析示例

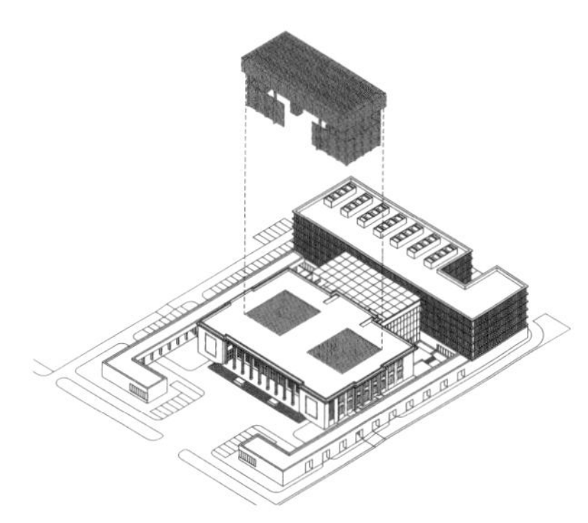

核心策略：该项目对原有空间秩序和气氛进行了整改，拆除作为仓库的两个采光天井上的彩钢板屋顶，将“艺术之盒”概念的展示功能植入其中。这一策略从功能布置和空间组织角度出发，产生了多维效应，统合了多项其他策略，实现了以下统合目标。

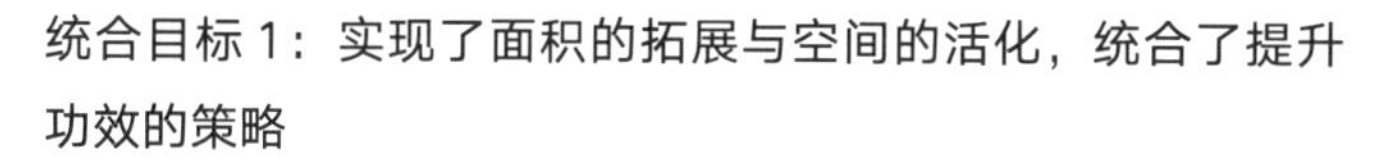

统合目标1：实现了面积的拓展与空间的活化，统合了提升功效的策略

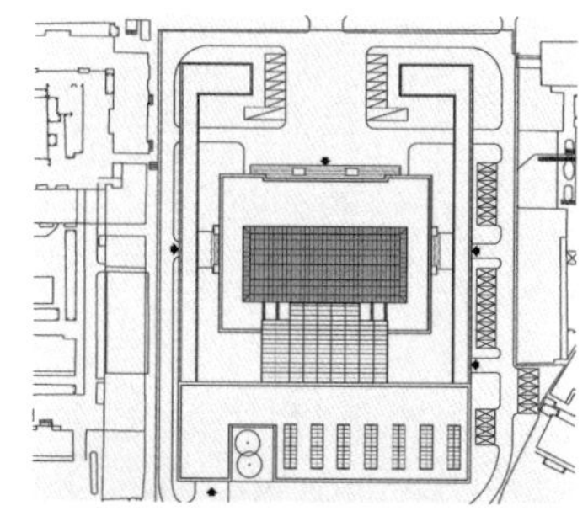

原有建筑远不能满足省级美术馆对于面积的需求，设计师充分开发、利用原有的天井空间，拆除后续加建的简易顶盖、隔墙，在天井内加建钢结构带遮阳的天窗系统，形成两个采光充足、通高3层的当代艺术展示空间。

统合目标2：通过天井承接新老建筑结构，统合了结构被动加固的策略

借由“艺术之盒”的结构独立性，形成跨越老馆与新馆主体结构连接的大跨钢构，一边以新馆外墙为支点，另一边以老馆天井内的“艺术之盒”为支撑。

统合目标3：对比新旧界面，统合了以新衬旧的策略

在新馆与老馆之间加建一个通透的玻璃大厅，新旧在自然光线下直接对照，充分展示了老建筑立面，玻璃顶采用吊挂式玻璃幕墙，对老馆结构实现了最小干预。

统合目标4：以缝隙空间实现设备的适应性植入，统合了过渡空间利用的策略

“艺术之盒”与老馆天井原界面间1.5m宽的空腔，成为一个天然的环形设备管廊，对首层展厅实现了风口侧送、侧回，隐藏了消防喷淋主管，最大限度减少对密肋梁体系的干扰。

09 角门西改造

项目建设地点：北京市丰台区
原建筑建造时间：—
改造设计时间：2019年
改造竣工时间：2021年
主创建筑师：赖军、魏伟、陈墨、彭晓峰、王俊英

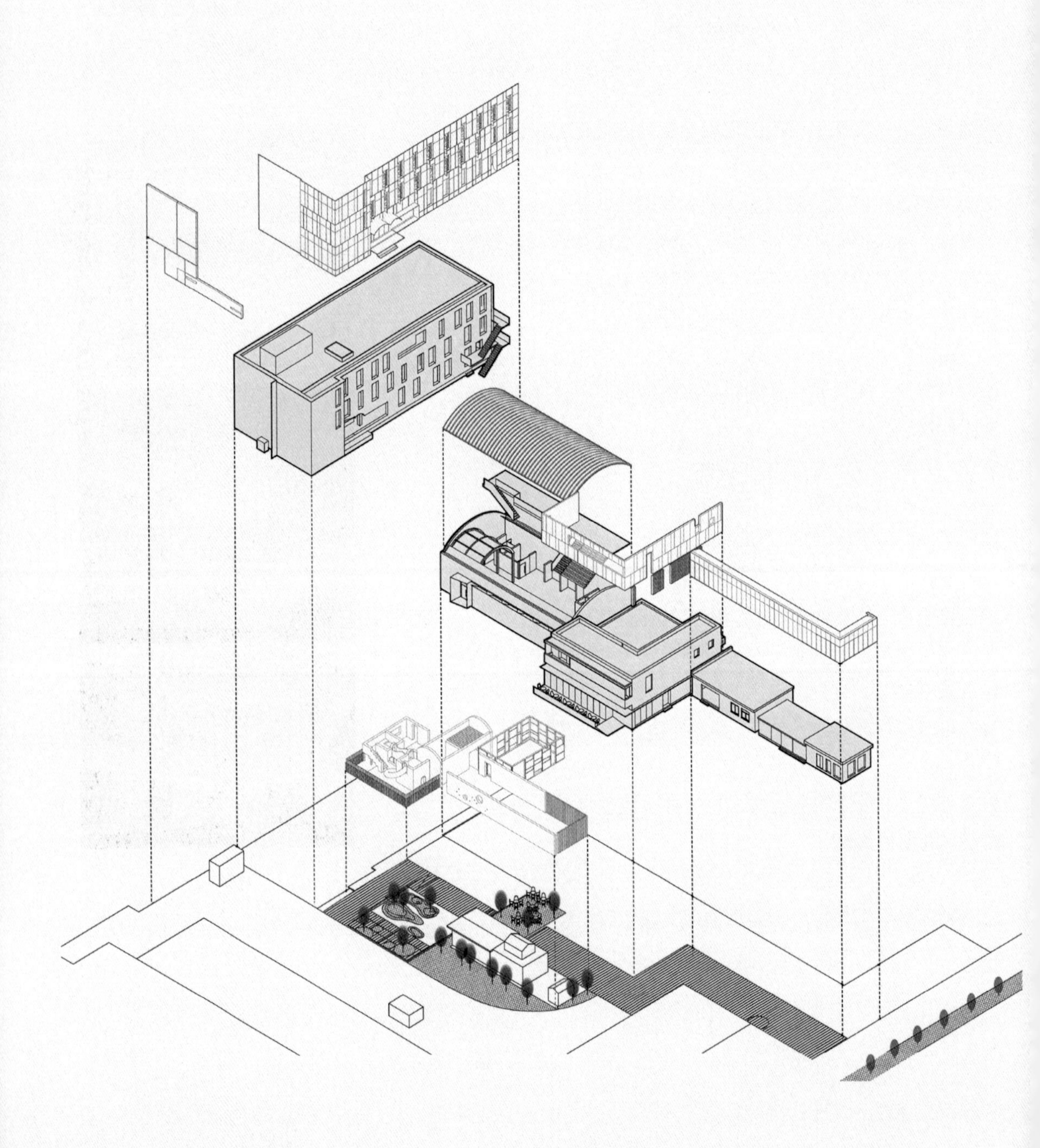

改造前

功能： 商业酒店、办公用房、附属配套（锅炉房）
建筑结构： 框架混合+砖混
建筑面积： 2222.7m^2
建筑层数： 2号楼3层，3号楼1层，4号楼2层
建筑材料： 砌块混凝土、黏土砖

外观：

室内：

总平面图：

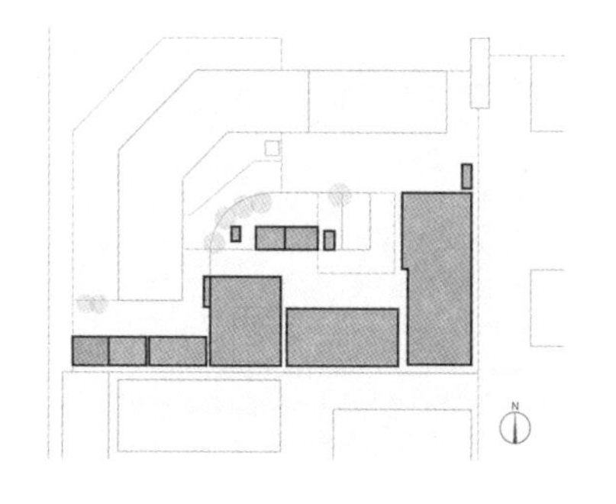

改造后

功能： 文创园区、商业用房、附属配套
建筑结构： 框架结构+钢结构
建筑面积： 2200m^2
建筑层数： 2号楼3层，3号楼2层，4号楼2层
建筑材料： 砌块混凝土、黏土砖、埃特板、玻璃幕墙、穿孔铝板、拱形钢板

外观：

室内：

总平面图：

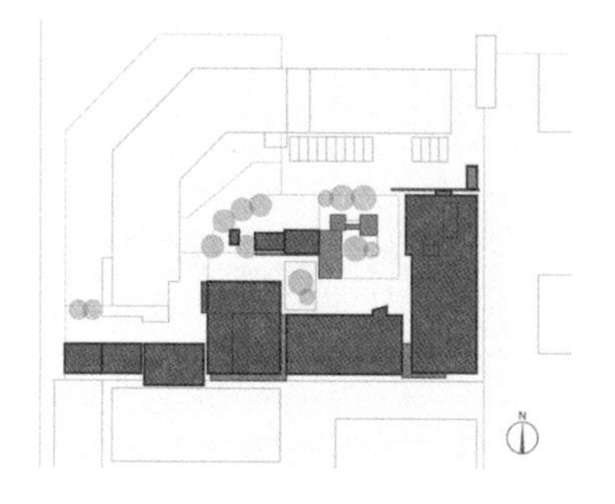

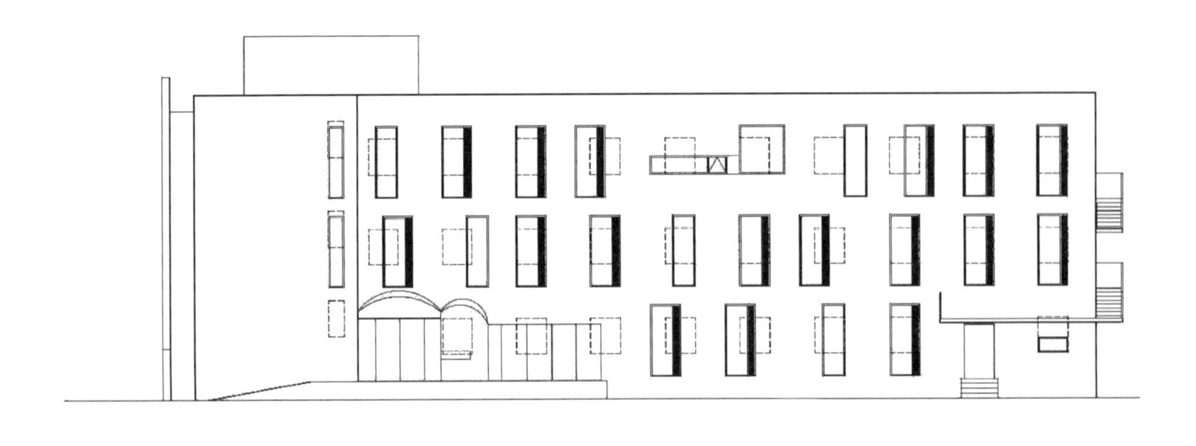

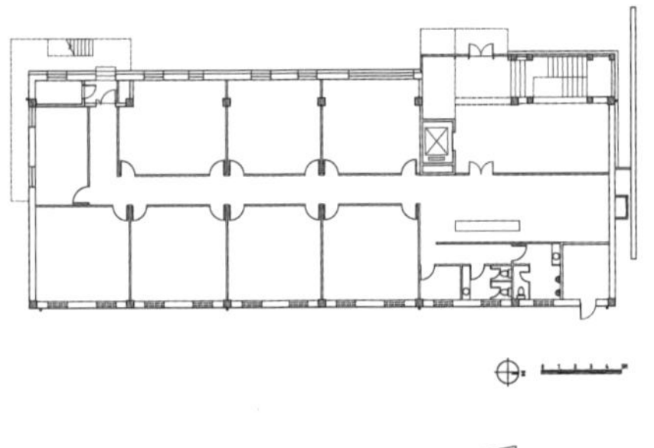

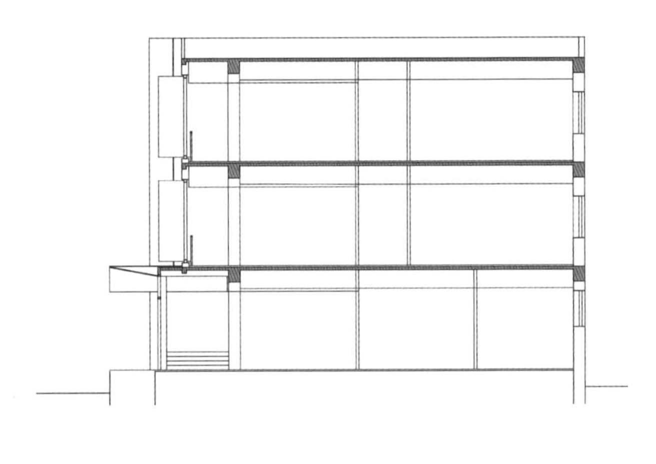

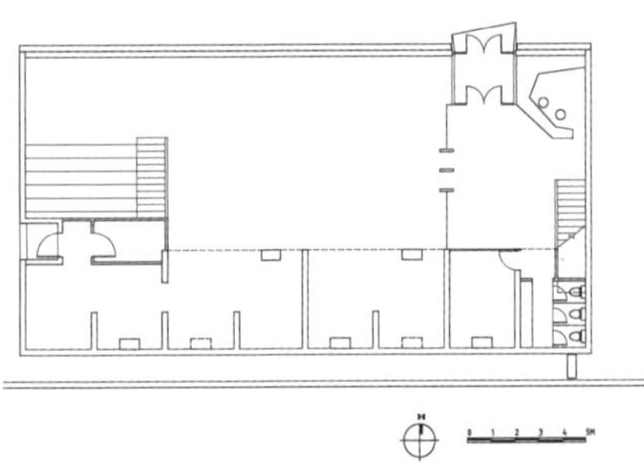

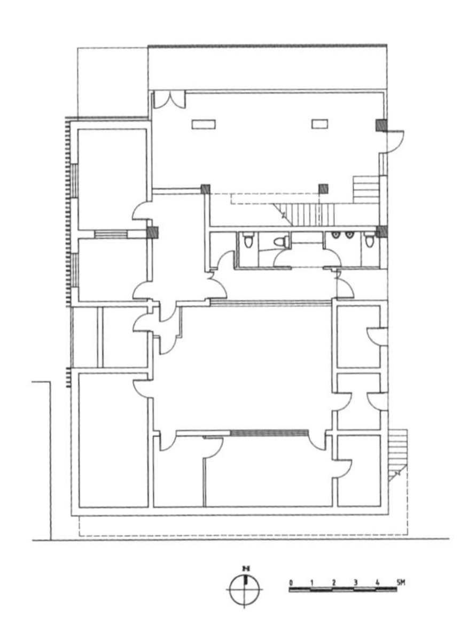

1	
2	4
3	
5	

图 1
2号楼西立面

图 2
2号楼一层平面图

图 3
3号楼一层平面图

图4
2号楼剖面图

图5
4号楼一层平面图

	1	
2	3	4
		5
		6

图 1
院子边界

图 2
2号楼室内实景

图 3
2号楼入口细节

图 4
4号楼侧立面改造后实景

图 5
2号楼外观

图 6
现状树木茂盛

改造设计特点

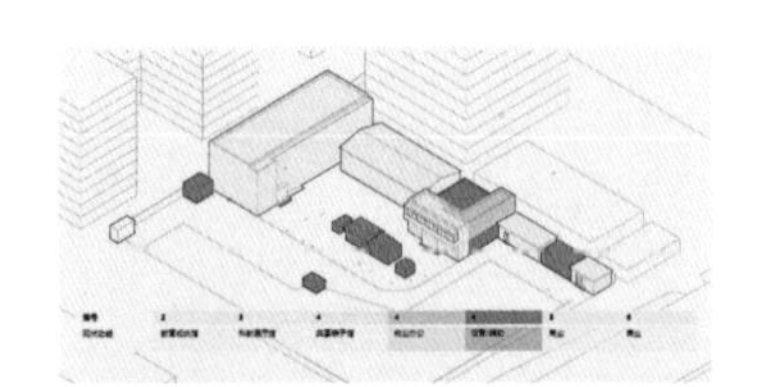

1）功能划分整合了业态布局

方案基于原有的4栋建筑整合业态布局，形成连续的商业经营界面，重塑园区整体功能磁场。项目结合建筑物现状，让平面布局适应新的功能定位，打造全方位覆盖儿童学习、生活、娱乐的一站式综合服务园区。

2）墙体拆除释放了建筑空间

结构空间的改造无疑是更新的灵魂，方案根据每一栋建筑的功能属性，定制格局演化，通过拆除部分原建筑室内非承重隔墙实现建筑内部的改造升级。

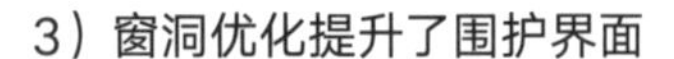

3）窗洞优化提升了围护界面

纵向增大窗洞开口尺寸，在朝南向设置圆点镂空的遮光板，减少北方风沙影响的同时防止眩光刺激；通过不同楼层左右微错动的开窗设计，增强室外视觉体验的趣味性。

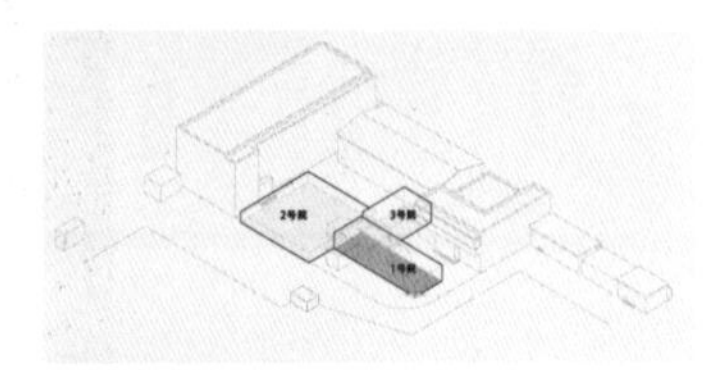

4）积极造园提升了场所品质

利用园区中良好的植物条件，在保留的环境中植入三个相互连接、贯通的功能盒子，通过现状树木与建筑格局的布置，构建出学子与家长观赏、游憩、交流的现代园林式景观休闲场景。

5）白色基调统一了建筑形象

方案立面材质采用白色外挂埃特板，隐去原建筑立面的无序与陈旧、粗糙，营造简洁、现代的新形象，暗喻对孩子天性、身心发展的尊重，与外围嘈杂喧嚣的繁华景象形成对比。

策略统合分析示例

核心策略：该项目拆除了原3号楼内部的隔墙及楼板，室内北侧加设拱形金属屋面，同时在2.9m标高处沿南侧墙面增设4m宽的夹层，西侧设置大阶梯联系上下，夹层下方布置展陈功能。这一策略从空间划分、场所营造等方面出发，统合了建立秩序、营造氛围等多个策略，实现了以下统合目标。

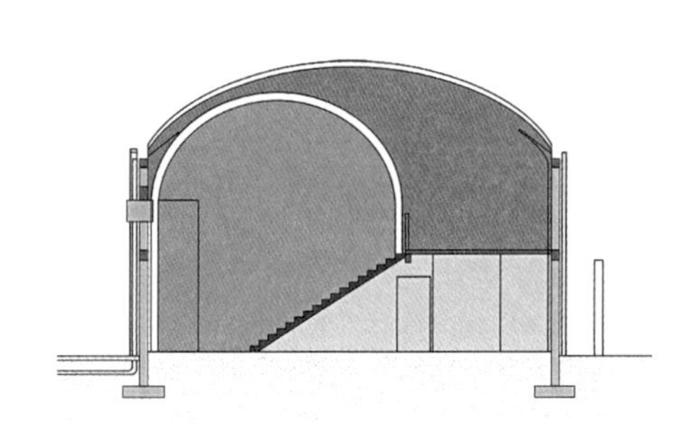

统合目标 1：划分空间层次，统合了建立秩序的策略

夹层将大空间分为上、下两个领域，夹层下部作为主要空间，夹层属于辅助空间。上下主次关系分明，明确了内部秩序。

统合目标 2：提升空间体验，统合了营造氛围的策略

夹层丰富了室内空间构成，创造积极空间；大型阶梯可供孩童攀爬、休憩，表面覆以木板材，给人亲切感；弧形金属屋面替代了原简易彩钢板屋顶，形成更加灵动、敞阔的内部区间，增强展厅的空间感。

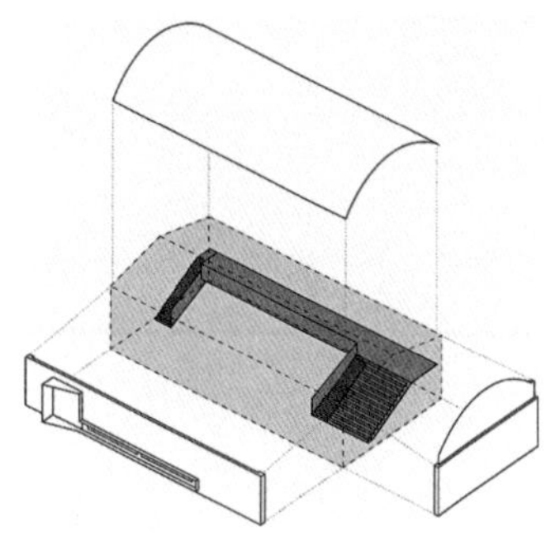

统合目标 3：丰富功能属性，统合了提升功效的策略

展厅内部西侧打造大型阶梯，在丰富展厅开敞空间的同时，实现了交通与讲演的附加功能。

10

北京首钢三高炉博物馆及全球首发中心

项目建设地点：北京市石景山区
原建筑建造时间：1959年
改造设计时间：2016年9月
改造竣工时间：2017年4月
主创建筑师：薄宏涛、殷建栋、张昊楠

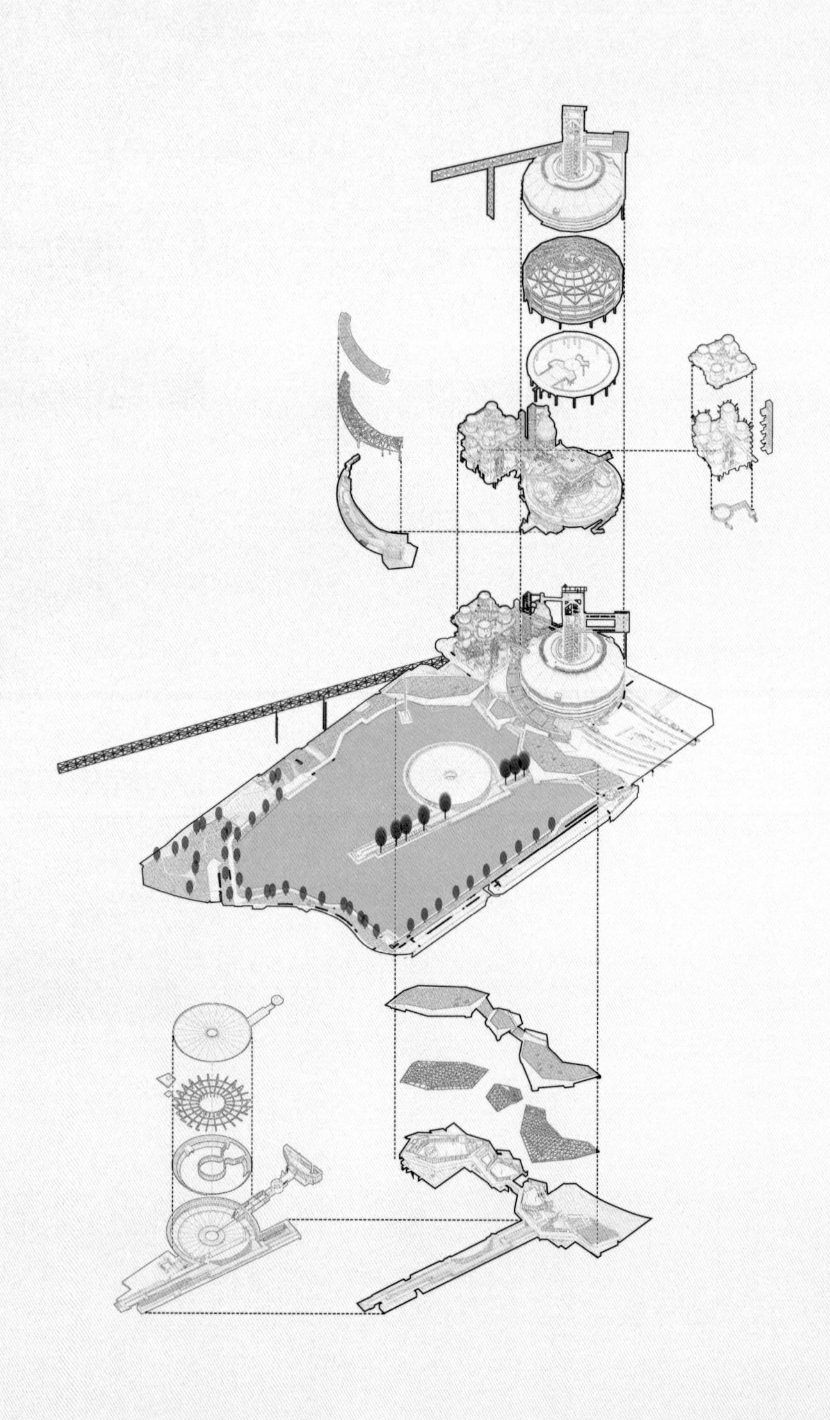

改造前

功能：工业高炉/用于存放炼铁循环用水的晾水池

建筑结构：—

建筑面积：—

建筑层数：—

建筑材料：普碳钢板

外观：

主体罩棚

垂直交通

水下展厅

总平面图：

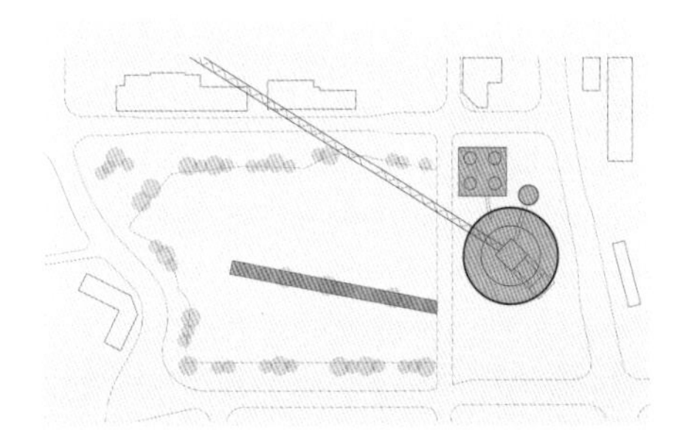

改造后

功能：博物馆/承办大型展览、秀场、文化等活动的室外展示空间

建筑结构：—

建筑面积：49800m²，其中地上11600m²，地下38200m²

建筑层数：3层

建筑材料：耐候钢板、石材、水泥漆、火山岩、金属面板、穿孔板、铝板、钢、GRC、混凝土、清水混凝土、涂料

外观：

总平面图：

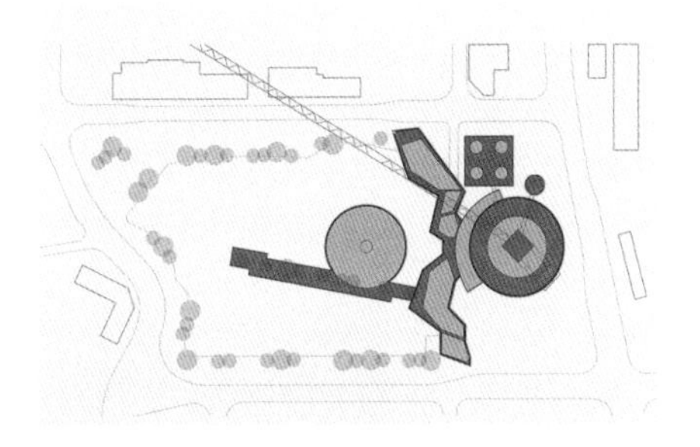

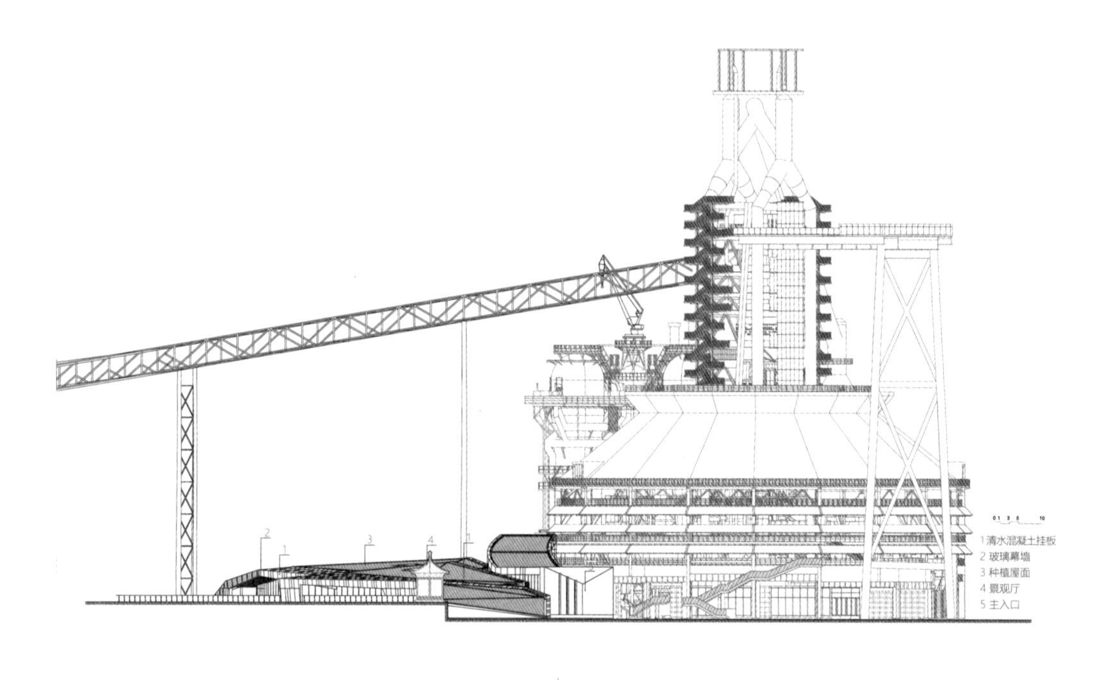

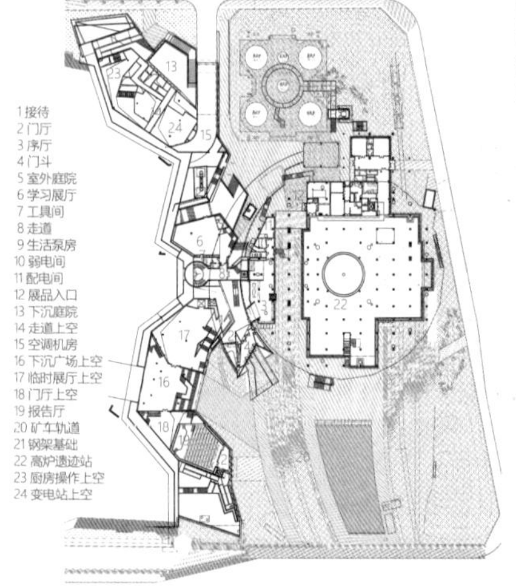

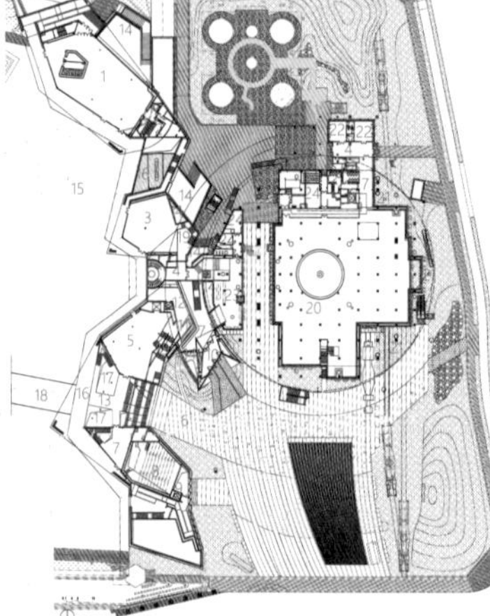

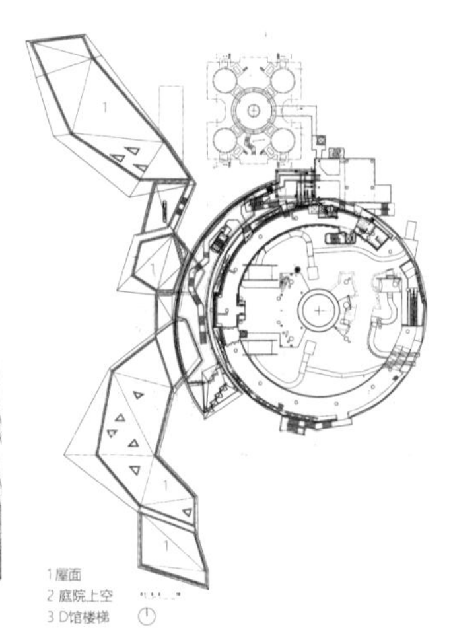

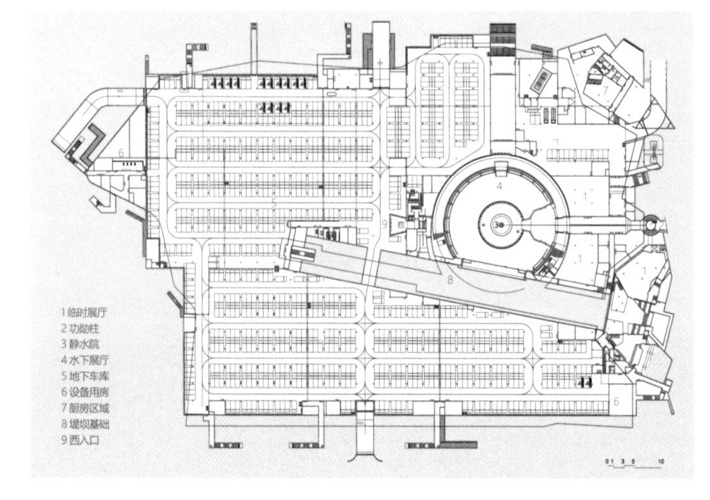

	1	
2	3	4
	5	

图 1
南立面图

图 2
1.3m标高平面图

图 3
2.8m标高平面图

图 4
9.9m标高平面图

图 5
-2.2m标高平面图

1	2
3	4

图 1
72m高的天车玻璃栈台（王栋/摄）

图 2
时光的琥珀，高炉罩棚内（筑境设计/提供）

图 3
圆形的天井位于水下展厅的中心，隔空仰望，高炉正被纳入圆形框景之内（筑境设计/提供）

图4
首钢功勋柱，对每个“首钢人”的深沉敬意（夏至/摄）

改造设计特点

1）水下泊车保护了自然肌理

三高炉西侧的秀池是高炉冷却水的储水晾水池。设计因势利导在池底植入近900辆泊位的车库并恢复原有水域空间，解决工业遗存更新过程中停车难问题的同时，也保持了自然肌理特征。

2）结构加固保留了原有风貌

采用“服务空间”与“被服务空间”的布局原则，新增竖向交通设施不破坏原有工业结构，减少加固工程量，也清晰体现新旧并置的原真性。

3）附属场馆缝合了驳岸高差

高炉与秀池间布置A、B、C三个附属馆，秀池南道路西高东低的地势使得秀池东侧驳岸呈现出“悬湖”特征，三个附属馆以丘陵式地景建筑的形态缝合了东西驳岸的高差，并创造了面湖的亲水环道。

4）垂直交通组织了观游路径

高炉本体西侧设置的D馆序厅中的“折尺长梯”是一组极具特色的空间装置，承担了衔接主门厅、水下展厅交通转换厅和接入9.7m展厅的重要功能，引导视线和人流。

5）界面涂装保护了历史信息

调制选择了具有90%透明度及10%反光率的类树脂漆作为防锈处理的罩面剂，该漆既能够阻止钢铁进一步锈蚀，又保持了原有漆面的色彩及锈蚀痕迹，较好地体现了材料的原真性和历时性。

6）在地材料延续了集体记忆

建筑室内外空间对于水渣、球团等在地性材料的系统应用——水渣作为景观垫层，球团作为滤水层——让附着集体记忆的材料重新焕发活力。

策略统合分析示例

核心策略：该项目从延续集体记忆出发，保留了最具价值的高炉本体，展示了其内部原有工艺设施，并利用垂直交通衔接各功能空间，利用红色泛光还原原厂区的工业意境。这一策略解决了工艺设施保护、组织游览动线等多项问题，统合了场地处理、建立秩序等多个策略，实现了以下统合目标。

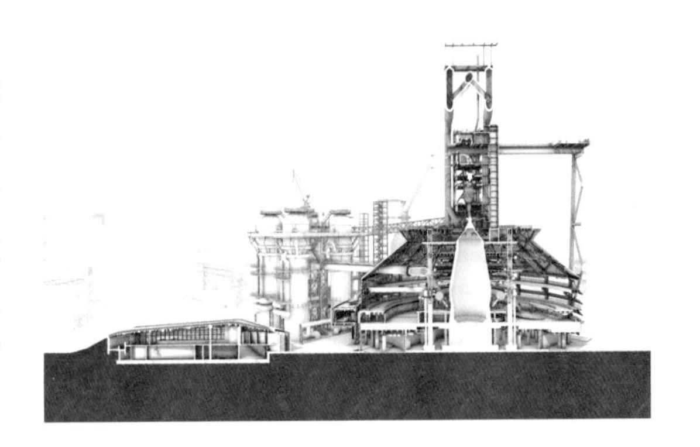

统合目标 1：保留工艺设备，统合了场地处理的策略

完整保留了高炉内部原有的炼铁、冷却、供料、水循环、除尘、运输等重要工艺设施，将这些特征鲜明且密集的设备作为博物馆的核心展品，使高炉本体内部拥有紧密的视觉联系。

统合目标 2：植入观游路线，统合了建立秩序的策略

傍附于高炉西侧的“折尺长梯”是最重要的一组空间装置，由地面交错延伸到高炉底部的空间，路径曲折，蜿蜒而上，形成强烈的时间递进感，引导了人流和观者视线从主门厅延伸至9.7m高的主展厅，建立空间秩序。

统合目标 3：利用红色泛光，统合了营造氛围的策略

红色灯光整体泛光营造，建构具有工业特征的色彩风貌。近地泛光，与自然采光及遮阳等方法综合运用。

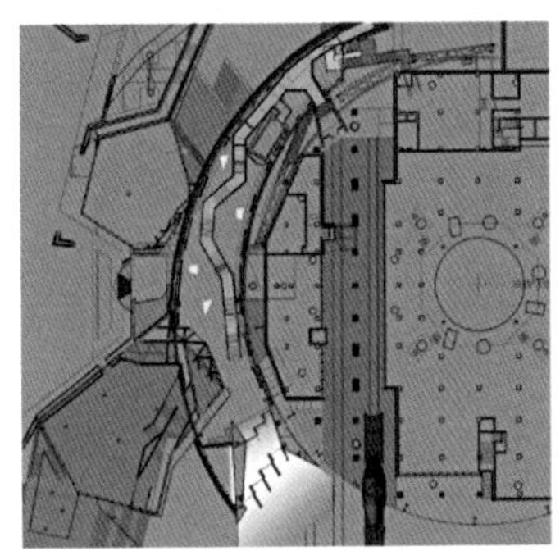

统合目标 4：加入展陈功能，统合了功效提升的策略

结合既有工业平台，在高炉本体内侧设置了常设展厅、临时展厅和特色书店，9.7m标高的出铁厂平台的半室内高炉秀场则是富有工业风的特色展示空间。

11 北京首钢六工汇购物中心

项目建设地点：北京市石景山区
原建筑建造时间：1919年
改造设计时间：2016年9月
改造竣工时间：2019年8月
主创建筑师：薄宏涛、殷建栋、张昊楠

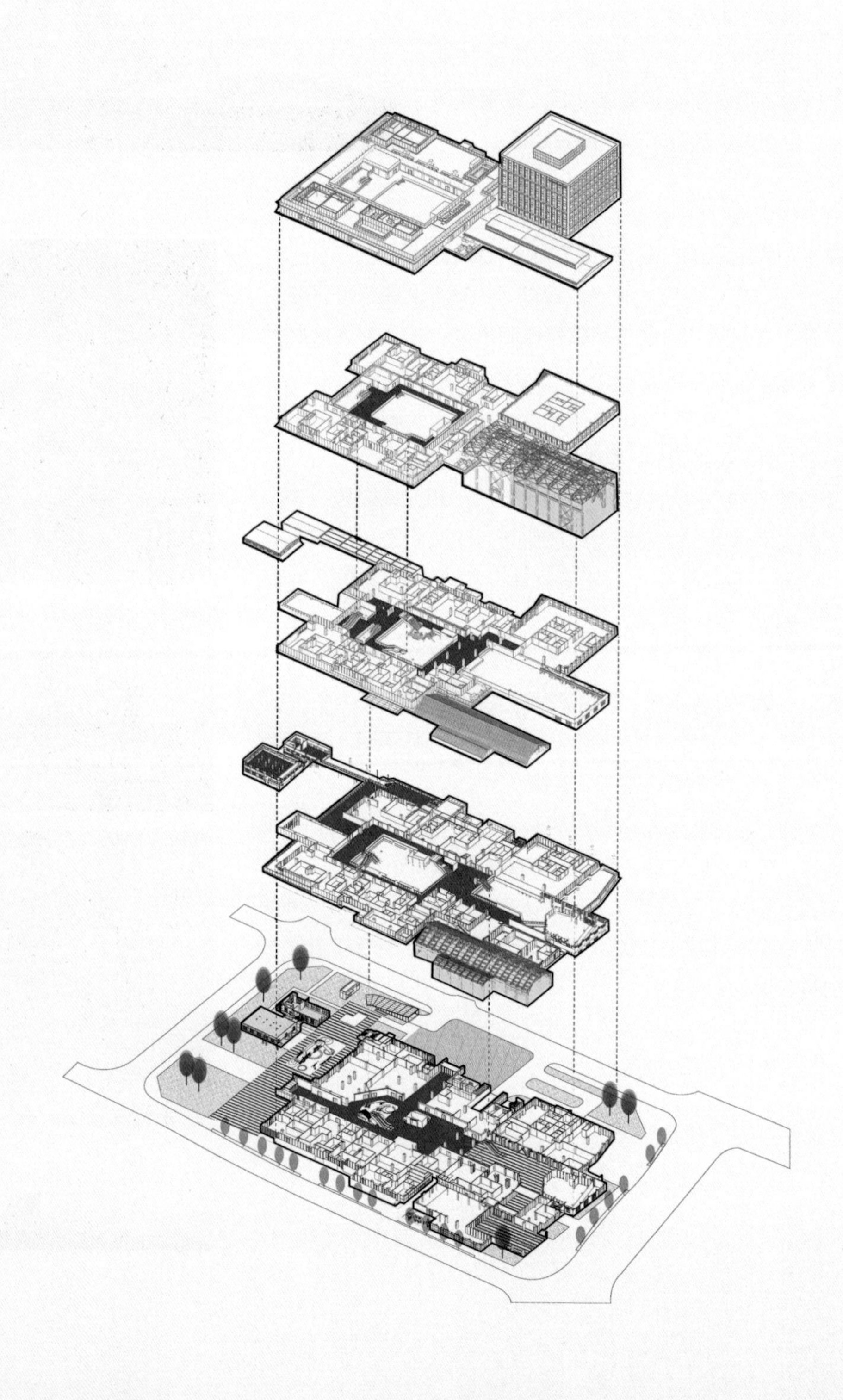

改造前

功能： 7000风机房
建筑结构： 排架结构
建筑面积： 4470m^2
建筑层数： 主体1层，局部3层
建筑材料： 砖、混凝土、钢、玻璃

功能： 第二泵站
建筑结构： 混凝土柱、木结构屋面
建筑面积： 1300m^2
建筑层数： 1层
建筑材料： 砖、混凝土、玻璃

九总降-北配电装置室
建筑结构： 框架结构
建筑面积： 1306m^2
建筑层数： 2层
建筑材料： 砖、混凝土、玻璃

九总降-总控室（中间栋）
建筑结构： 框架结构
建筑面积： 950m^2
建筑层数： 2层
建筑材料： 砖、混凝土、玻璃

总平面图：

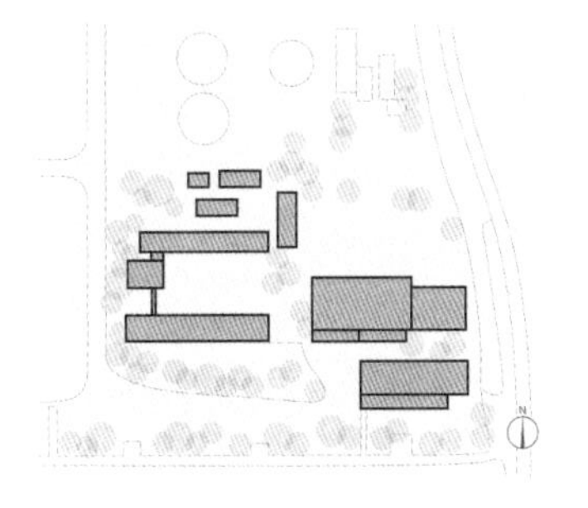

改造后

功能： 涵盖现代创意办公空间、复合式商业、多功能活动中心和绿色公共空间的新型城市综合体
建筑结构： 钢筋混凝土框架
建筑面积： 六工汇购物中心占地2.3hm^2，地上建筑面积为39000m^2，总建筑面积（含地下）为63000m^2
建筑层数： 9层
建筑材料： 混凝土、木、钢、铝板、玻璃

总平面图：

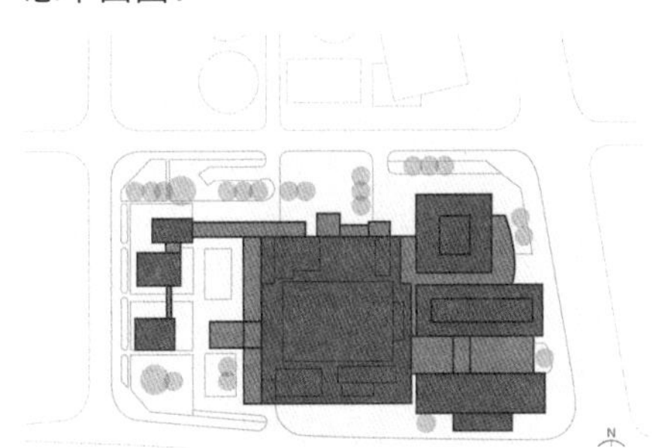

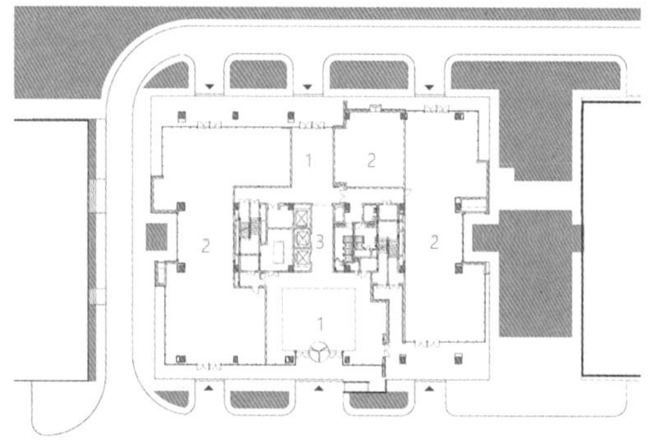

1前厅　2商业　3电梯厅

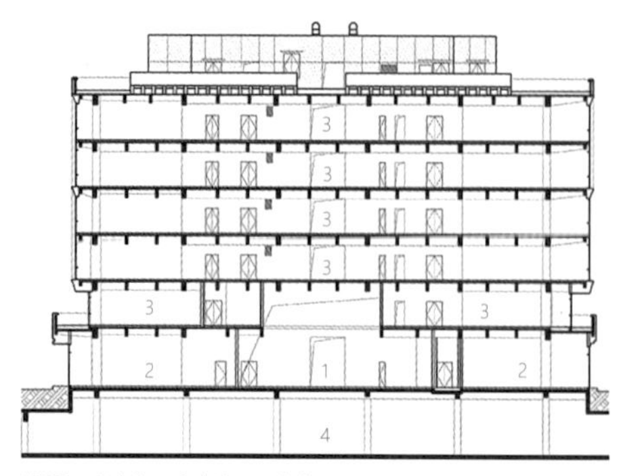

1门厅　2商业　3办公　4地库

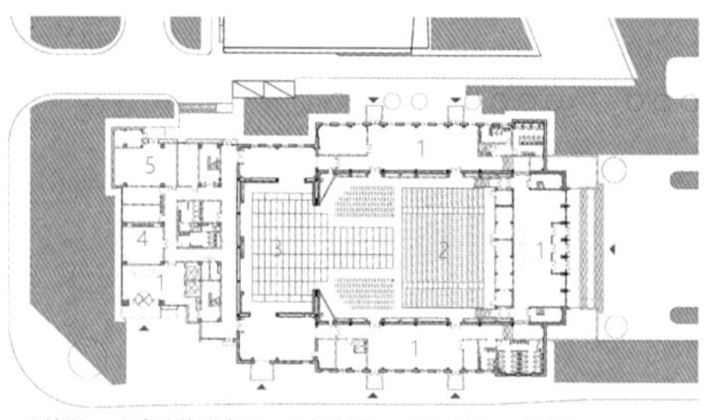

1前厅　2多功能观众厅　3舞台区　4化妆间　5机房

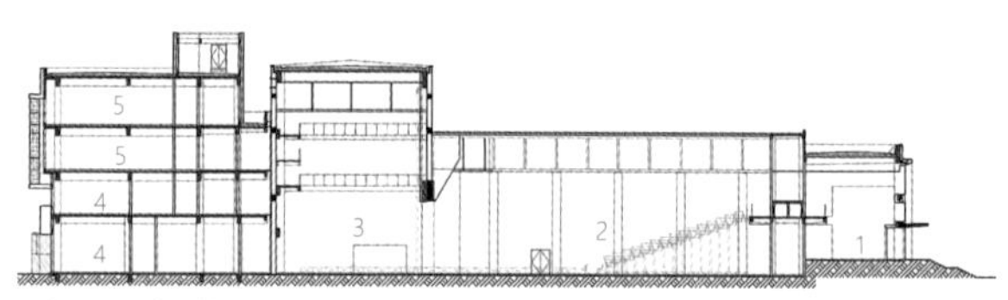

1前厅　2多功能观众厅　3舞台区　4化妆间　5排练

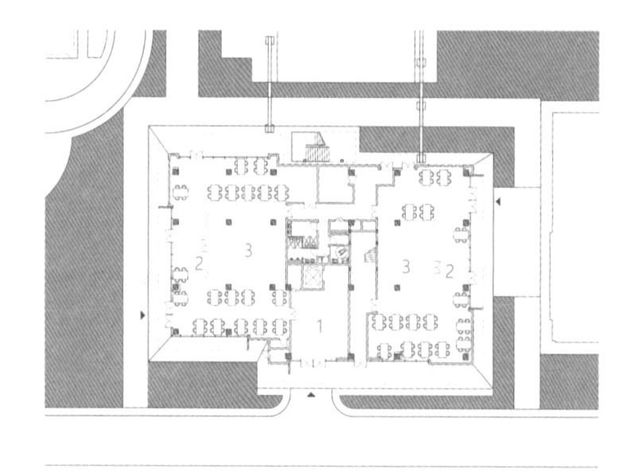

1门厅　2配套餐饮　3厨房

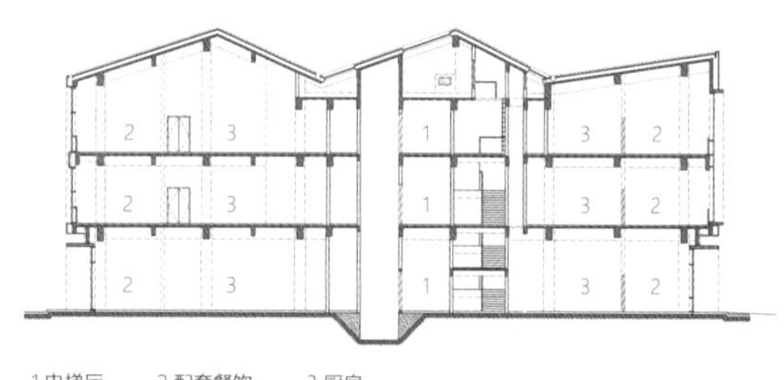

1电梯厅　2配套餐饮　3厨房

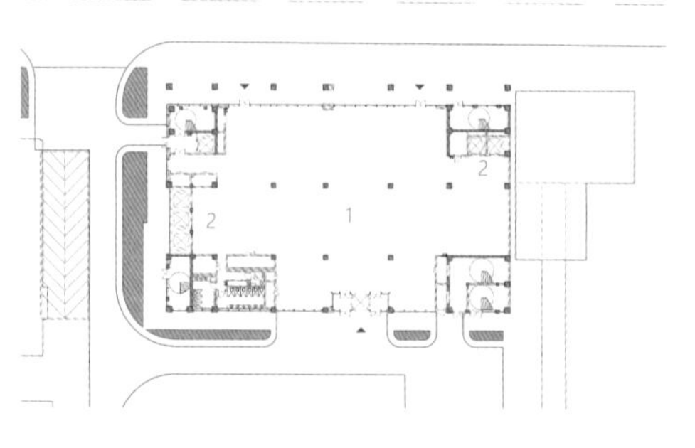

1文体体验　2电梯厅

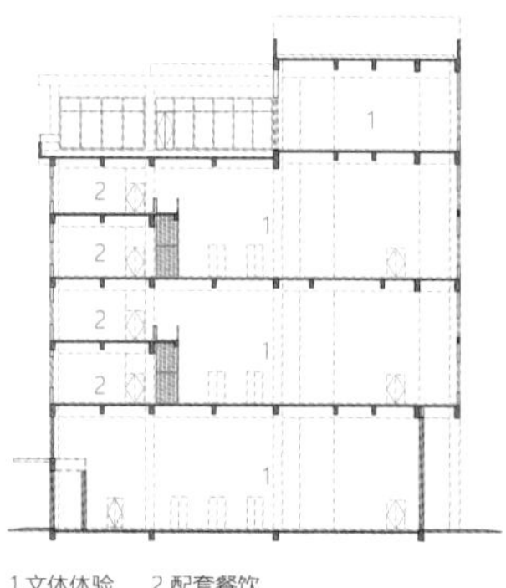

1文体体验　2配套餐饮

1
2
3
4

图1
办公楼平面及剖面图

图2
五一剧场平面及剖面图

图3
独栋商业区平面及剖面图

图4
制粉车间平面及剖面图

1	2
3	4
	5

图 1
由北向南看六工汇与冬训中心及两湖的关系

图 2
自三高炉由南向北看六工汇东侧商业轴线

图3
六工汇购物广场东立面

图4
六工汇购物中心

图5
六工汇东侧商业街轴线与三高炉的对景关系

改造设计特点

1）空间拓扑保持了历史肌理

设计考虑保留场地最原始的肌理，通过在中央植入新院落，串接两个现状院落形成由东到西、新旧交融的层进式院落空间，构建商业区东西向的主要动线，同时保留了原来中央厂区7000风机房与九总降间的南北路径。

2）结构修复塑造了空间特色

更新的技术路径尽力保留和展现了二泵站结构空间的美学特征。从加固技术上，针对现有木构件内部腐朽、蛀空等情况，采用高分子材料灌浆加固，对于严重损毁的木构件进行更换，基本能将木屋架的原有结构形式原汁原味地呈现出来。7000风机房改造保留了建于20世纪70年代最东侧的建筑部分，完整保留了建筑外墙与主体结构；内部则保留原排架结构空间及天车等装置构件，成为新商业的特色中庭。

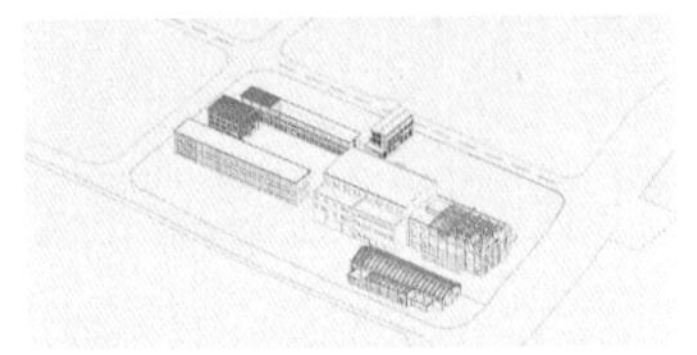

3）修旧如旧重生了历史细节

7000风机房的外窗采用原样复建的方式，运用了双层窗构造——外窗为结合钢窗原型修复的装饰性窗，而内窗则采用大块保温玻璃，最大限度地保留原厂房外窗的视觉效果。

4）构件利用延续了集体记忆

复建原7000风机房的消声器，成为新商业的电梯井。风机房外立面的风帽、钢铁大门和混凝土门套保留成为新立面组成部分。7000风机房通过粒子喷射技术清洗外墙后，真实呈现了既有涂料色彩信息，延长原墙体使用寿命。

策略统合分析示例

核心策略：该项目从保护原有空间特征出发，保留了二泵站原有木屋架，并对其进行修缮加固；同时将二泵站东侧墙体取消，以木桁架序列作为公共空间的视觉核心，并置入现代材料，打造特色入口空间。这一策略解决了保护结构形式特征、激活公共空间等多项问题，统合了结构加固、功效提升等多个策略，实现了以下统合目标。

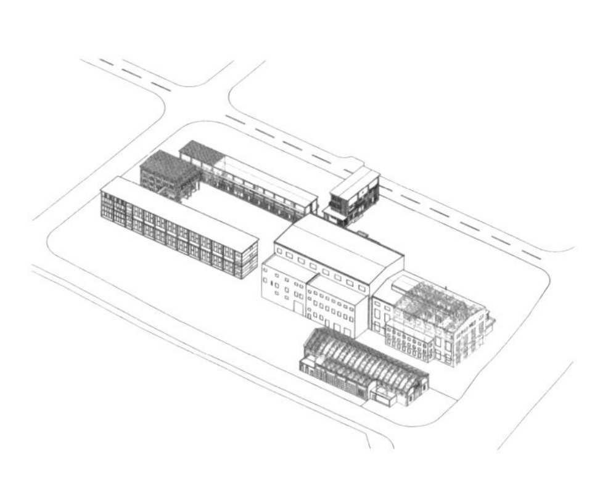

统合目标 1：保留空间特征，统合了结构加固的策略

风貌重点的二泵站木屋架以保留整体、防火涂装、局部替换、斜撑加固的方式延续了主要历史风貌；风貌次要部分——混凝土梁柱则以加大截面法加固。更新的技术路径尽力保留和展现了二泵站结构空间的美学特征，增强了建筑整体荷载承受能力。

统合目标 2：并置新旧材料，统合了传承记忆的策略

保留南北长墙及特色木屋架，局部植入金属桁架及玻璃材质，形成材料的并置互融，诱发集体记忆。

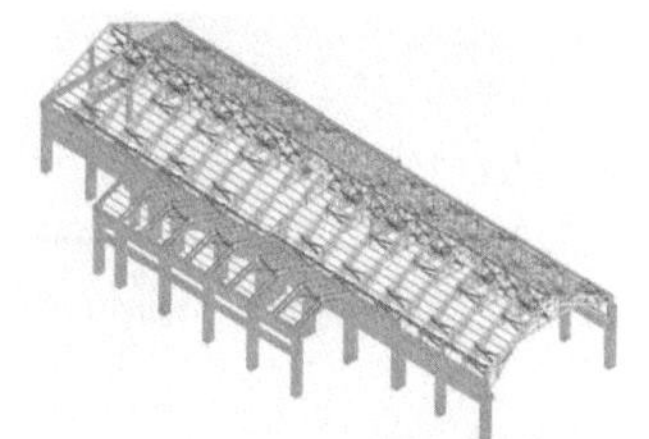

统合目标 3：激活入口空间，统合了功效提升的策略

将二泵站原东侧墙体取消，使封闭厂房成为半室外空间。让木桁架暴露出来，利用室内最具冲击力的木桁架序列吸引视线及人流，打造购物广场的主要入口，形成了节日庆典时最富有吸引力的打卡空间节点。

12

内蒙古工业大学建筑馆

项目建设地点：内蒙古自治区呼和浩特市
原建筑建造时间：1968年
改造设计时间：2008年6月
改造竣工时间：2009年5月
主创建筑师：张鹏举、范桂芳、薛剑

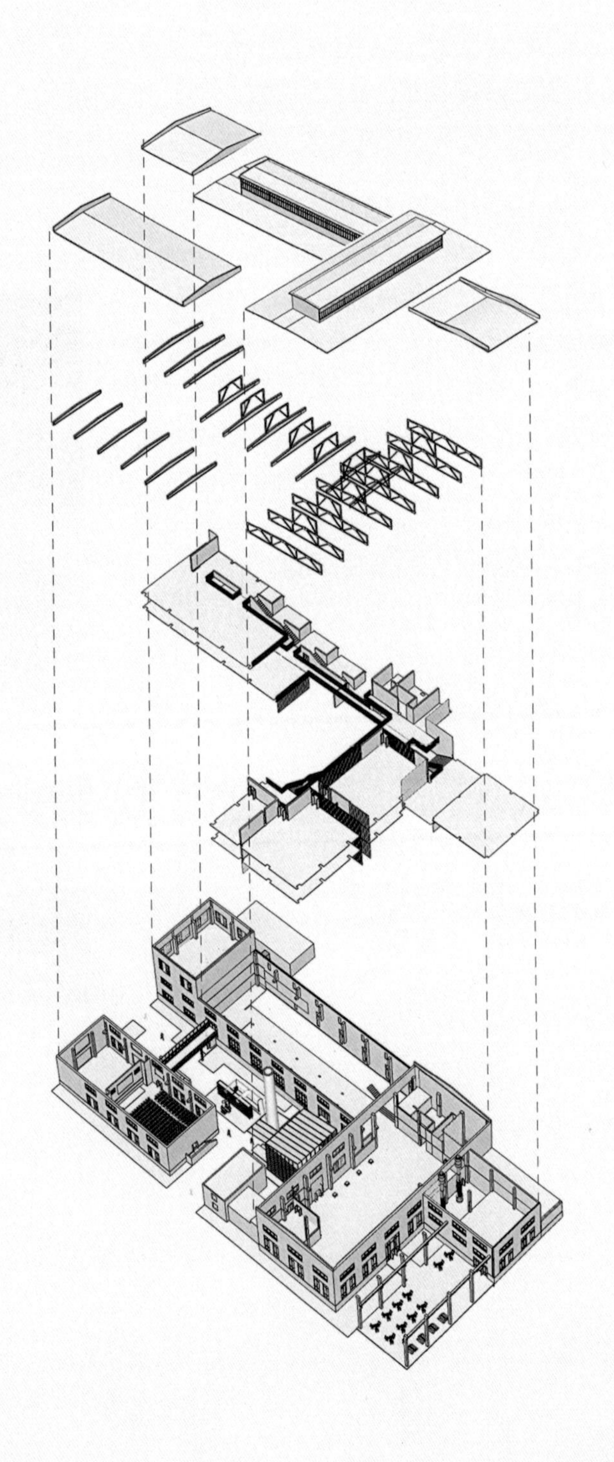

改造前

功能：校办工厂的铸造车间

建筑结构：钢筋混凝土排架结构

建筑面积：2746m^2

建筑层数：主体1层，局部2层

建筑材料：混凝土、黏土砖

外观：

室内：

总平面图：

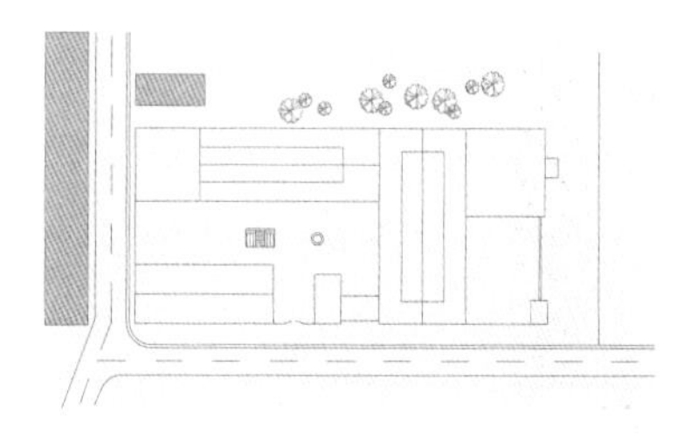

改造后

功能：建筑类专业的教学及办公场所

建筑结构：钢筋混凝土排架+钢+砖混结构

建筑面积：5947m^2

建筑层数：3层

建筑材料：混凝土、钢、黏土砖、玻璃

外观：

室内：

总平面图：

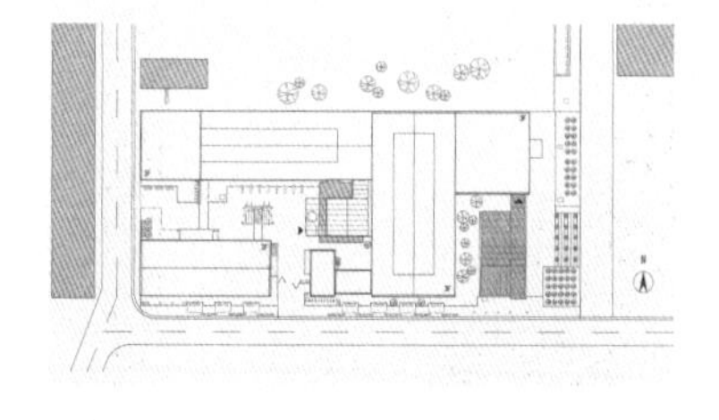

1

2 5

3 4

6 7

图 1
入口中厅向西看

图 2
门厅多功能阳光房内部

图 3
从西侧看中厅北侧的台阶

图 4
从西侧看跨越中厅的桥

图 5
中厅东侧的直梯

图 6
从东侧看跨越中厅的空间

图 7
中厅北侧的直梯

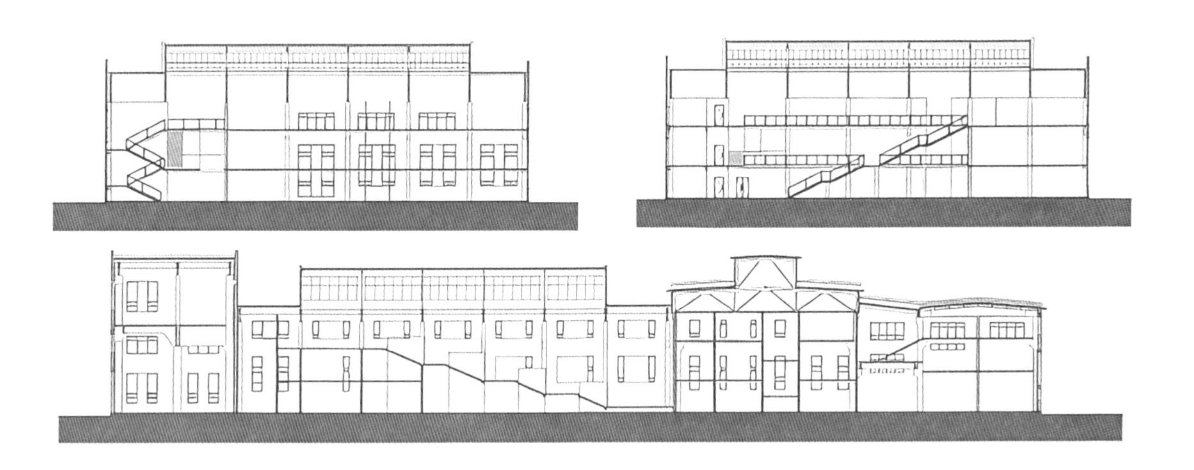

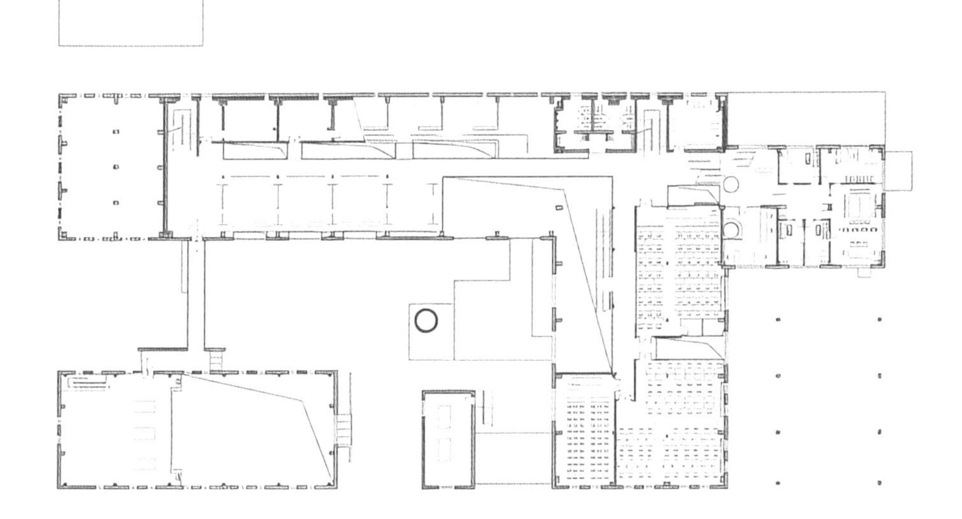

1

2

3

图 1
剖面图

图 2
二层平面图

图 3
南立面局部

改造设计特点

1）总图布局保持了原厂房格局

改造设计仅疏通了南和西两条进入场馆的人流动线，并形成一条穿行校园的路径，同时开放了西南侧的堆料场地，成为一处校园文化活动场地。

2）功能布置适配了既有空间

新功能布局充分利用了原车间的特点，如靠近天窗的部分布置为美术教室，夹层空间布置小层高的管理用房，院中的独立车间设为报告厅等。

3）交通组织营造了漫游路径

水平方向用连桥等方式串联不同功能区域，垂直方向通过不同形式的开敞楼梯创造出多层次的交流空间，形成互联、互通的交通网。

4）采光通风利用了厂房特征

利用原有天窗、烟囱、地道等设施组织室内气流，达到通风降温的目的；利用天窗进行天然采光，节约照明能耗。

5）建造材料选择了常规建材

采用钢材、黏土砖，水泥地面以及多种形式的玻璃，增添了空间的怀旧情调，传达出工业建筑特有的清晰、朴素、单纯和率真。

6）构件部件实施了废物利用

生产线上的钢柱梁用作结构加层构件，旧钢窗用作开敞空间的栏杆，旧机器被改造成校园中的艺术装置等。

策略统合分析示例

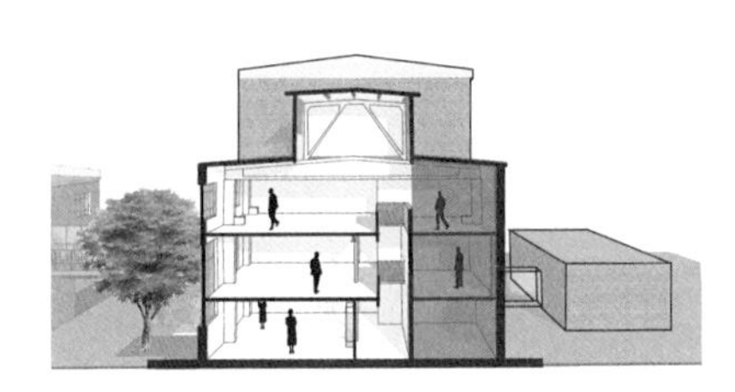

核心策略：该项目在主体空间大厅北墙布置了一系列对室内温度低要求的辅助用房，在其上设置一部贯通3层的直梯，直梯设多个扩大的休息平台。这一策略从动线组织和营造氛围的主题出发，兼顾了多个问题，统合了其他多个策略，实现了以下统合目标。

1）解放外墙保温，统合了记忆传承的策略

既有厂房质朴的形态与老旧的红砖墙面，散发着浓厚的人文气息，具有校园记忆价值。沿北墙布置辅助用房的做法，解放了外墙保温，完整保留了外部状态。内部新建的辅助用房也采用红砖，与外墙面同质，共同传承历史记忆。

2）增加侧向抗力，统合了结构加固的策略

原有厂房具有层高大、跨度大的特点，经历了较长时间的使用后，既有结构的性能尤其是抗震能力不能满足当下的规范要求。加固的积极策略是通过增设楼层增强结构的刚度和侧向抗力，沿北墙一二层新建的一系列辅助用房契合了这一策略。

3）建立领域层次，统合了场所营造的策略

连通3层的直梯在消除楼层隔阂感的同时，形成了多个顺梯渐次抬升的平台，其与展览空间相结合，淡化了楼层感，创造了上下通透的视野和开放交流的氛围。同时，这些由砖墙围合限定出的平台，又营造出一个个相对内向的积极领域，供师生驻足交流。

4）连接上下左右，统合了秩序建构的策略

从功能秩序上看，辅助用房上的直梯连通了位于不同层高的功能空间；从空间秩序上看，这部直梯将大厅空间一分为二——其下的小空间属于服务空间，其南侧的大空间则属于被服务空间，清晰界定了服务与被服务的空间属性，有助于内部秩序的建立。

5）赋空间以弹性，统合了功效提升的策略

与建构秩序相应，辅助服务性小空间的相对集中，使得被服务的大空间不需作功能固化的处理。例如，当下的展板划分仅是其后多次利用中的一次而已，在后续的使用过程中，可以根据需要灵活调节功能，达到空间的弹性利用，从而提升持久功效。

功能弹性的改造案例与策略统合

能弹性的改造案例即是改造
不确定具体功能，可满足多
功能使用或未来可能的功能
化的典型案例。一般既有工
建筑改造项目，由于拥有大
开敞空间，常常被改造为通
空间，便于同时满足不同的
能需求，表现为分区域、分
段上演不同活动的多功能空
，与确定功能改造不同的是，
类改造活动在基础物理性能
升的基础上，更注重建筑改
的主题策略的实施，即与人
体验相关的策略。本书第三
将其总结为传承记忆、建构
序、提高功效、营造场所等
面的策略。同时提升空间功
也应是这类改造项目中的主
策略，如识别既有空间、保
开放空间、建构多义空间、
活冗余空间，等等；尤其是
升空间的持久功效策略中的
留开放空间、划分主辅空间、
用通适结构、建构生长单
等。

01 锦溪祝家甸砖厂改造

02 雄安设计中心

03 陶溪川国际陶瓷文化产业园示范区实施规划设计及陶瓷工业博物馆、美术馆建筑设计

04 绿之丘 杨浦滨江原烟草公司机修仓库改造

05 民国小院改造

06 798CUBE 美术馆

07 熙南里大师工作室

08 沙井村民大厅

09 所城里社区图书馆

10 南京小西湖街区的保护与再生——花迹行旅

锦溪祝家甸砖厂改造

项目建设地点：江苏省苏州市昆山市
原建筑建造时间：20世纪80年代
改造设计时间：2014年
改造竣工时间：2016年
主创建筑师：崔愷、郭海鞍

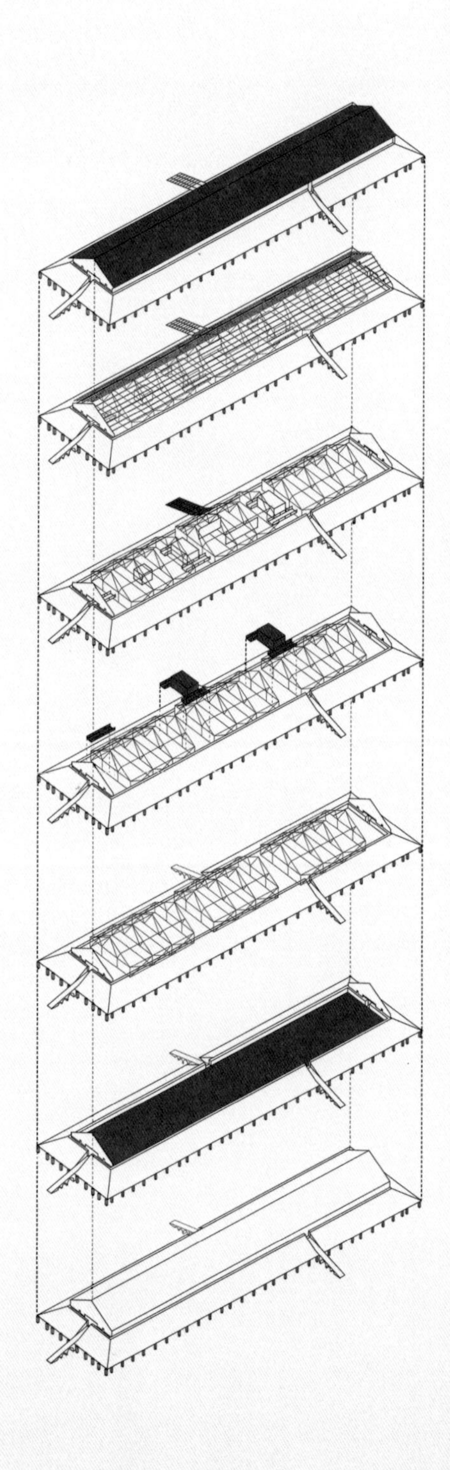

改造前

功能： 烧砖厂

建筑结构： 砖结构

建筑面积： 1650.92m²

建筑层数： 2层

建筑材料： 红砖、砖石

外观：

室内：

总平面图：

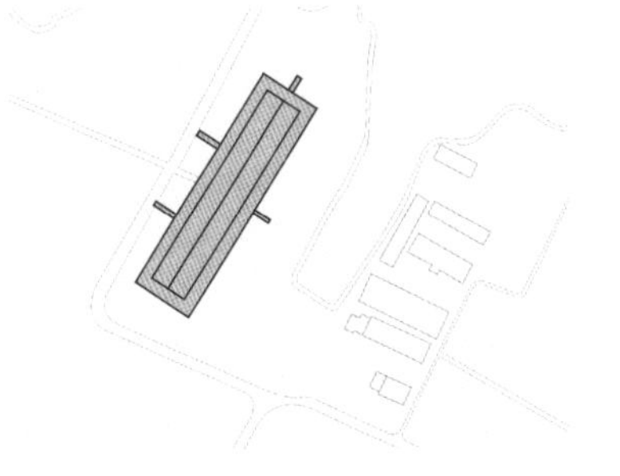

改造后

功能： 村民活动中心

建筑结构： 钢框架

建筑面积： 1650.92m²

建筑层数： 2层

建筑材料： 轻钢、水泥瓦、竹木、有机玻璃

外观：

室内：

总平面图：

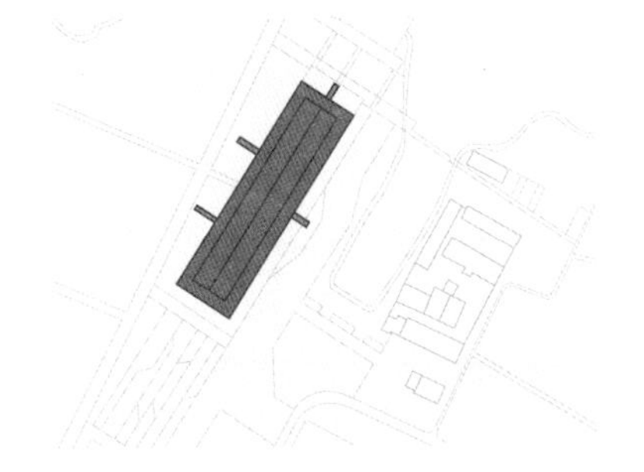

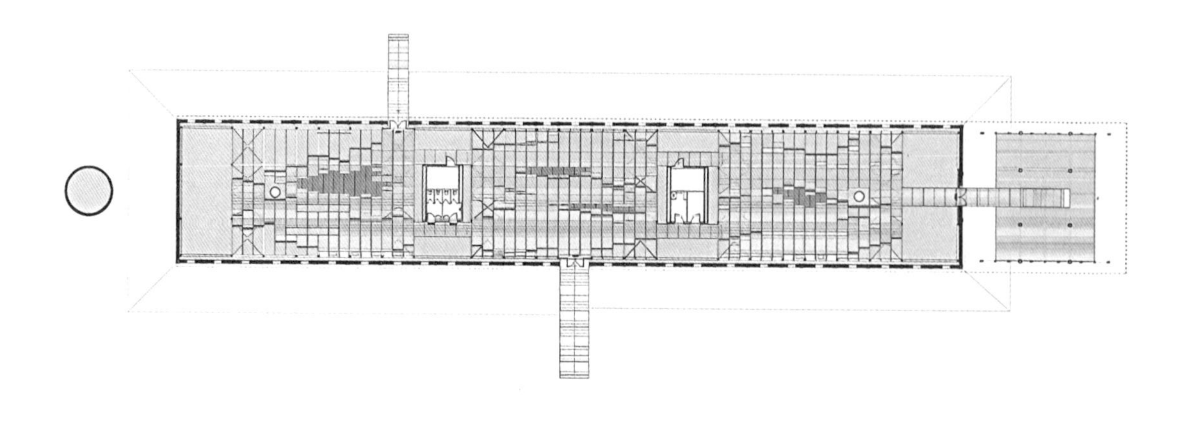

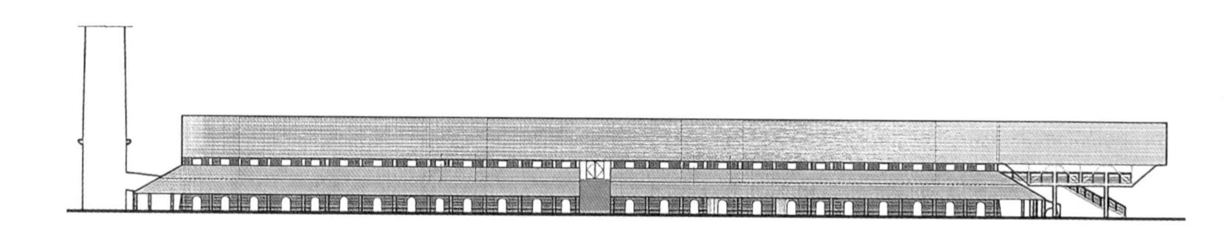

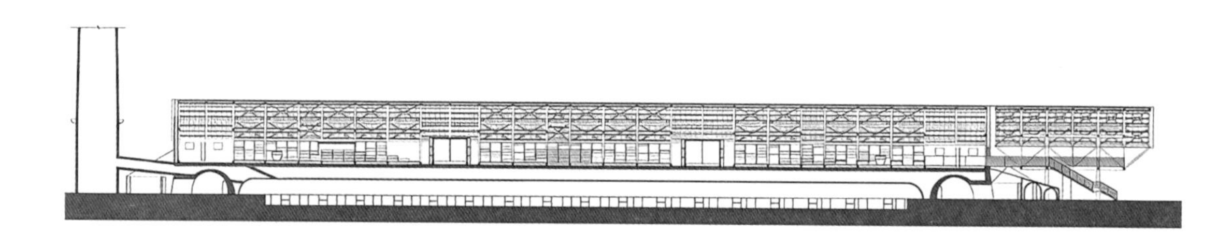

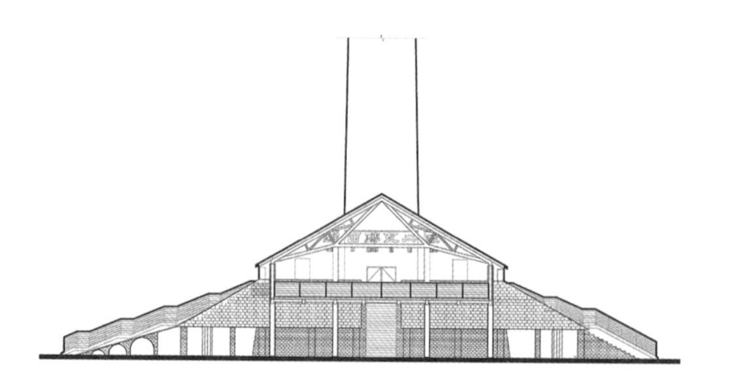

1	图 1 首层平面图
2	图 2 东立面图
3	图 3 北立面图
4	图 4 纵剖面图

1	2
3	4
5	6

图 1
有机生长

图 2
建筑概览

图 3
手工坊

图 4
室内展厅

图 5
建筑夜景

图 6
通往文化馆的
入口楼梯

改造设计特点

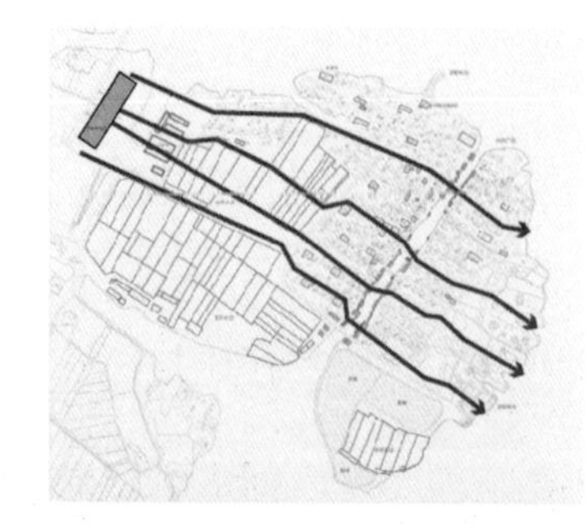

1）建筑特征保持了乡土记忆

砖窑外部，面向村口、村子的方向基本保持原来的形象，不作调整，只是在入口、楼梯等位置做一些安全方面的加固和处理，整体依旧保持原来的材料。

2）生态景观诱发了体量延伸

东北向的长白荡，风景秀美、气象万千。此朝向的设计强调延伸和生长的态势，制造了伸向水岸的平台，提供亲水宜人的休闲空间，也成为室内咖啡厅的延续和拓展。

3）建造材料表现了亲和生态

建筑内部采用生态竹木、轻钢、土瓦等材料，在光斑陆离的屋内打造出放松、自然、宁静的室内氛围。三个被置入的模块空间简单贯通，细腻自然，充满了家一般的温馨。

4）室温调节借助了砖窑腔体

利用原有底层窑体空腔，形成了地道风系统。原有窑体内冬暖夏凉的空气作为室内的温度调节系统。同时采用南北通透的方式，最大限度地降低夏季室内温度。

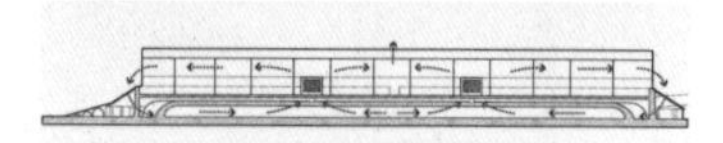

5）加建结构使用了轻型材料

使用轻钢框架体系对围护结构进行加固和支撑，维持内部环境的安全稳定。

策略统合分析示例

核心策略：建筑师基于底部砖拱具有较好的结构稳定性，直接在厂房上层植入三组轻型钢架（即“安全核”），这三组“安全核”同屋面结构一起支撑屋顶荷载。通过这一策略实现了上层结构的安全性，解决了室内高度、平面划分等多项问题，统合了结构安全、建立秩序等多个策略，实现了以下统合目标。

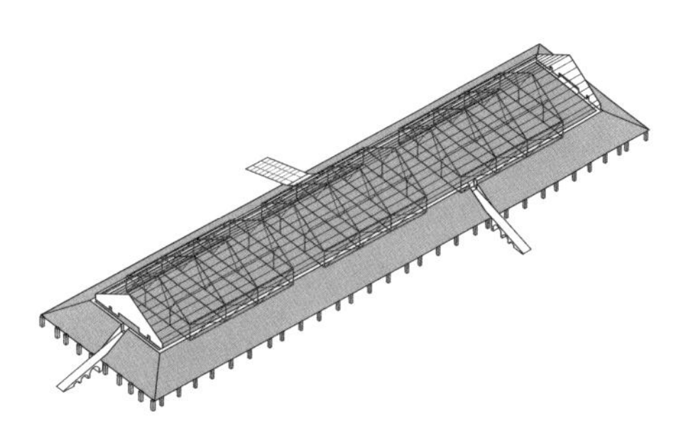

统合目标 1：提升室内净高，统合了结构安全的策略

为了尽量保持建筑的外廓高度不变，新植入的钢架做成了向上的等腰梯形断面，以增加室内净高，并同上方钢质檩条一起承载屋顶重量，提高建筑整体结构的稳定性。

统合目标 2：划分平面布局，统合了建立秩序的策略

“安全核”均匀布置，在二维平面上划分出三个主导领域。三个“安全核”统领室内空间秩序，核内布置主要业态功能，核外加入辅助用房，清晰界定主辅次第。

统合目标 3：打造空间主题，统合了提升功效的策略

三个“安全核”均匀布置，能够有效应对未来可能产生的不同沉降。在原大空间内嵌套三个新功能块，即将百米长的大空间划分成三个等大主题的空间，分别用作手工作坊、古砖文化展示和休闲活动区。

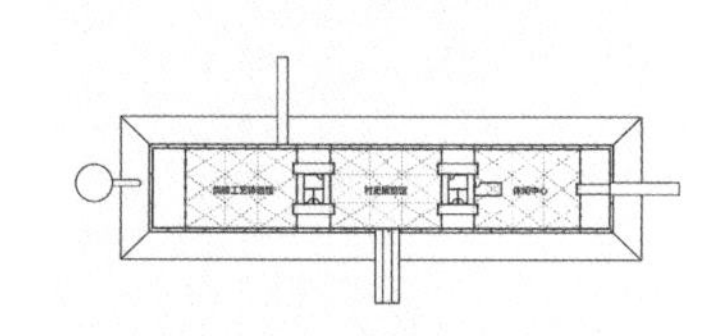

02 雄安设计中心

项目建设地点：河北省雄安新区
原建筑建造时间：2001年
改造设计时间：2018年2月
改造竣工时间：2018年9月
主创建筑师：崔愷、刘恒、徐风

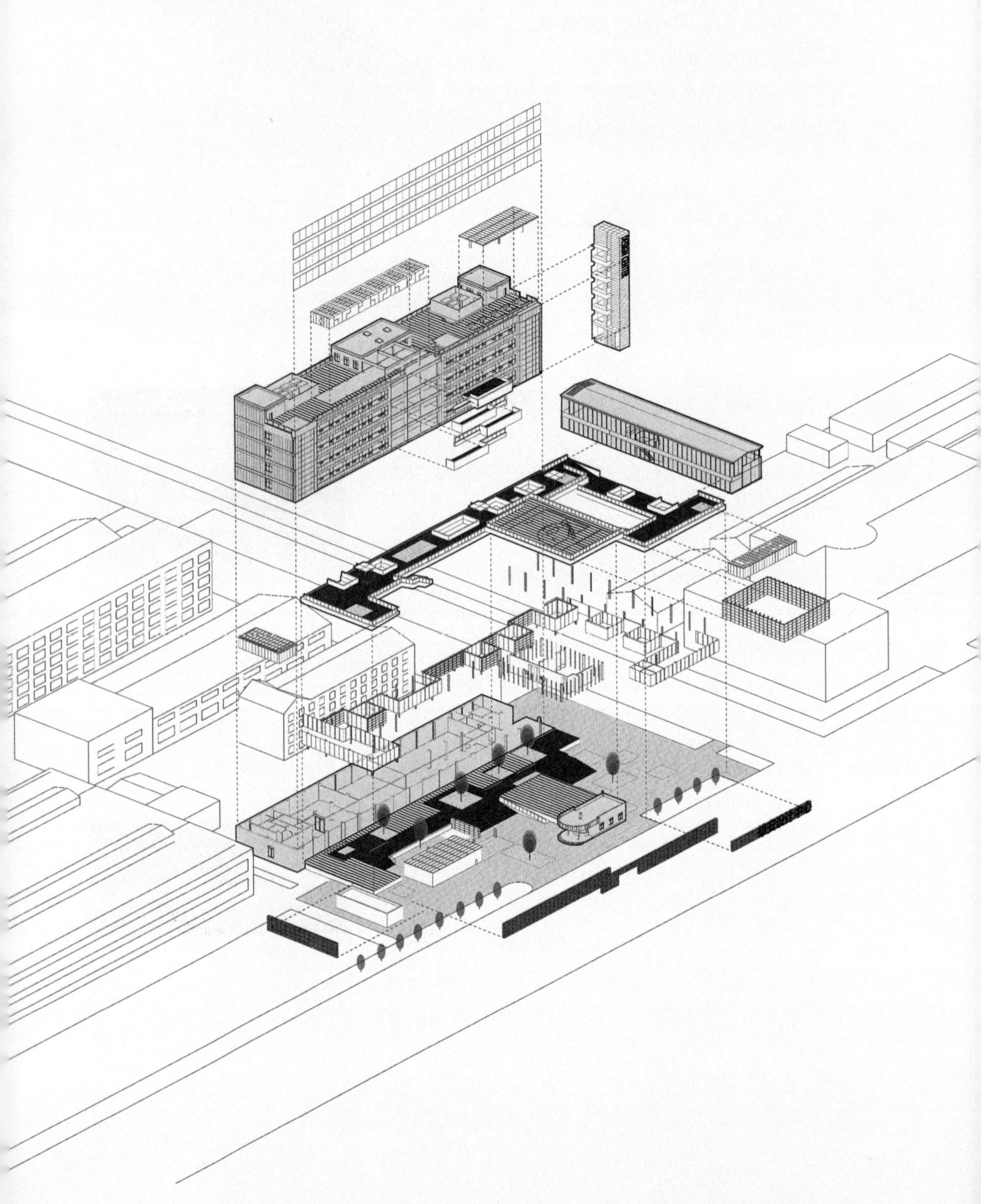

改造前

功能： 内衣生产车间
建筑结构： 钢筋混凝土框架结构
建筑面积： 9917m^2
建筑层数： 主楼5层，东配楼2层
建筑材料： 混凝土、铝塑板、黏土砖、涂料、钢

外观：

室内：

总平面图：

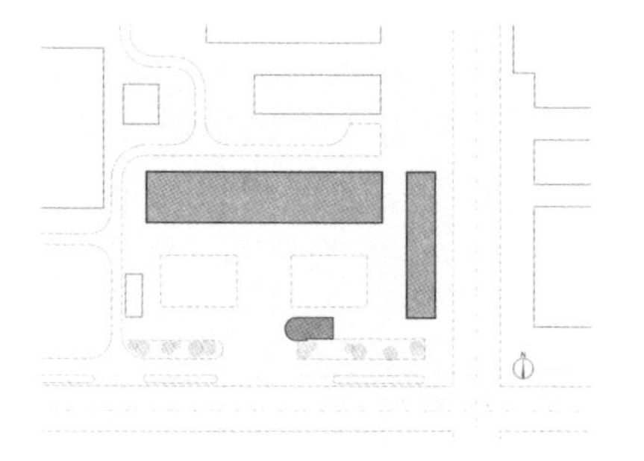

改造后

功能： 办公、会议、餐饮、图文超市
建筑结构： 钢筋混凝土框架结构+钢结构
建筑面积： 12317m^2
建筑层数： 主楼5层，东配楼2层
建筑材料： 混凝土、铝塑板、黏土砖、涂料、钢
生态木、金属网、卷材、玻璃

外观：

室内：

总平面图：

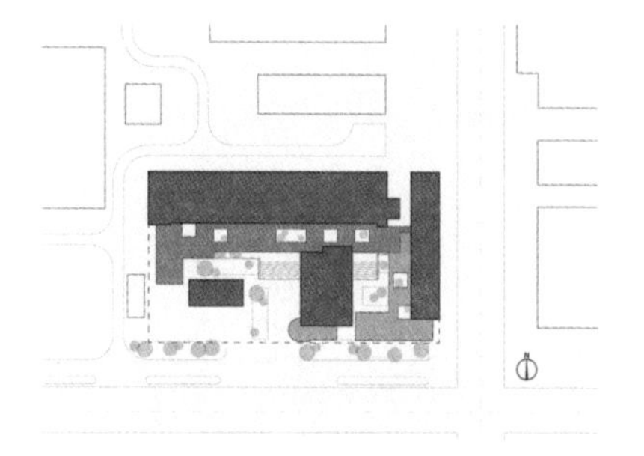

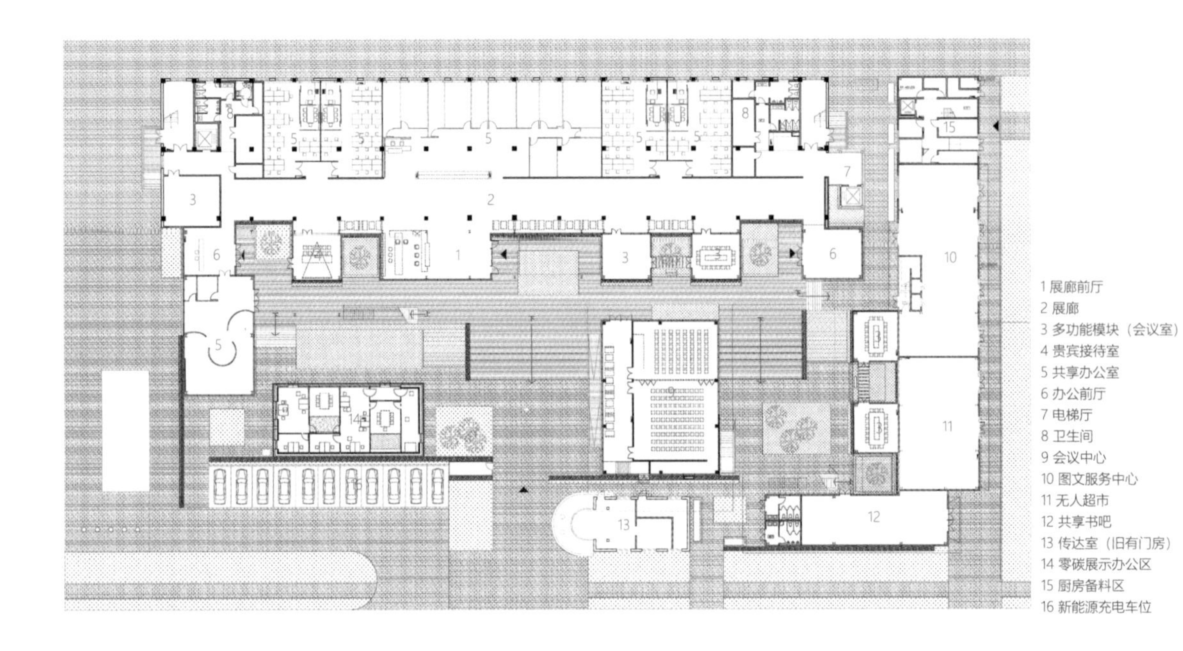

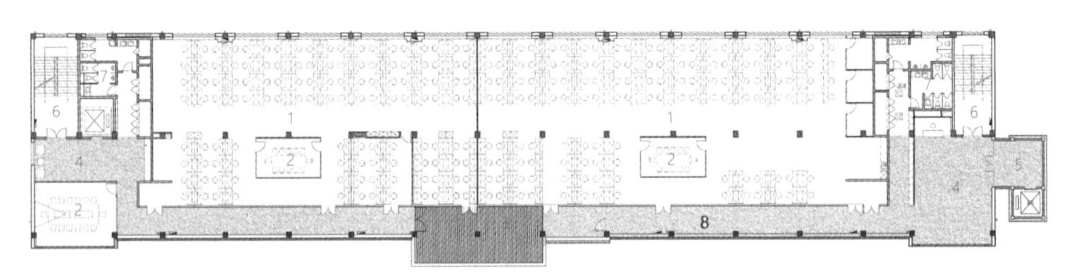

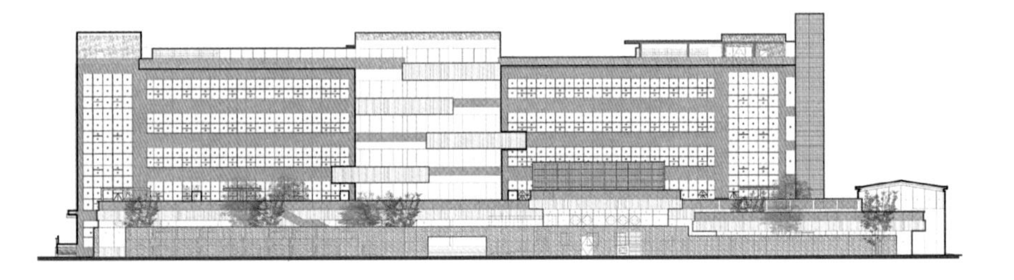

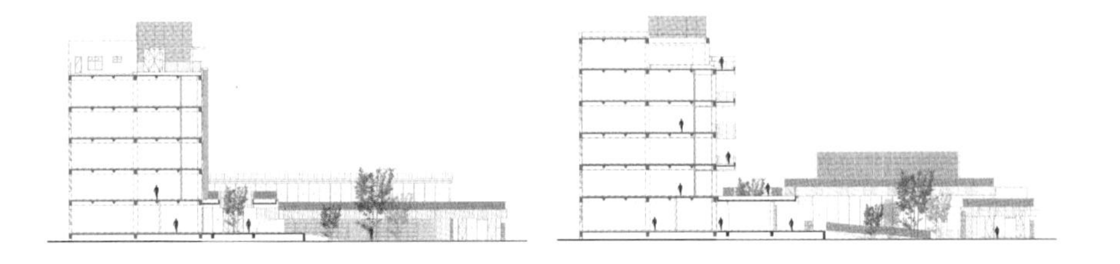

1	
2	
3	
4	5

图 1
首层平面图

图 2
标准层平面图

图 3
南立面图

图 4
2-2剖面图

图 5
1-1剖面图

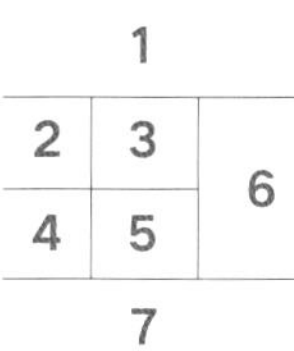

图 1
俯视园区内院

图 2
改造后俯视

图 3
主入口庭院

图 4
架空檐廊

图 5
空中平台

图 6
新旧对话

图 7
城市界面

改造设计特点

1）形态特征实现了新旧共生

项目采用“微介入”的改造策略，局部优化、逐点激活，原有主楼的主体结构100%被保留了下来，外围护保留比例也高达85%，延续了厂区原有的生产记忆，也最大程度地发挥了既有建筑的物理价值，减少大拆大改。

2）空间布局适配了功能变换

设计在原前广场区域置入了公共前厅、会议模块、零碳展示馆、餐饮水吧、图文超市等服务功能，并在外部界面设置城市书吧、超市图文等共享业态，加强办公服务的便利性以及面向城市的共享性。

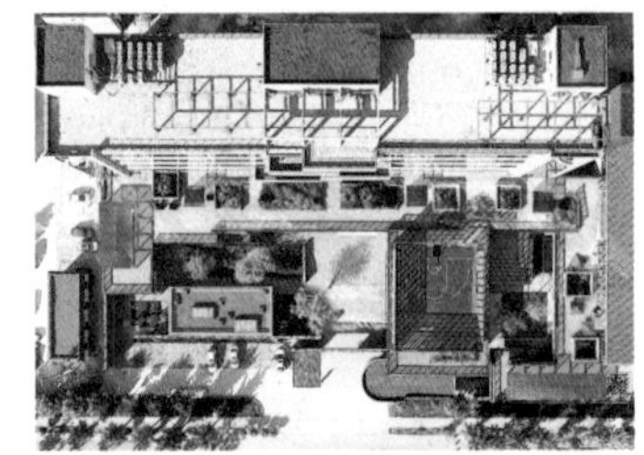

3）环境体验突出了绿色融入

设计通过一系列的景观院落与生态平台，搭配绿植墙与檐口垂藤，让原有工业化的生产场所转换成为一个绿意盎然的设计园区，引导使用者走向室外，在自然生态中分享交流。

4）能耗性能尝试了空间调蓄

设计创新地通过空间调蓄方法实现建筑的超低能耗与低碳减排。以半室外檐廊取代传统内走廊，减少了空调耗能面积，形成内外缓冲。外挑檐廊间接形成了水平遮阳，从而减少夏天热辐射，引导、加速外墙通风热交换，延长了过渡季不开空调的时间。

5）能源利用建立了自我循环

设计提出在场地内实现光、电、水、绿、气等方面能量的自平衡。光伏板吸收阳光产生的电能，将雨水收集和海绵调蓄后的净水提升，用于景观植物的浇灌，产生的氧气释放给自然，形成新的循环。

6）建造材料实现了废弃再生

设计将拆除的建筑废渣进行就地循环再利用，混凝土碎块与黏土砖被填入装配式金属笼系统，构成景观围护墙体，周边收集的废弃酒瓶与木桩也被一并填入。破损的玻璃碎渣也作为独特的混凝土骨料与铺装应用于建筑与景观的地面，使硬质铺装呈现出一份晶莹感。

策略统合分析示例

核心策略：该项目在保留原有厂房外，通过加建高度一体化整合的半室外生长檐廊，串接了一系列的公共功能模块和交错的多重院落。这一策略减少了空间耗能，引导了健康的行为路径与功能使用，塑造了建筑形态和绿意盎然的场所氛围，实现了以下统合目标。

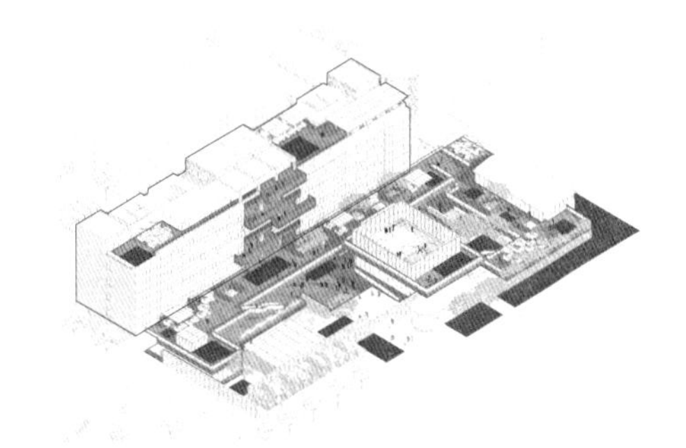

综合目标 1：重塑园区边界，统合了场地处理的策略

通过在原广场区域进行功能体量的置入与收缩，为场地南侧释放出更大的外部空间，重新定义城市界面与园区边界，把公共停车、入口缓冲等城市共享功能还给城市，也隔离出一个内敛静谧的绿色交往空间。

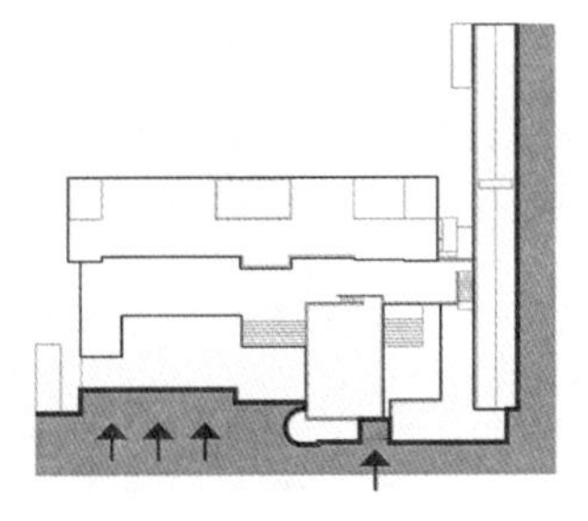

综合目标 2：形成空间节能，统合了改良性能的策略

平台、檐廊、院落等多样类型的半室外空间引导人群健康的使用行为，实现了自然通风采光，也间接改善了建筑外围护性能，同时引导人们走向自然，用健康的户外生活取代封闭的空调供应，大幅减少了建筑耗能及设备的投入。

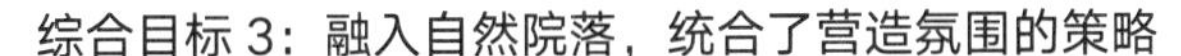

综合目标 3：融入自然院落，统合了营造氛围的策略

通过各个功能体量相互围合，在场地内形成不同主题的生态院落，包含承载仪式活动的前院、日常休憩交流的东院、科普育教的西院等，与建筑功能模块相互穿插，使得行进体验步移景异，大幅提升园区空间品质。

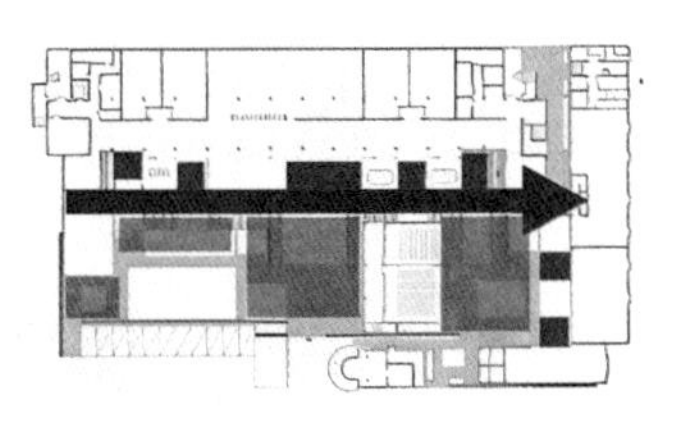

综合目标 4：链接生态平台，统合了提升功效的策略

各功能体量屋顶通过外挑檐廊相互搭接，形成复合的立体生态平台，后者串联篮球场、餐厅、咖啡厅、休息研讨室等各类公共功能。平台系统作为园区分期改造的“主路径”，将逐步生长至更大范围，串联周边建筑。

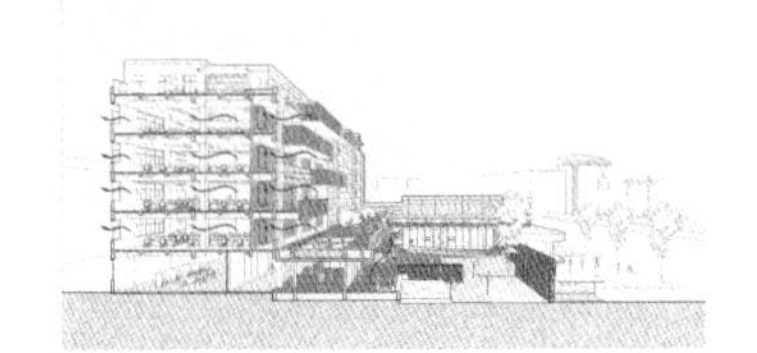

03 陶溪川国际陶瓷文化产业园示范区实施规划设计及陶瓷工业博物馆、美术馆建筑设计

项目建设地点：江西省景德镇市
原建筑建造时间：20世纪50年代（博物馆），
20世纪80年代（美术馆）
改造设计时间：2012年3月—2015年12月
改造竣工时间：2016年
主创建筑师：张杰

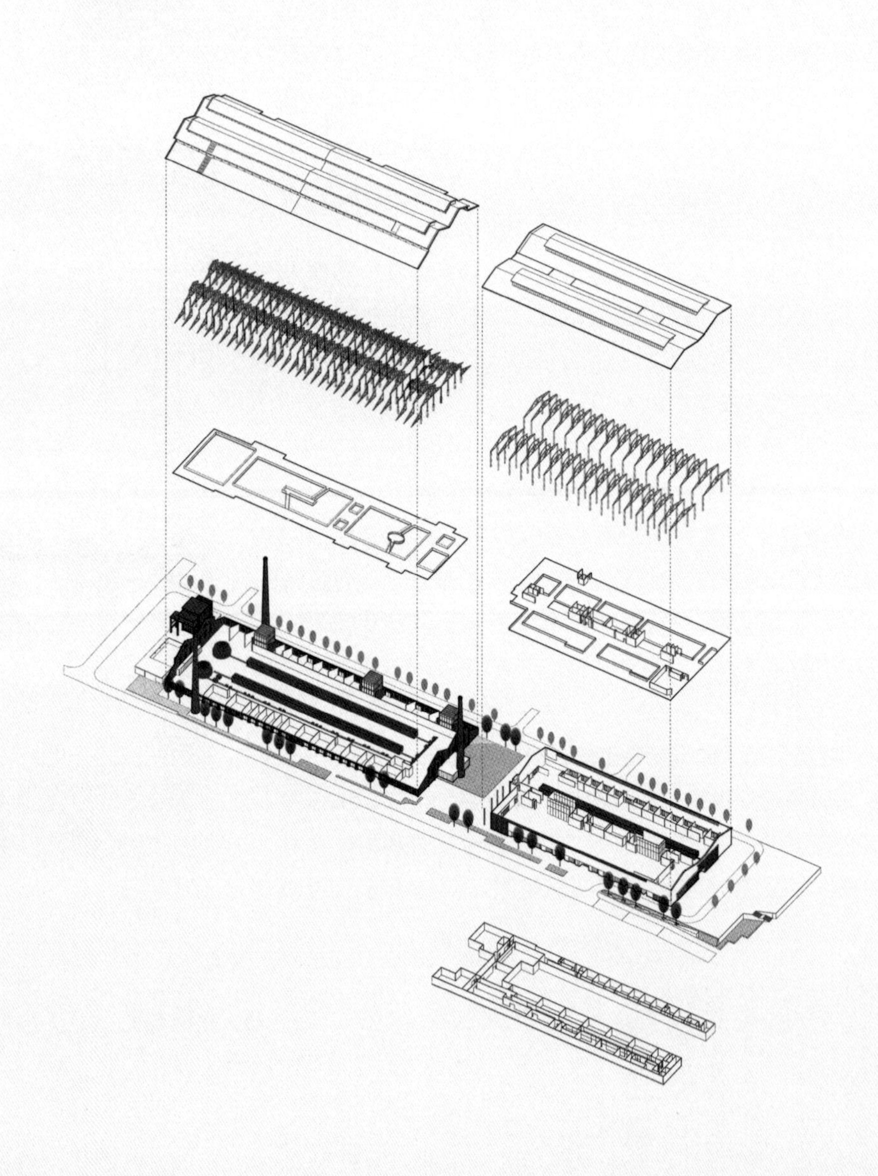

改造前

功能： 瓷厂的烧炼车间

建筑结构： 钢筋混凝土框架结构、砌体结构

建筑面积： 11460m²

建筑层数： 1层

建筑材料： 混凝土、红砖、木材

外观：

博物馆

美术馆

室内：

博物馆

美术馆

总平面图：

改造后

功能： 陶瓷工业博物馆、美术馆

建筑结构： 钢筋混凝土框架结构、砌体结构、钢结构

建筑面积： 20000m²

建筑层数： 2层（局部含地下1层）

建筑材料： 混凝土、红砖、木材、钢、玻璃

外观：

室内：

总平面图：

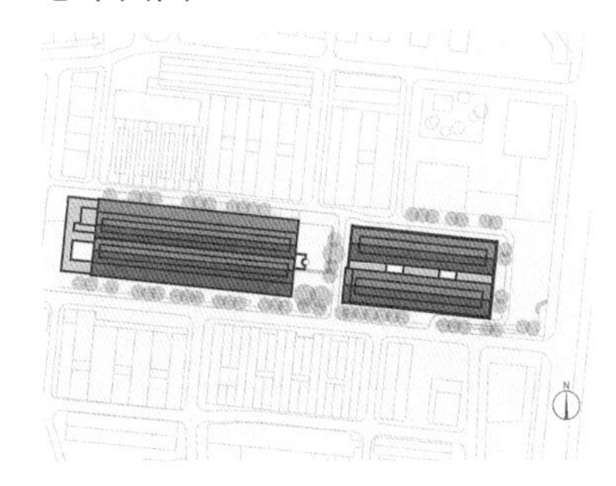

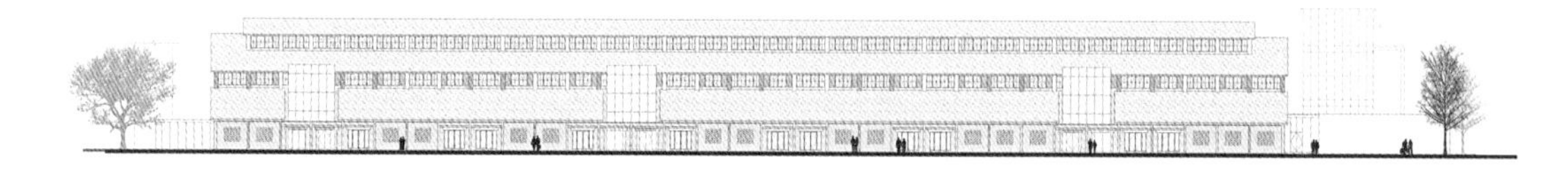

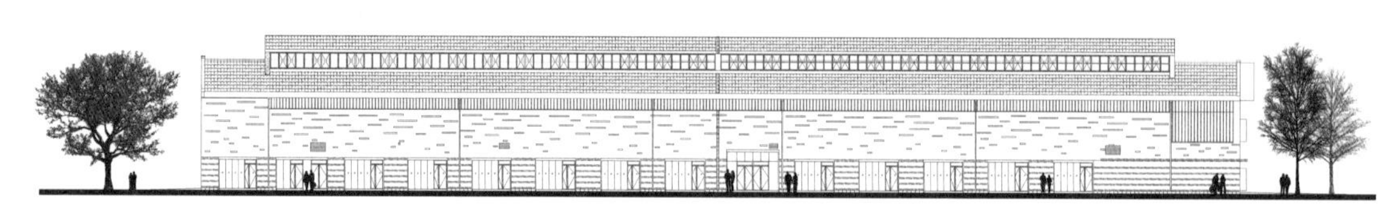

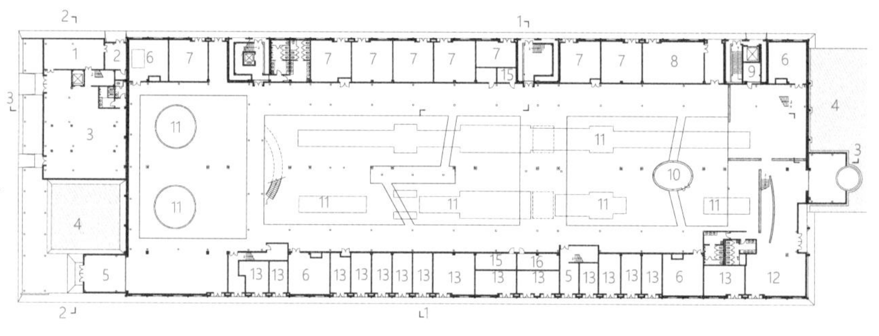

1 厨房
2 后勤院
3 西餐厅
4 水池
5 门厅
6 空调机房
7 艺术体验店铺
8 报告厅
9 储藏间
10 多媒体视听室
11 现有陶瓷窑
12 咖啡厅
13 店铺
14 展厅
15 弱电间
16 强电间

1
2
3
4

图 1
博物馆东立面图

图 2
美术馆东立面图

图 3
博物馆一层平面图

图 4
美术馆一层平面图

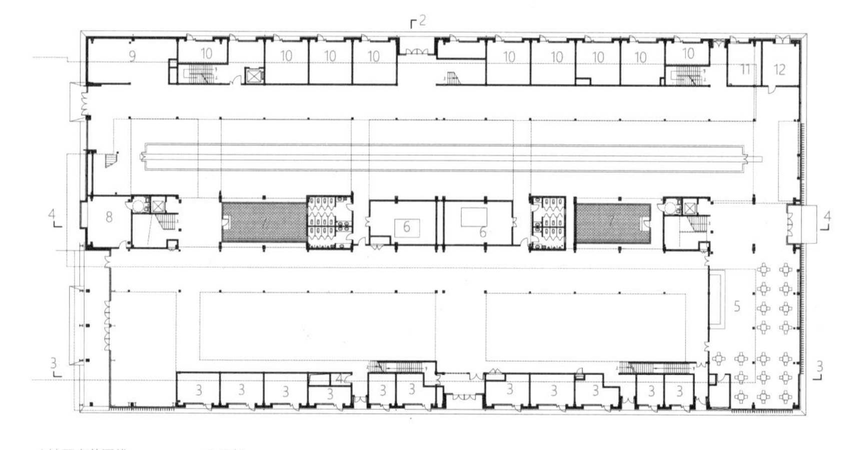

1 地下室范围线
2 主入口
3 商铺
4 新风机房
5 咖啡休息区
6 空调机房
7 天井
8 贵宾休息室
9 纪念品商店
10 艺术体验
11 弱电间
12 消防控制室

1		2
3	4	5
6	7	8
	9	

图 1
航拍图

图 2
水景广场

图 3
博物馆北立面

图 4
博物馆南立面

图 5
博物馆东侧

图 6
美术馆北立面

图 7
美术馆南立面

图 8
美术馆西侧

图 9
剖面图

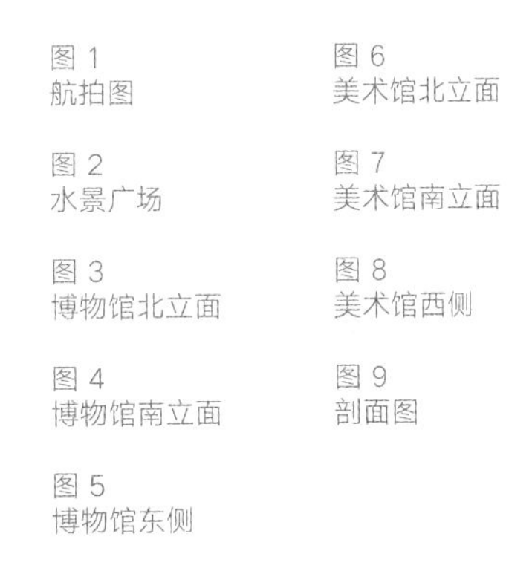

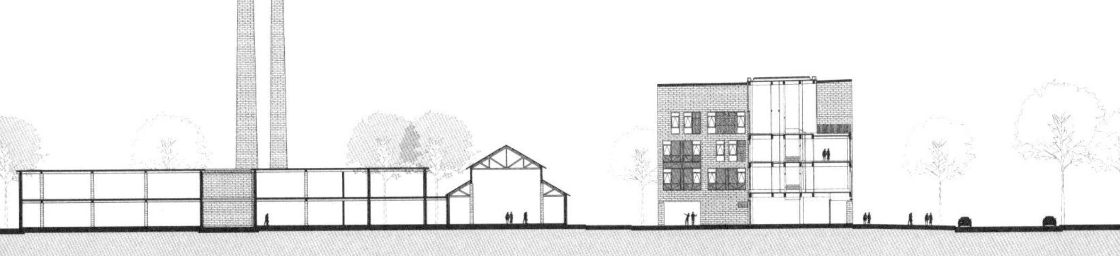

改造设计特点

1）场地处理传承了历史记忆

完整保留宇宙瓷厂和陶瓷机械厂的整体格局、工艺流程载体、标志物、绿化与工业景观视廊等，基于既有建筑的形态、肌理、尺度，控制改扩建、新建织补建筑的高度和体量，借助烟囱等原工业生产标志物重塑公共景观与开放空间，实现对场地文化记忆的保护与传承。

2）结构体系延续了原有架构

原有屋顶钢木构架因受防火规范限制而采用钢材替换，但完全保留原有的结构形式和尺度，也传承了原有结构的视觉特点。替换后增加了整体结构的强度，结构体系更加合理，抗震性能大幅提高，消防及安全问题也迎刃而解。

3）公共空间激发了园区活力

建筑两侧增加直接对外的连续商业功能空间；积极保护烟囱、大树等环境要素，增加大型水景广场，为公众提供了活动与集会的空间，使博物馆和美术馆成为园区真正的活力核心。

4）新旧并置形成了视觉反差

老旧建筑修复部分聘请原参与厂房建设的老工人采取原工艺进行修复；收集原有建筑拆除的残余墙砖及旧窑砖，在外墙砌筑和景观铺装中实现再利用，不仅有效减少了建筑垃圾，同时也因高温或岁月自然形成的旧砖的颜色变化和光泽感，实现了记忆的延续，与新植入的金属、混凝土等建材形成新旧对比。

5）运营业态引导了建筑布局

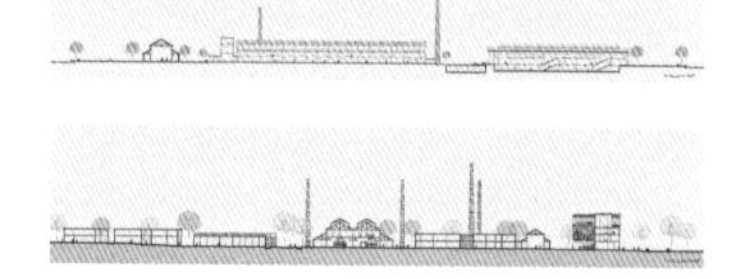

应用DIBO一体化设计流程与关键技术，指导建筑的功能业态更新并以此确定空间流线布局，显著提升了实施运营质量。

策略统合分析示例

核心策略：该项目保留了倒焰窑和窑坑的原始状态，然后在窑址上方架设展示夹层，游客可驻足此平台，与下层窑址进行直接对话。这一策略通过增设夹层将窑址变成展示核心与空间焦点，解决了遗址保护、动线组织等多项问题，统合了场地处理、传承记忆等多个策略，实现了以下统合目标。

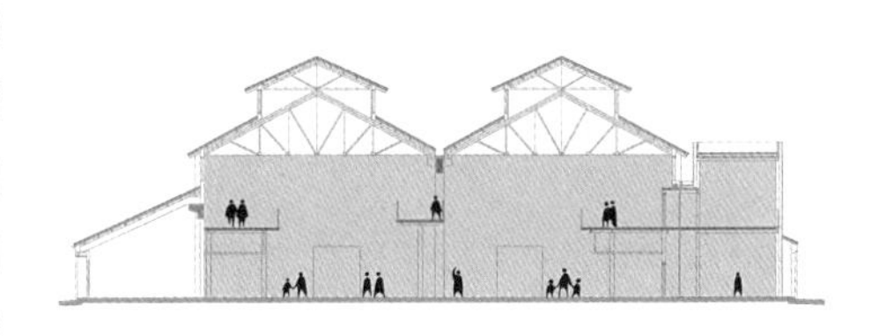

统合目标 1：展示生产工艺，统合了场地处理的策略

首层两条第二代制瓷生产线的煤烧隧道窑以及两座传统的圆窑被保留下来，这些工业遗存堪称近现代陶瓷烧炼工艺的活化石，向二层展示着陶瓷烧制的历史场景。

统合目标 2：搭建展览平台，统合了结构安全的策略

借助新植入的钢结构系统，围绕窑坑沿墙布置展示平台，建筑从原来的单一大空间转变为丰富的二层展示空间。游客在二层观览实物展品时，亦可驻足于夹层窥探窑坑道内的原始状态。

统合目标 3：组织人流动线，统合了传承记忆的策略

建筑内部围绕两个倒焰窑及两套第二代生产线的工业遗存组织展陈活动线路。博物馆展陈设计以瓷工与工厂百年沧桑为明线，以景德镇陶瓷工业化发展与回归路线及中国工业变迁史为两条暗线，展品均使用真实展品和历史展具。

统合目标 4：建立视觉对话，统合了建立秩序的策略

通过设置展示夹层，引导游客移步至二层俯瞰，居高临下观察窑址，加强视线通透感。首层窑址成为服务空间，二层展示夹层则成为被服务空间，界定空间属性，建立内部秩序。

绿之丘 杨浦滨江原烟草公司机修仓库改造

项目建设地点：上海市杨浦区
原建筑建造时间：1995年
改造设计时间：2016年
改造竣工时间：2019年
主创建筑师：章明、张姿、秦曙

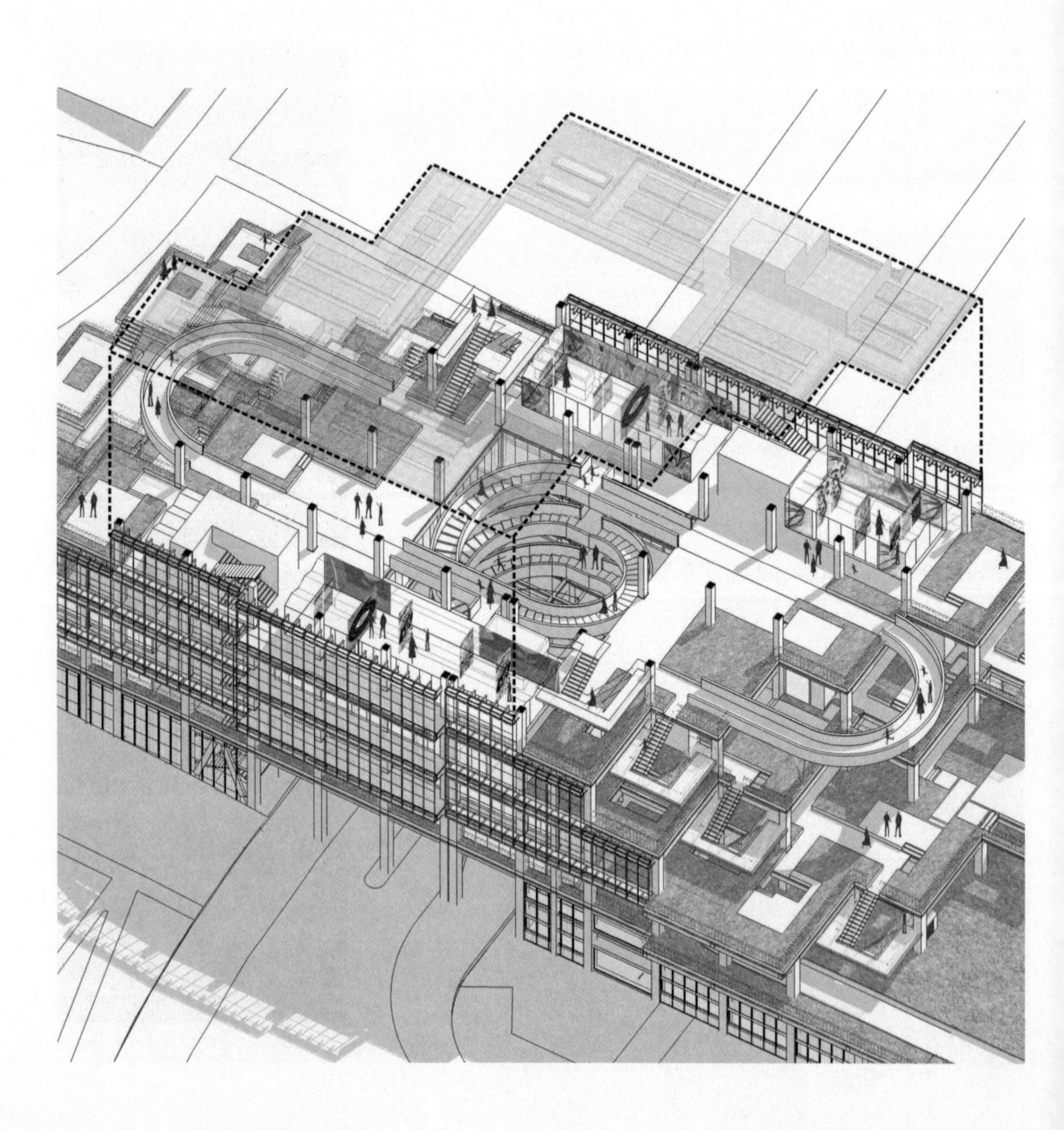

改造前

功能： 烟草公司机修仓库

建筑结构： 钢筋混凝土框架结构

建筑面积： 24112m^2

建筑层数： 6层

建筑材料： 钢筋混凝土

外观：

室内：

总平面图：

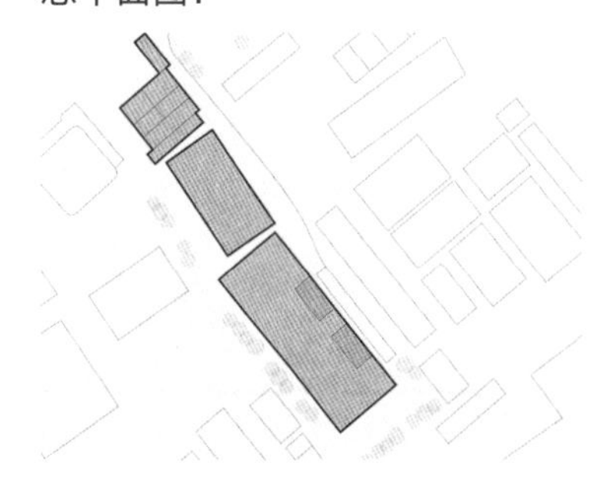

改造后

功能： 展示、公共服务

建筑结构： 钢筋混凝土框架结构

建筑面积： 17000m^2

建筑层数： 6层

建筑材料： 钢筋混凝土、钢

外观：

室内：

总平面图：

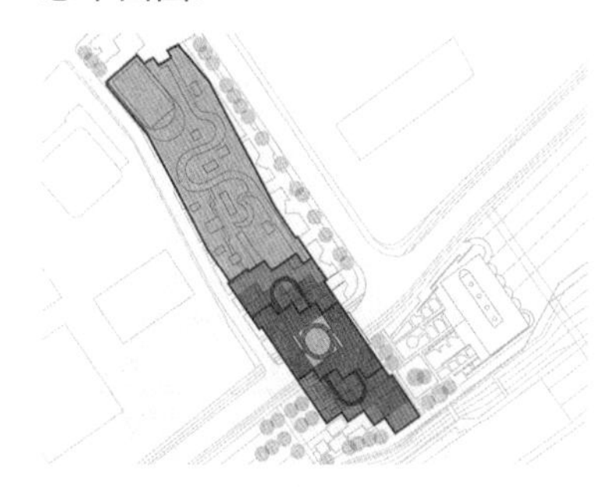

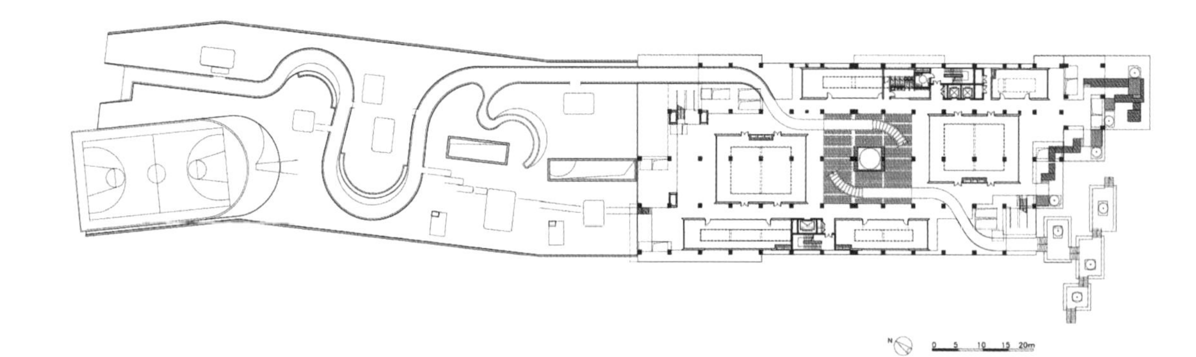

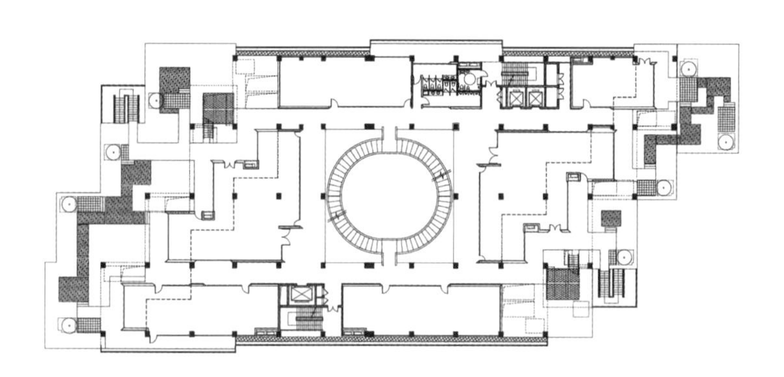

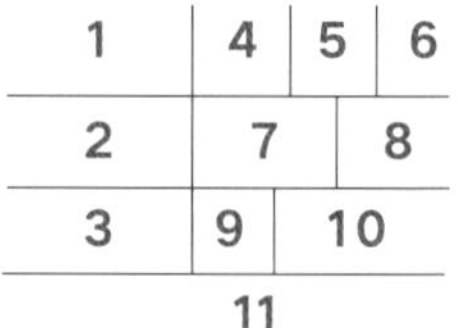

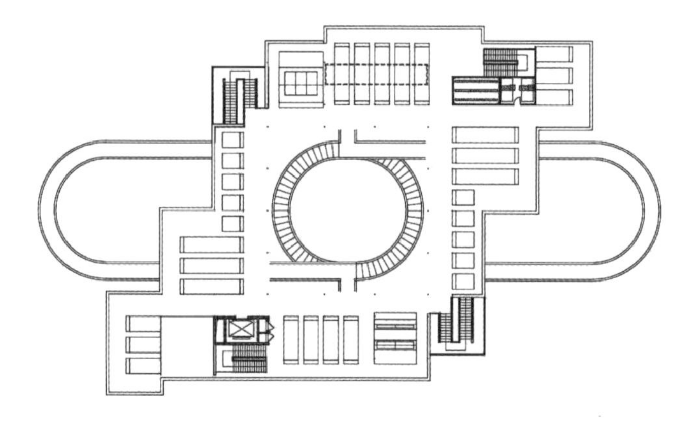

图 1
二层平面图

图 2
三层平面图

图 3
顶层平面图

图 4
三层廊道空间

图 5
环形游廊悬挑处

图 6
东北角鸟瞰

图 7
沿江绿之丘鸟瞰

图 8
五层钢结构环形游廊

图 9
垂直绿化索网体

图 10
“漫游”之丘

图 11
剖面图

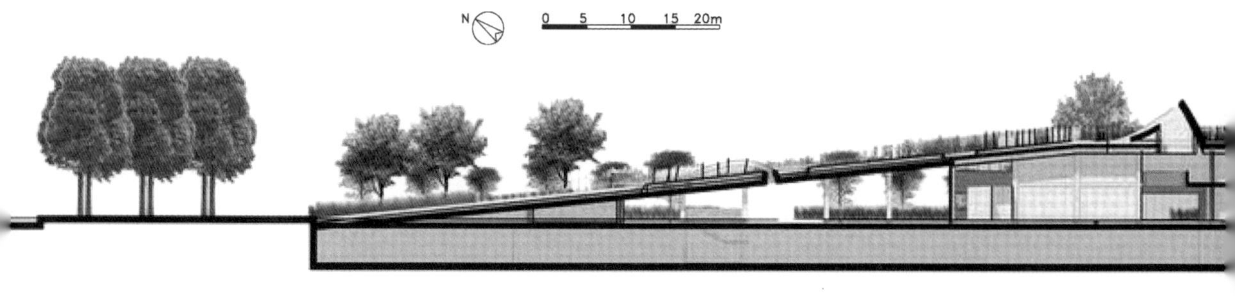

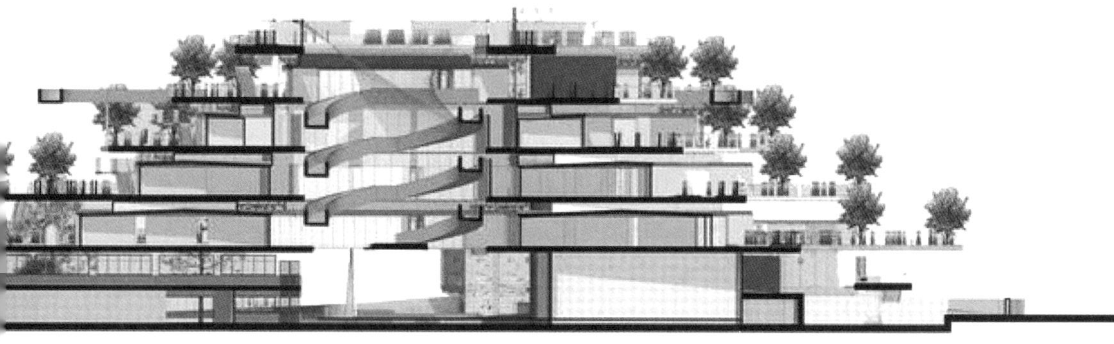

改造设计特点

1）底层架空解决了场地冲突

借助原结构框架大跨度特点，将烟草仓库中间三跨的上下两层打通，取消所有分隔墙，以满足市政道路的净高和净宽建设要求。

2）建筑形体进行了切角处理

为了削弱现状中的6层板楼体量对城市和滨江空间的压迫感，分别将朝向江岸和城市一侧的建筑进行切角处理，从顶层开始以退台的方式在两个方向上降低压迫感，同时形成一种层层靠近江面和城市腹地的姿态。

3）退台延伸引导了漫游行为

利用现状中烟草仓库北侧规划绿地延伸城市一侧的退台，形成缓坡，接入城市，在坡上覆土种植，建设公园，在坡下布置停车和其他基础服务设施，让人能够在不知不觉间从城市漫步到江岸。

4）建筑留存体现了时间痕迹

通过线切割技术将梁板精准切割。原有围护墙体全部拆除，柱面与顶面保留了粉刷面被剥离后的粗糙痕迹，不再做进一步的粉刷和装饰，仅做混凝土表面保护与固化处理。

5）场所氛围借助了立体绿化

从顶视图来看，建筑消融于周边的公园绿地中，从杨树浦路蜿蜒而上的草坡，到建筑切削出的台地式平台，以及屋顶花园都遍布绿植，建筑的外立面也裹覆着垂直绿化。

策略统合分析示例

核心策略：建筑师将建筑的第六层整体拆除，面向东南方向和西北方向做斜向切削，形成台地式景观平台。层层退台削弱了建筑对滨水空间的影响，并引导了城市空间向滨水延伸的态势。这一策略利用框架结构特征对既有建筑进行局部拆减，解决了消解建筑尺度、设置弹性空间等多项问题，统合了建立秩序、提升功效等多个策略，实现了以下统合目标。

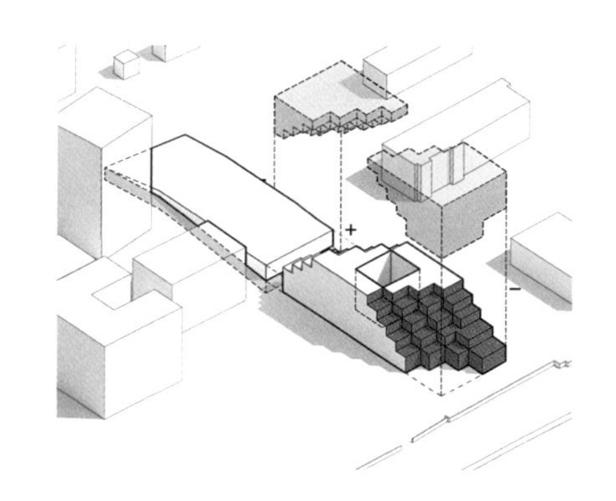

统合目标 1：优化采光通风，统合了空间性能的策略

切割出景观退台的同时不加设围护墙体，引导光线和自然通风进入建筑内部。对比原板楼的封闭状态，改造后建筑的采光通风条件得到显著提升。

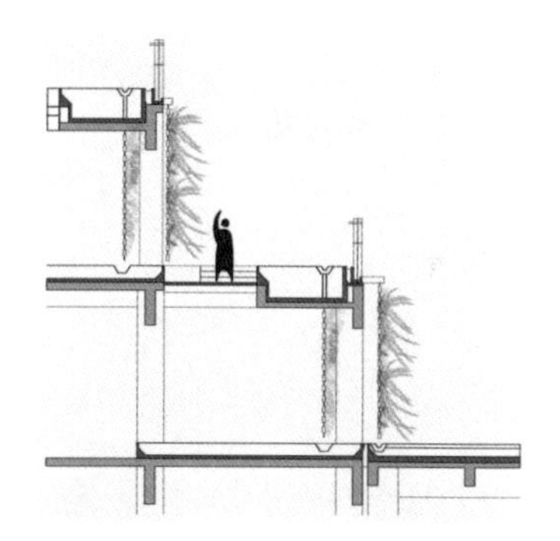

统合目标 2：消解建筑体量，统合了建立秩序的策略

从人们由城市往滨水空间移动的方向来看，过于方正、封闭的体量缺乏对人流通向江岸的引导性以及对滨水空间的暗示性。为重构空间秩序，将建筑形体在面向城市的东北方向进行斜向梯级状削切，从而更好地引导城市行为向水岸延伸。

统合目标 3：建立共享空间，统合了营造氛围的策略

开放共享、层层跌落的室外平台消除了层间隔阂，引导游客临眺江景、交流休憩。强化滨江景观视线的通透性，形成促进身体移动的健康系统，借助多层次景观绿化，营造亲人感、漫游感的场所氛围。

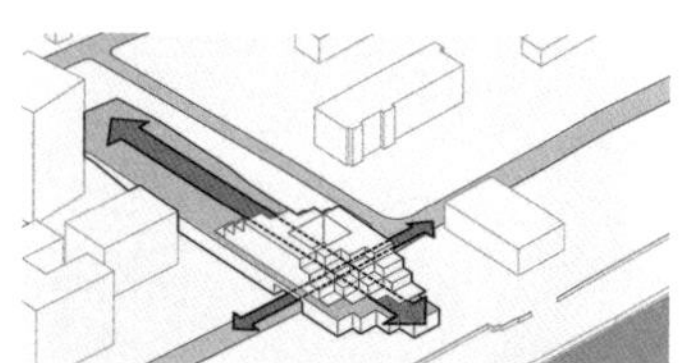

统合目标 4：创造多义空间，统合了提升功效的策略

拆除局部楼板及围护墙体后，原房间变成了露天场所，室内外交融让多种活动行为在建筑空间中呈现的容允度增强。活动内容可包括餐饮娱乐、运动健身、艺术交流、专题展陈等。

05 民国小院改造

项目建设地点：北京市通州区
原建筑建造时间：民国时期
改造设计时间：2019年—2021年
改造竣工时间：2021年
主创建筑师：胡越

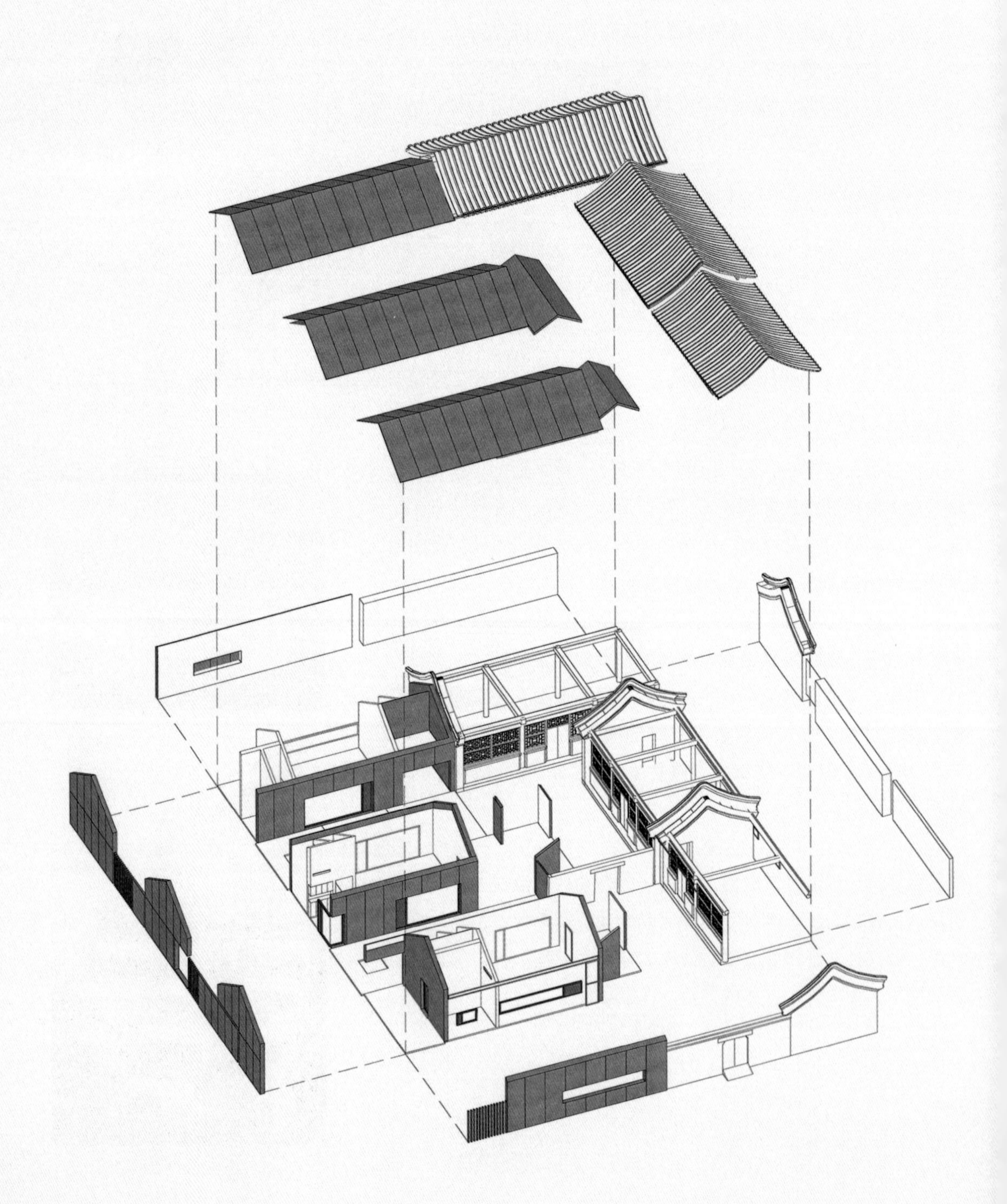

改造前

功能： 民居

建筑结构： 砖木结构

建筑面积： 242.62m²

建筑层数： 1层

建筑材料： 灰砖、红砖、彩钢板

外观：

院落：

总平面图：

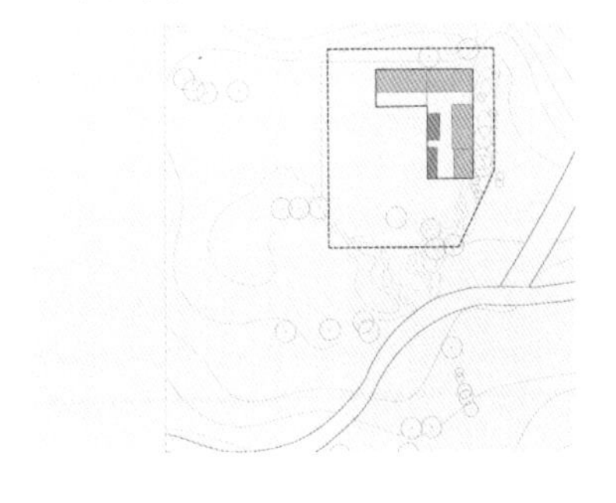

改造后

功能： 休闲娱乐、公共空间、茶室、咖啡厅

建筑结构： 钢筋混凝土剪力墙结构

建筑面积： 485.9m²

建筑层数： 1层

建筑材料： 耐候钢、钢、混凝土

外观：

院落：

总平面图：

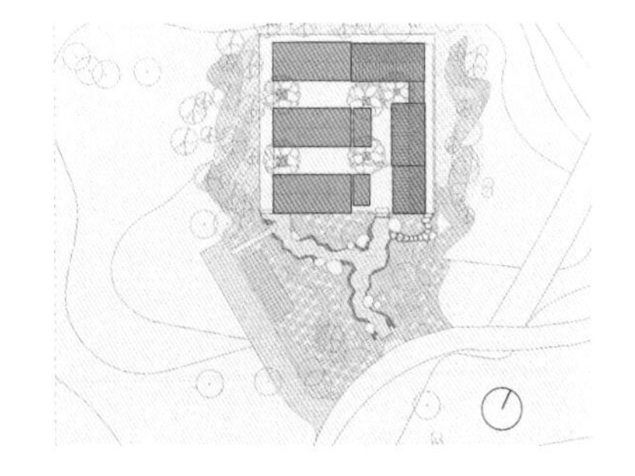

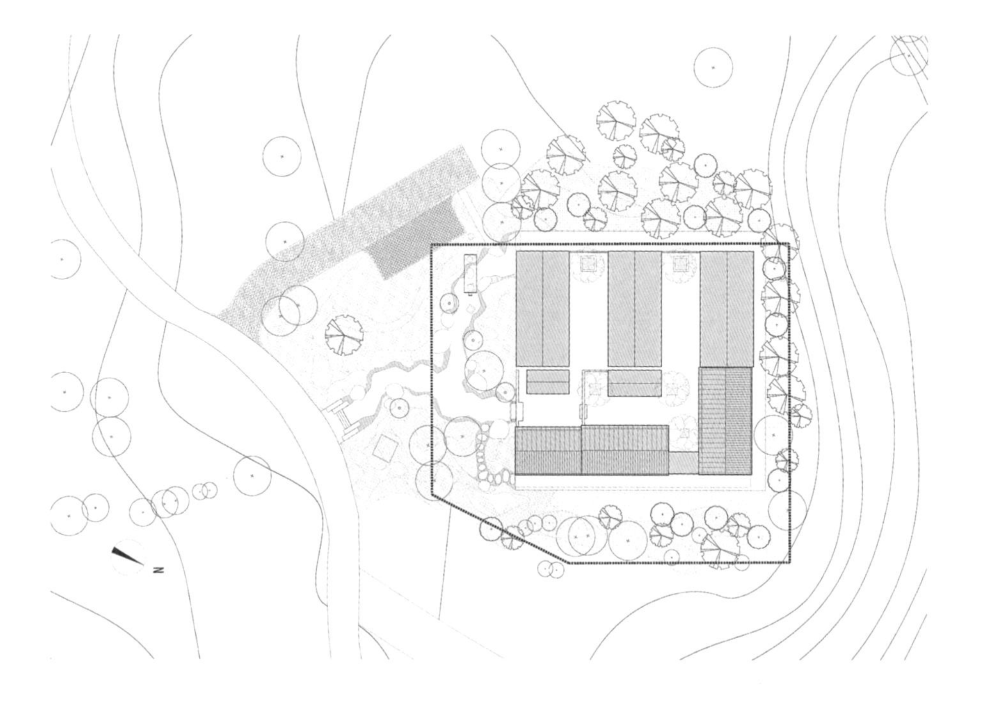

1	2	3
4		
5		

图 1
新旧建筑交接

图 2
不同材料结合

图 3
建筑细部

图4
总平面图

图5
院落入口

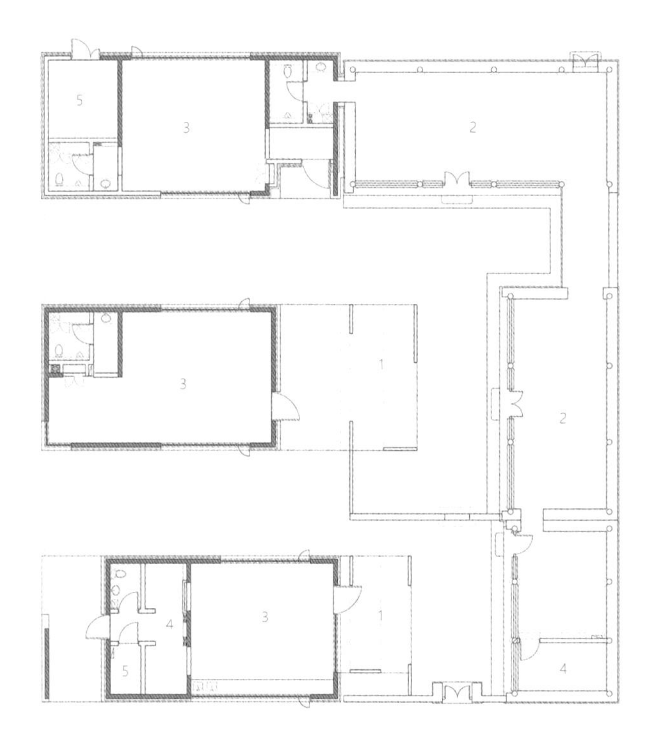

1 凉亭
2 茶室
3 咖啡厅
4 操作间
5 设备间

1	2	3
4		
5		

图 1
建筑内部

图 2
建筑内部

图 3
室内长窗

图4
平面图

图5
院落内部

改造设计特点

1）总图布局恢复城市的肌理记忆

恢复基地在成为城市绿心森林公园前最后定格的肌理，复现老建筑带有浓厚“院落感”的肌理记忆。

2）加建体量恢复院落格局

恢复场地西侧南北向平行布置的三个建筑体量，延续原本的院落格局；同时复建两座半室外凉亭，与院落中原有依靠红砖山墙而建的彩钢板房呼应。

3）结构形式表达空间气氛

采用钢筋混凝土剪力墙的结构形式，并外敷锈蚀钢板，将新建筑的结构构件、墙与顶的围护构件同空间气氛表达融为一体。

4）功能植入承接现代区域定位

将休闲娱乐、咖啡厅及茶室等功能植入原有居住院落空间，匹配全新的区域功能定位。

策略统合分析示例

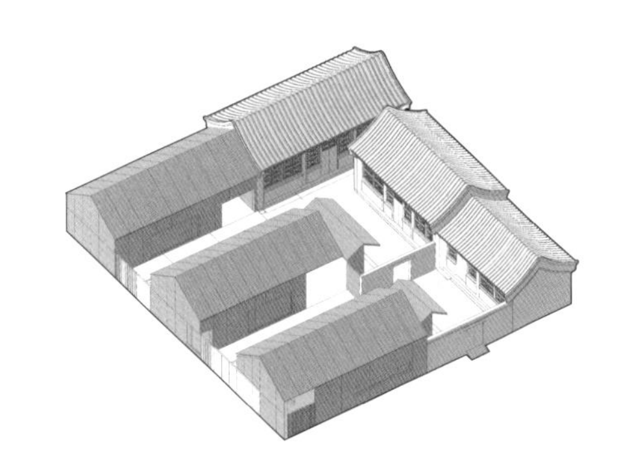

核心策略：建筑师将三栋建筑和两个凉亭植入既有院落空间，以全新的秩序、形式与材料延续城市的肌理记忆，并与老建筑产生对比。这一策略以恢复、延续原有城市肌理和院落空间为出发点，在形式、结构、材料与功能等方面进行更新，形成全新的空间氛围，作为核心策略统领整个改造过程，实现了以下统合目标。

统合目标 1：延续了中国传统建筑的精神特征，统合了秩序延续的策略

新建体量将建筑的空间、形式、结构与材料融为一体，实现了新建筑各要素的全方位统一，继承并延续了传统建筑"真实性表达"的特征，使新、老建筑在精神层面实现契合。

统合目标 2：建筑形体延续传统建筑形式，统合了传承记忆的策略

新体量延续既有建筑坡屋顶形式，并尽可能对其形象进行简化，以抽象化、纯粹化、现代化的形式和体量延续中国传统建筑的记忆。

统合目标 3：通过建筑材料表达空间的内与外、新与旧，统合了新旧并置与对照的策略

建筑材料选取混凝土和锈蚀钢板这两种现代材料，分别用于新空间的内和外，表达不同的空间气质，同时形成新材料与旧建筑中砖、瓦、木等材料的真实对比。

06 798CUBE美术馆

项目建设地点：北京市朝阳区
原建筑建造时间：20世纪70年代
改造设计时间：2015年8月
改造竣工时间：2022年12月
主创建筑师：朱锫

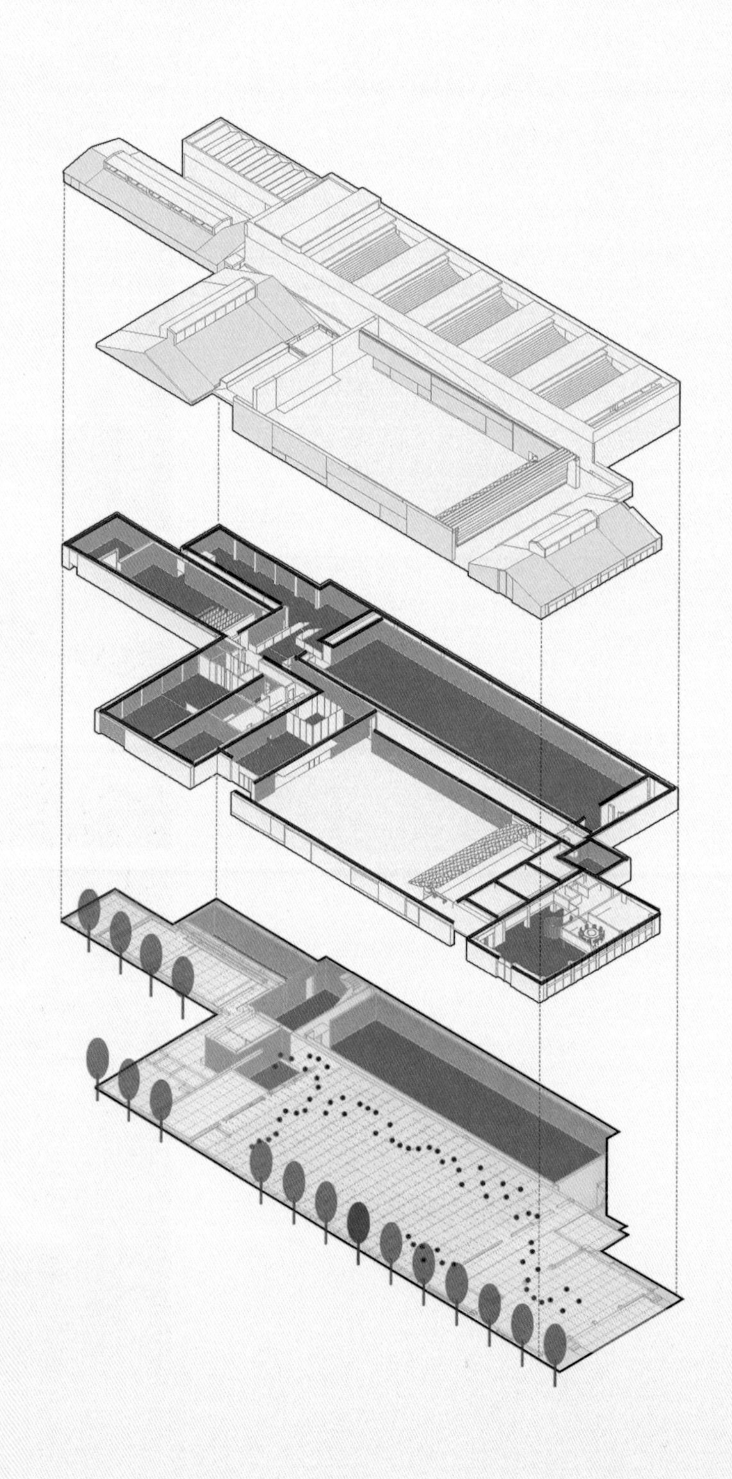

改造前

功能： 展厅

建筑结构： 砖混+钢框架结构

建筑面积： 3541m^2

建筑层数： 2层

建筑材料： 砖

外观：

局部：

室内：

改造后

功能： 美术馆

建筑结构： 钢筋混凝土框架结构

建筑面积： 3541m^2

建筑层数： 2层

建筑材料： 混凝土、砖、玻璃

外观：

局部：

室内：

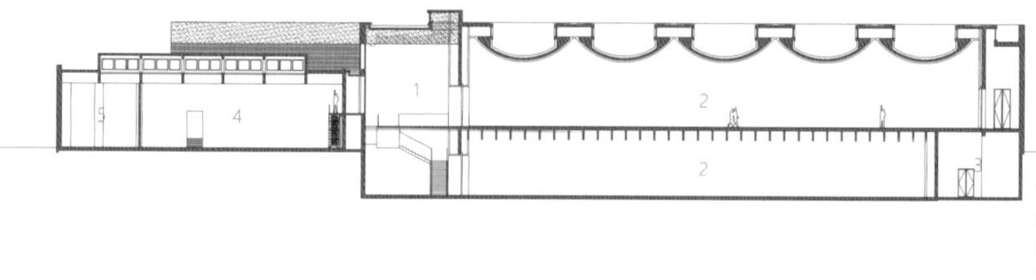

1 序厅
2 主展厅
3 设备用房
4 儿童艺术教育
5 监控室

1 门厅
2 盒院
3 艺术品商店
4 餐厅
5 存衣
6 仓库和装卸货

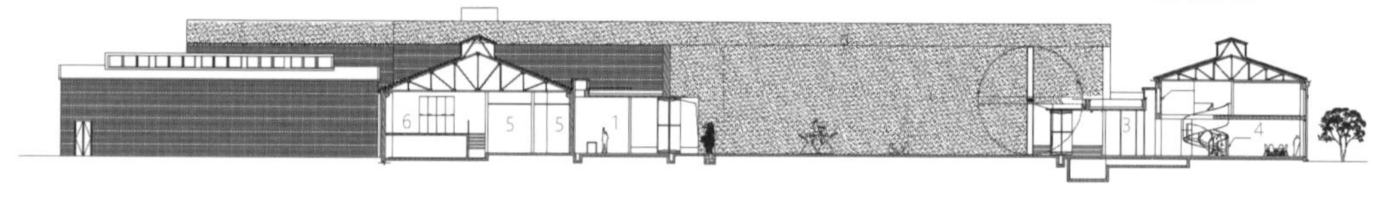

1
2
3
4
5

图 1
剖面图

图 2
剖面图

图 3
盒院剖面效果1

图4
盒院剖面效果2

图5
盒院剖面效果3

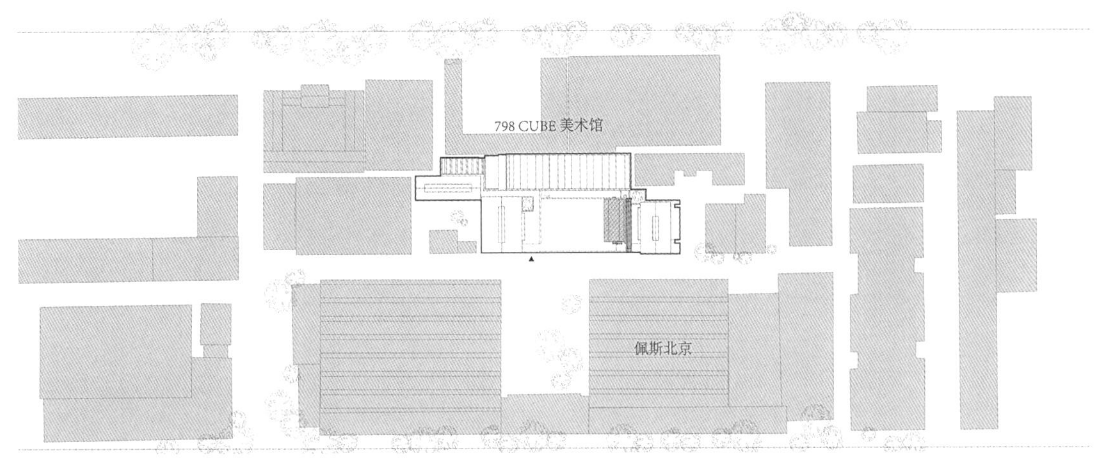

1 门厅
2 序厅
3 主展厅
4 盒院
5 艺术商品
6 厨房
7 主题餐厅
8 儿童艺术教育
9 展厅/报告厅
10 仓库
11 办公
12 设备用房
13 存衣
14 卫生间
15 装卸货和仓库
16 走廊
17 包厢

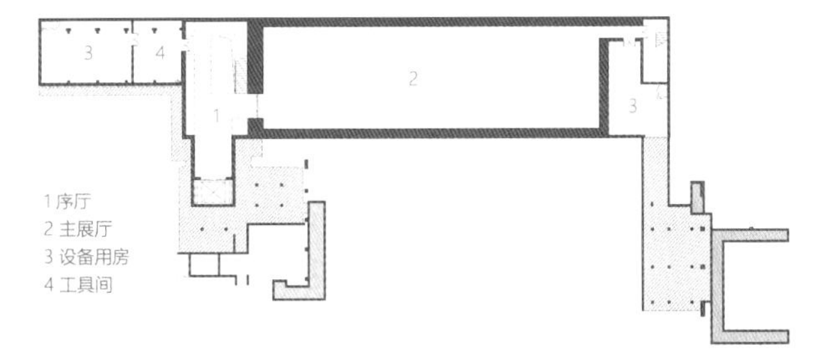

1

2

3

4

图 1
总平面图

图 2
首层平面图

图 3
地下一层平面图

图4
建筑入口

改造设计特点

1）总图布局遵循了既有工业遗产的肌理

改造尽可能保留原有工业厂房，并植入一系列新的“盒子”空间，塑造正交几何形体的秩序，在新老建筑之间形成张力。

2）结构体系探索了无柱、水平延伸空间的表现力

两个新建展厅为无柱大跨现浇混凝土结构。一个采用倒拱式曲面横梁，墙体与倒拱曲面横梁间留缝，清晰地表达结构体系和受力关系；另一个采用混凝土密肋式大跨横梁体系，密肋横梁薄而高，凸显钢筋混凝土结构和材料特性。

3）“插入体”承接了新老建筑空间关系

在两个新展厅与老厂房之间，插入一个有自然天光的垂直立方柱体空间，连接不同标高空间，并将自然光引入建筑最深暗的部位。

4）材料选用回应了工业建筑的建构文化

改造以朴素的现浇混凝土、红砖为主要材料，突出其在结构形式与围护墙体之间交接、转换的建造特点，回应798工业建筑所特有的建构文化。

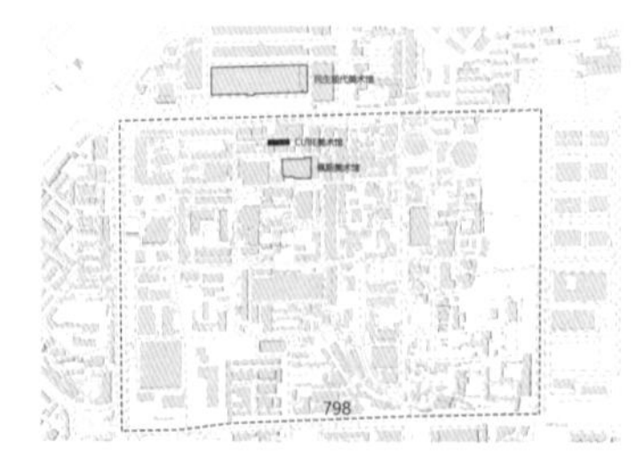

策略统合分析示例

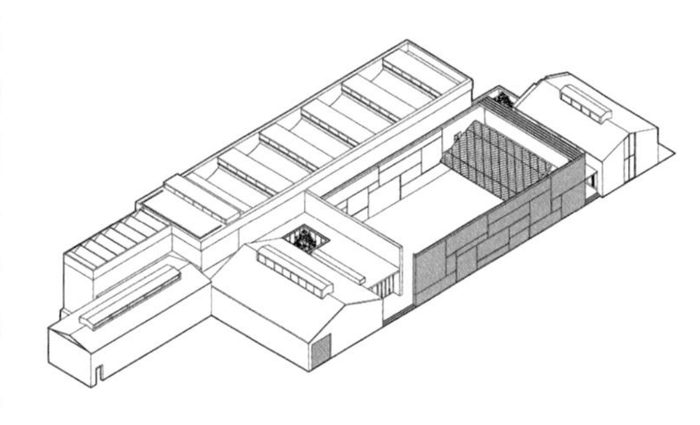

核心策略：该项目中心院落的轮廓以原有装卸货空场界定，南侧以一道独立的现浇混凝土高墙与佩斯美术馆西侧的广场区隔开，形成相对封闭的复合功能场地。这一策略从室外空间秩序的建立出发，在空间、结构、材料与功能等方面采用复合化策略，创造特征鲜明的室外公共活动场地，并实现了以下统合目标。

统合目标 1：强化院落的内向性与空间层次，统合了秩序重构的策略

以极具视觉冲击的现浇混凝土墙明确场地边界，强化了院落的内向性和领域感，与佩斯美术馆西侧广场形成由开放到封闭的、层次分明的室外空间。

统合目标 2：滑动吊车激发了院落空间的复合化功能，统合了提升功效的策略

以混凝土墙体作为受力结构，将钢梁式滑动吊车横跨于院落之上，可用于悬挂艺术装置，也是张拉一个个自然下垂、近似反拱、形态可变的帆布的机械牵引装置，可以根据不同使用要求调整帆布的覆盖面积。

统合目标 3：机械设备的植入延续了旧厂房的工业气质，统合了旧痕再现与重塑的策略

将钢梁式滑动吊车这种工业机械设备植入院落空间，延续了既有建筑的工业气质，传达出工业建筑特有的粗犷、朴实、直接和率真。

统合目标 4：机械装置提升了院落空间的物理性能，统合了性能改良的策略

滑动吊车牵引着形态可变的反拱式帆布装置，可根据天气、阳光角度任意开合并调整其覆盖面积，遮阳避雨。

熙南里大师工作室

项目建设地点：江苏省南京市
原建筑建造时间：20世纪80年代
改造设计时间：2020年
改造竣工时间：2022年
主创建筑师：张雷

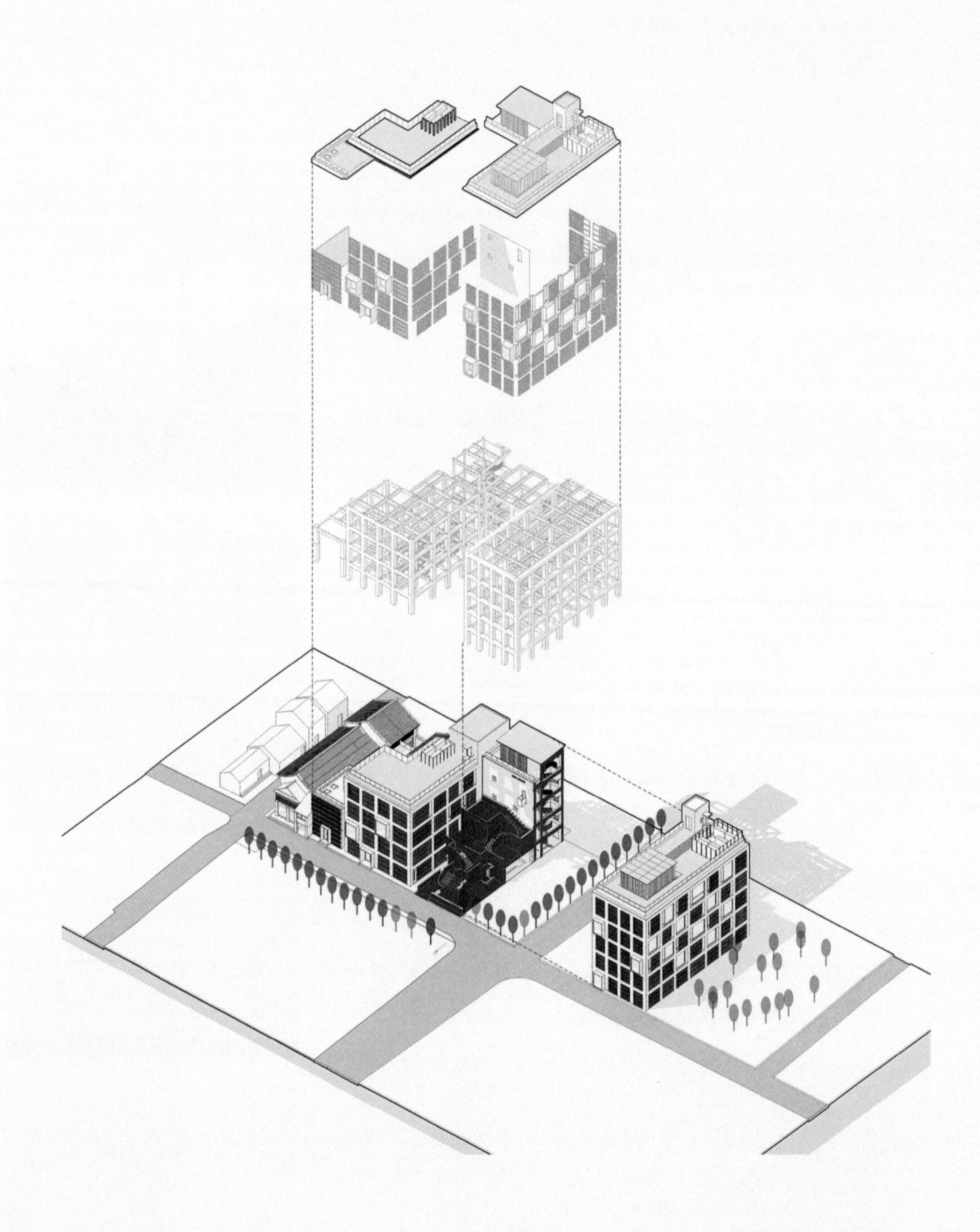

改造前

功能：职工宿舍
建筑结构：砖混+钢框架结构
建筑面积：3298m^2
建筑层数：5层
建筑材料：砖、涂料

外观：

局部：

东立面：

改造后

功能：工作室、展厅
建筑结构：钢筋混凝土框架结构
建筑面积：3515m^2
建筑层数：5层
建筑材料：混凝土、陶砖、LC3低碳水泥、超白钢化玻璃

外观：

局部：

东立面：

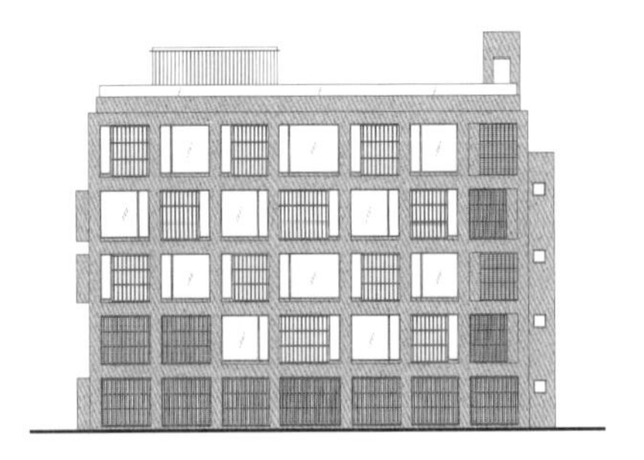

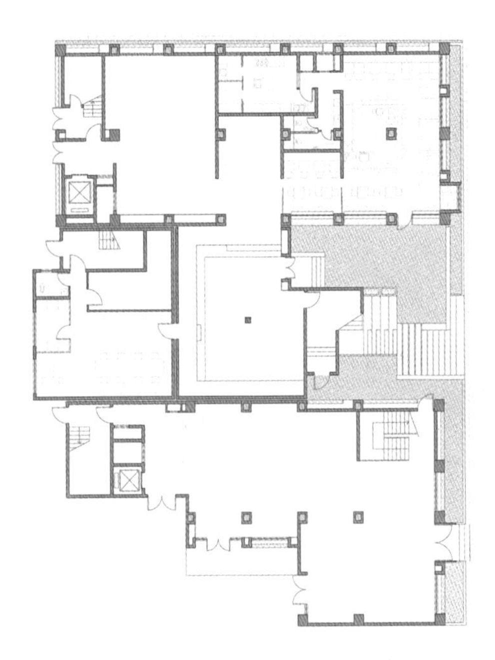

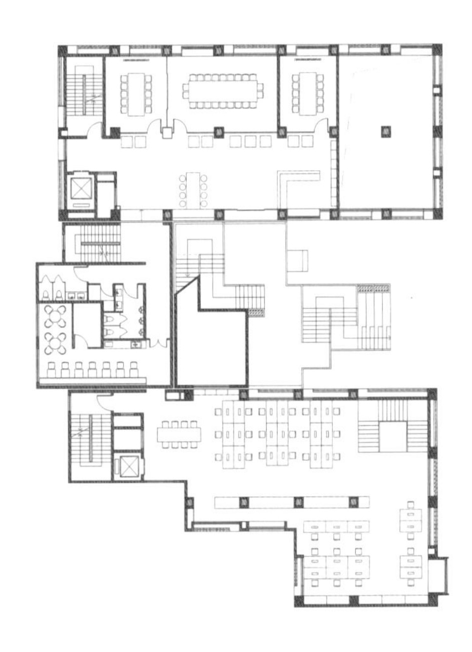

1	2
3	4

5

图 1
北立面图

图 2
西立面图

图 3
首层平面图

图4
二层平面图

图5
鸟瞰图

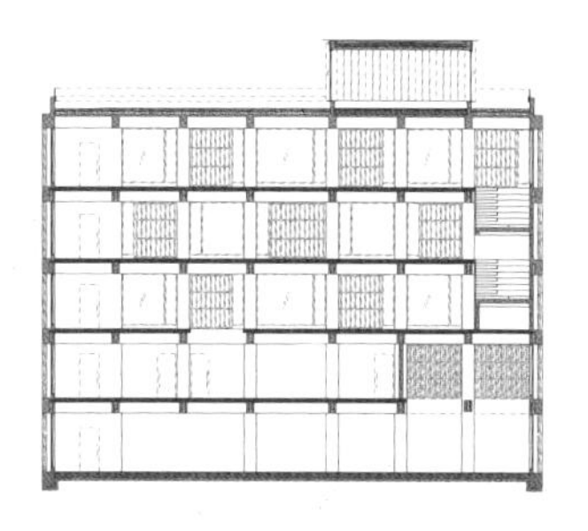

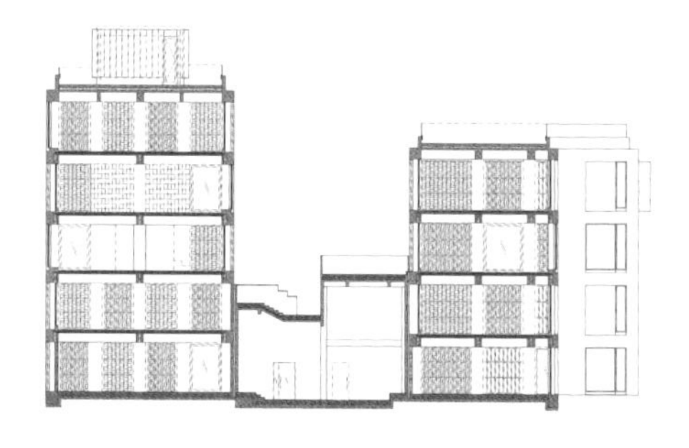

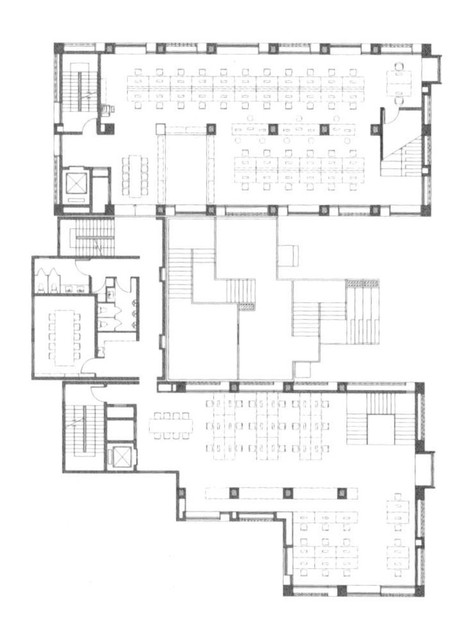

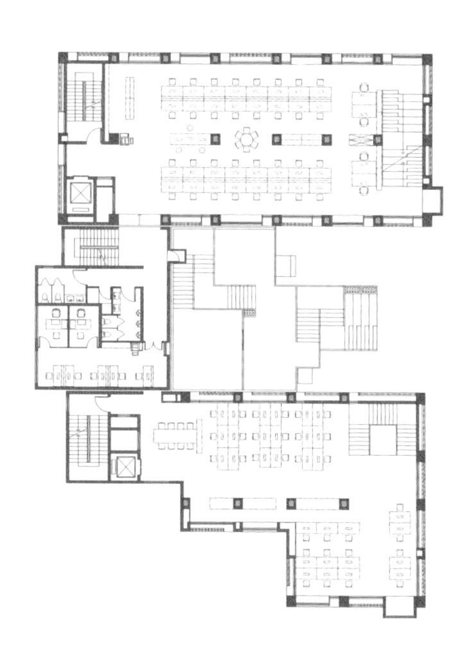

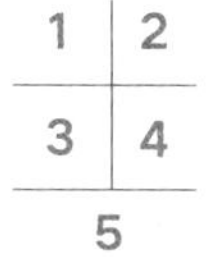

图 1
剖面图1

图 2
剖面图2

图 3
三层平面图

图4
四层平面图

图5
红色大台阶细部

改造设计特点

1）建筑外观传承了历史文脉

改造后建筑整体采用与熙南里街区整体颜色较为相近的清水混凝土及浅灰色陶砖幕墙，以低调朴实、和而不同的方式融入熙南里街区的历史文脉。

2）结构加固与转换满足了空间需求

改造通过多种结构加固技术，将原有小开间砖混结构转化为大空间混凝土框架结构，适配工作室、展厅等功能对于空间尺度的需求。

3）建造材料降低了能耗与碳排放

在保证混凝土力学和耐久性能的基础上，加建的小美术馆采用生产能耗更低、碳排放量更小的LC3水泥建造。

4）功能布局建构了复合业态

改造在有限的场地条件下植入设计工作室、共享交流空间、美术馆及餐吧等多重功能，建构了复合功能空间和业态。

策略统合分析示例

核心策略：该项目拆除老建筑东侧面向绒庄街的围墙和院门门楼，将原本内向的院落改造为直接面向街区开放的公共场所，并在其中加建红色混凝土大台阶。这一策略从提升公共空间活力角度出发，在材料、色彩、空间和功能等方面，对场地及城市环境产生了积极的影响，统合了多项策略，实现了以下统合目标。

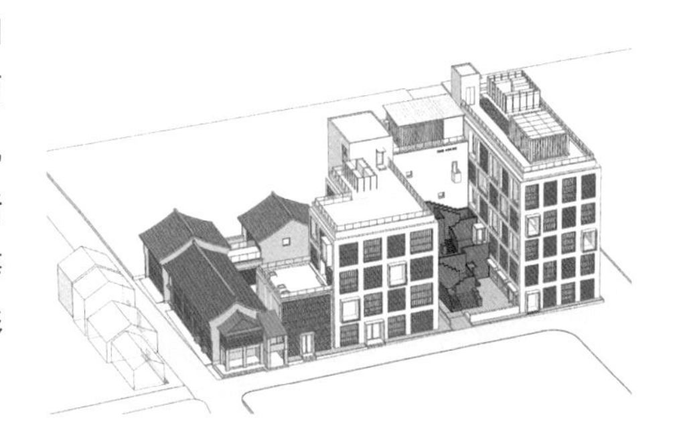

统合目标 1：形成重要的城市公共空间节点，统合了秩序重构的策略

三面围合的院落成为以餐饮为主的熙南里—大板巷商业主动线中突然出现的重要空间节点，是激活历史风貌街区场所独特性的空间催化剂。

统合目标 2：形成新旧建筑、环境的鲜明对比，统合了新旧并置与对照的策略

在三面围合的院落中新建的红色混凝土大台阶，不仅成为局部区域的鲜明标志物，也与街区与建筑质朴的颜色形成对比，成为激发场所活力的关键要素。

统合目标 3：积极利用台阶下空间，统合了提升功效的策略

红色大台阶下为工作室配套的美术馆，连接了二层及以上的设计工作室，在流线上将面对街区的底层公共空间区分开来，使内部流线形成闭环且不受干扰。

08 沙井村民大厅

项目建设地点：广东省深圳
原建筑建造时间：1980年
改造设计时间：2020年
改造竣工时间：2021年
主创建筑师：张宇星、韩晶

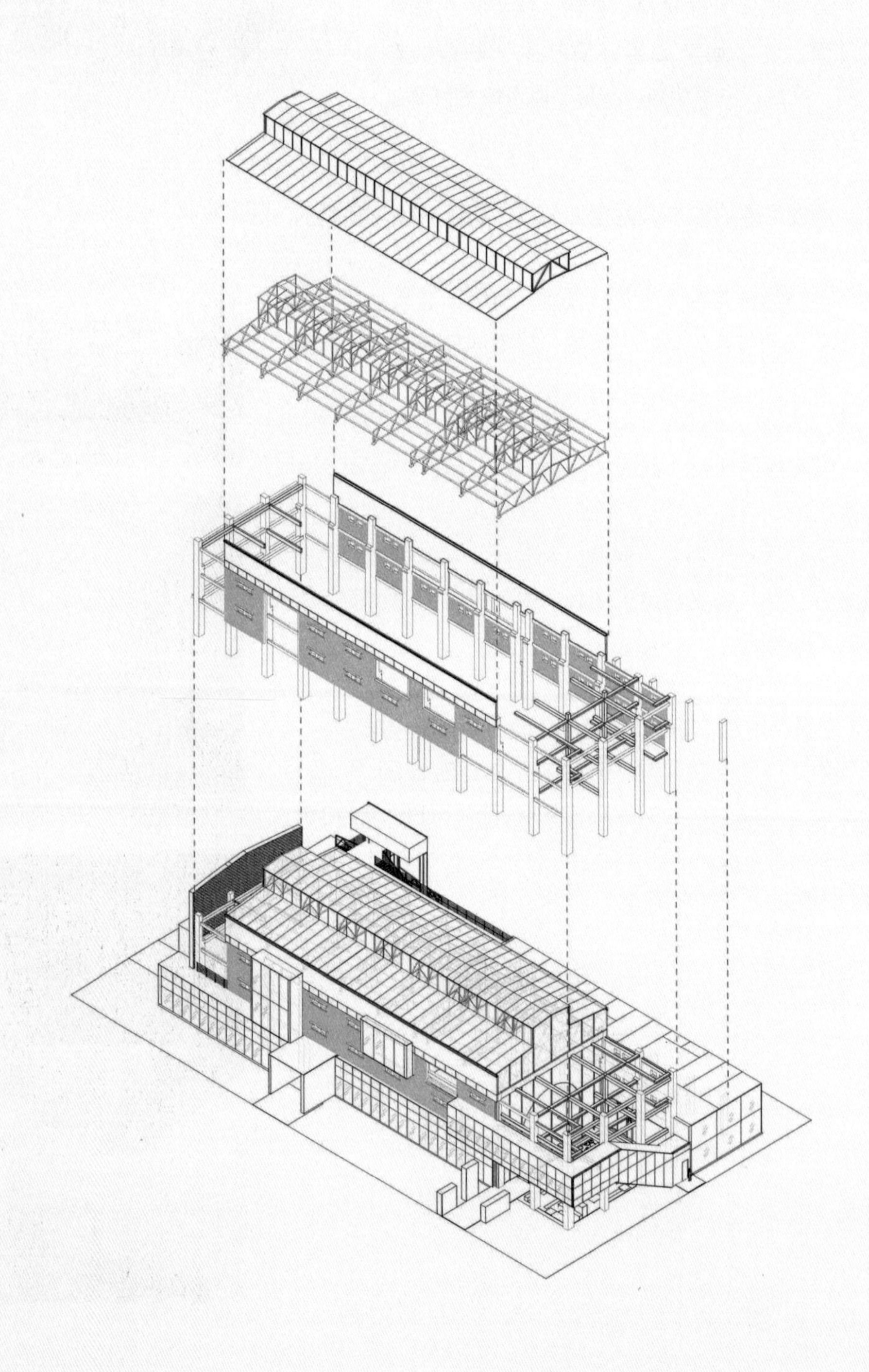

改造前

功能：发电厂

建筑结构：混凝土框架结构

建筑面积：1672.5m²

建筑层数：1层

建筑材料：混凝土

外观：

室内：

局部：

改造后

功能：村民活动中心

建筑结构：混凝土结构+钢结构

建筑面积：2500m²

建筑层数：主体3层，局部1层

建筑材料：混凝土、钢材、穿孔板

外观：

室内：

局部：

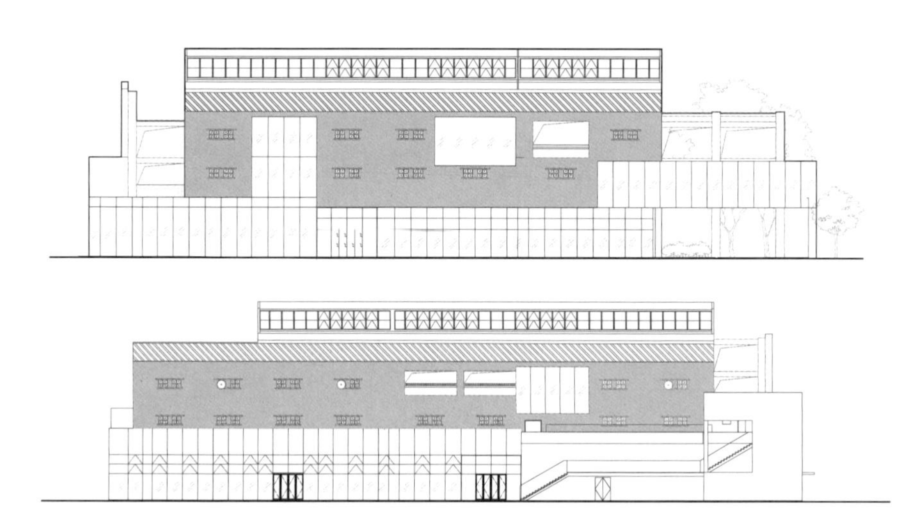

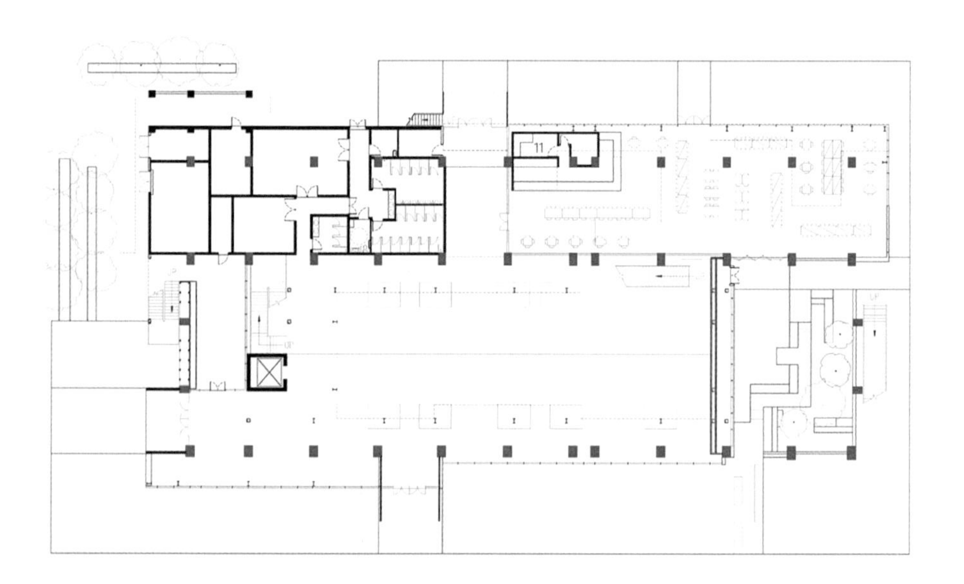

1

2

3

图 1
立面图

图 2
首层平面图

图 3
建筑外观

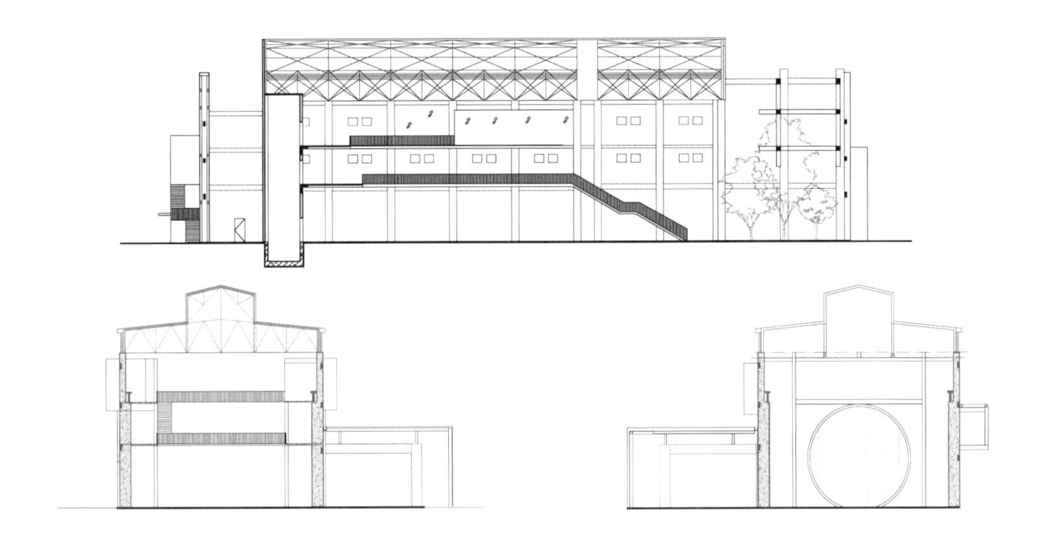

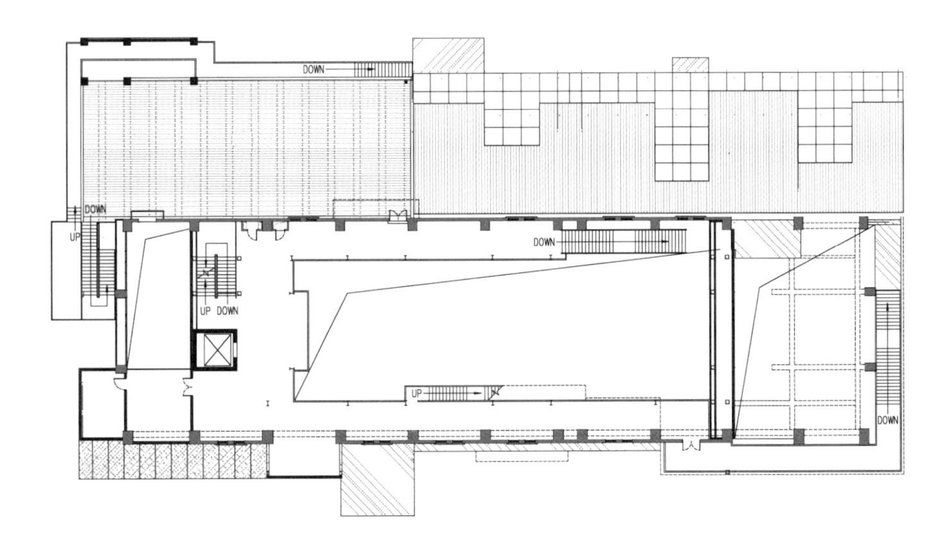

图 1
剖面图

图 2
二层平面图

图 3
建筑细部

改造设计特点

1）最大程度保留了既有建筑实体

改造设计最大程度地保留了建筑原有的围护结构与支撑结构：完整保留了南北两侧的围护墙体；加固并循环利用了废墟的主体混凝土框架结构，包括基础、梁柱；保留了大厅上空南北两侧的混凝土吊车梁以及墙体上遗存的方形窗洞孔。

2）空间布局借鉴了在地文脉

改造设计中借鉴了广东地区传统祠堂空间布局中的七种空间要素单元：影壁、门楼、前院、正厅、后院（花园）、房舍、廊庑。这七种要素经过在三维空间上巧妙地衍化与变形，让改造后的建筑呈现出一种介于祠堂和工厂之间的中间状态。

3）交通组织营造了立体的漫游路径

由步道、楼梯、露台、环廊等构成的多条游览路径穿插于建筑之中，组成立体的漫游长廊。路径相互重叠、交叉，激发起人们探索废墟的欲望，同时创造出上下连通、内外交错的多重空间，强化了废墟的身体性体验，也使得建筑具有了迷宫般的气质。

4）材料表现呼应了原有意象

设计刻意保留了许多施工痕迹、毛坯痕迹、断面痕迹、修补痕迹等，避免不必要的做旧处理，让新增建筑与废墟本体之间产生了微妙的连续生长关系。此外，在已被拆除的山墙面通过激光切割出砖墙的纹理，并利用定制的黑色穿孔铝板模块，恢复了山墙的原始意象。

5）细部设计适应了当地气候

针对当地常年高温、潮湿多雨的气候，设计了一组景观水池环绕于建筑周边，用以改善局部微气候、调节气温。在完整的废墟体块上增加了许多小的破碎缺口，如内阳台、观景窗口、室外露台、半室外环廊等，构成了一个温度被动调节系统，有利于引进自然通风，减少空调使用面积和使用时间，从而降低建筑能耗和碳排放。

策略统合分析示例

核心策略：建筑南北两侧外围护墙被完整保留，包括吊车梁以及墙体上遗存的方形孔洞和圆孔，同时，东西两侧已被拆除的山墙则通过定制的黑色穿孔铝板模块进行复原，围合出两个庭院。这一策略以工业建筑外围护结构改造为切入点，解决了多个问题，统合了多项其他策略，实现了以下统合目标。

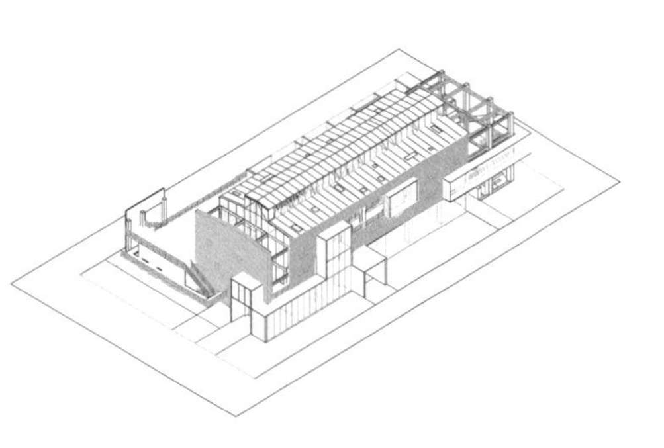

统合目标 1：提高了气候的适应性，统合了改良界面性能的策略

该建筑位于亚热带气候区，常年高温、潮湿多雨，为了提高气候适应性、调节气温，南北两侧保留墙体上原有的方形孔洞和圆孔也得到保留，还增加了许多小的破碎缺口，如内阳台、观景窗口、室外露台、半室外环廊等，这些缺口构成了一个温度被动调节系统，也形成了一种保留墙体与新建幕墙之间的双层气候表皮，有利于引进自然通风。

统合目标 2：强化建筑的时代性，统合了记忆传承的策略

既有建筑建成于20世纪80年代，其质朴的造型与粗糙的混凝土墙面散发着浓厚的时代气息，对于当地居民有一定的记忆价值。保留南北两侧外围护墙的做法，既保留了既有建筑的外部状态，也强化了自身蕴含的时代性。此外，东西两侧通过黑色穿孔铝板进行复原的山墙，与南北两侧保留的山墙，共同传承了历史记忆。

统合目标 3：加强空间的纵深感，统合了建立秩序的策略

改造通过南北两侧外墙的保留与东西两侧山墙的复原，在首层动线的起始点围合出一个前院，成为内部主要活动空间的过渡；在首层动线结束点围合出一个花园，作为路径终点。借助于这一围护墙体的组织，在创造出空间纵深感的同时，建立了内部空间秩序。

统合目标 4：创造了多样化的空间，统合了场所营造的策略

对于南北两侧外墙的保留，形成了空间开敞、视野通透的内部大厅，成为主要活动区域。而东西两侧山墙的复原，一方面借助新材料对原山墙的复原，形成斑驳的光影效果，划分出建筑内部的不同区域；另一方面又通过与南北侧保留外墙的围合，限定出前院与花园，创造出多个空间。

所城里社区图书馆

项目建设地点：山东省烟台市
原建筑建造时间：院落始建于明洪武年间，后经过多次改造
改造设计时间：2016年12月—2017年1月
改造竣工时间：2017年7月
主创建筑师：董功

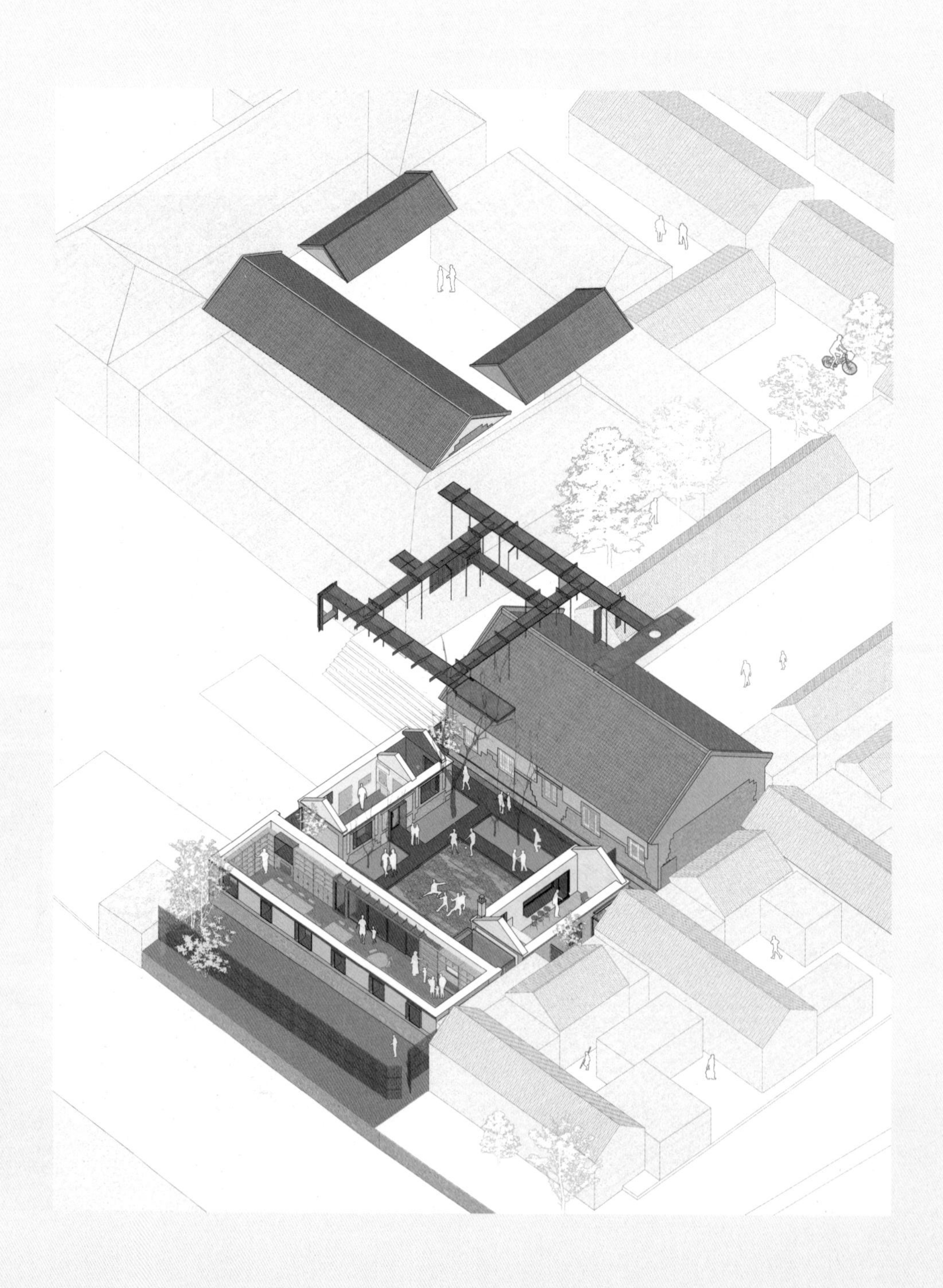

改造前

功能： 雕刻车间、仓库、宿舍和办公室

建筑结构： 砖木结构

建筑面积： 143.6m^2

建筑层数： 1层

建筑材料： 毛石、砖、土坯

外观：

院落：

局部：

改造后

功能： 图书馆

建筑结构： 钢结构+旧有砖木结构

建筑面积： 150m^2

建筑层数： 1层

建筑材料： 耐候钢、水刷石、禾香板

外观：

院落：

局部：

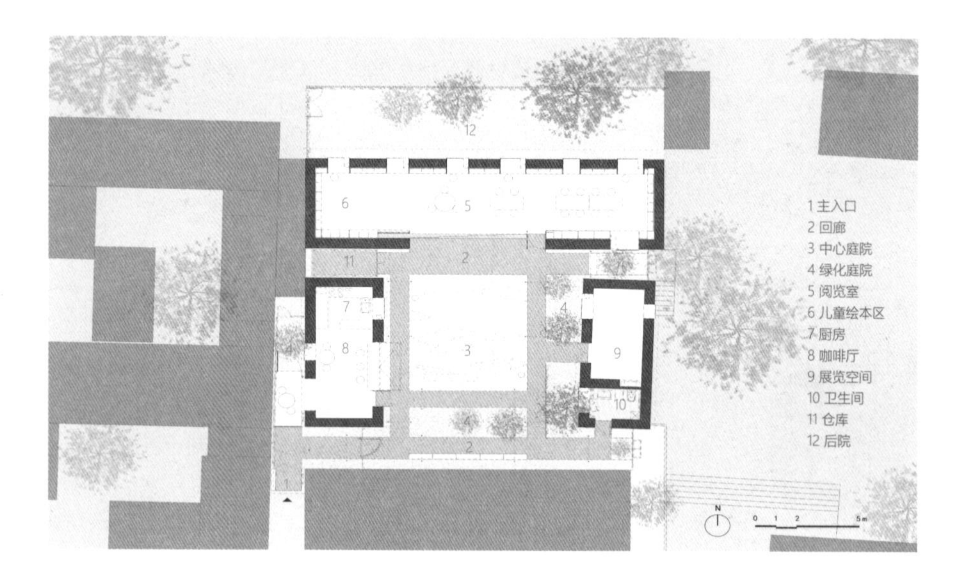

1	2	3
4		
5		

图 1
东房西立面图

图 2
北房南立面图

图 3
西房东立面图

图4
建筑平面图

图5
建筑内院

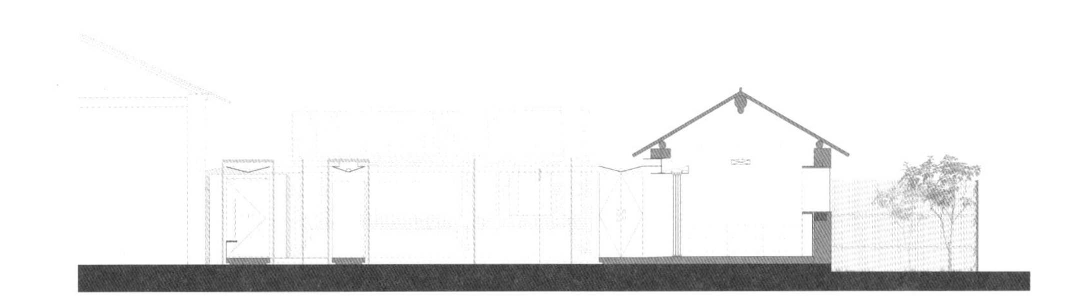

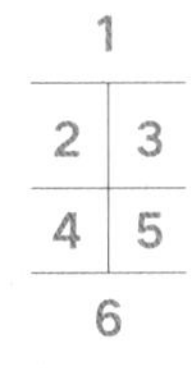

图 1
剖面图

图 2
入口天光

图 3
从咖啡空间看入口

图4
咖啡空间

图5
院内一角

图6
从入口回廊看庭院

改造设计特点

1）旧建筑修复介入了新体系

对原有院落中的墙面、门窗、屋架、铺地等构造系统进行重新梳理与修复，同时将新体系在空间、结构和材料等不同层面植入历史院落，而非将旧有建筑当成文物完全封存起来。

2）空间组织重塑了院落秩序与层次

改造将一套回廊系统植入历史院落，回廊从入口一直延伸至院落内部，使入口具有召示性的同时，串连图书馆的各个功能空间，延展出更多户外场所。

3）新材料介入与旧建筑形成对比

钢和耐候钢作为新材料介入到旧有院落，其较为暗沉的颜色与老的砖、石、瓦与植物色彩相互映衬。

4）结构植入融合了空间体验

改造将工程问题转化为空间体验，建立了一种切入途径：回廊系统由弯折的钢板与门型钢柱构成，弯折的动作省去了钢结构所需的主梁、次梁，整个结构系统产生一种轻盈、漂浮感。纤细的钢柱作为细薄边界与支撑结构，形成植入空间与老建筑带有历史重量对应关系的空间体验。

5）构件加固赋予了功能意义

用耐候钢对门套、窗套进行了置换和加固，赋予其新的使用功能：咖啡厅上悬窗作吧台，阅览室北侧窗台作书桌，南侧原有门洞之间的墙面被打开，四扇玻璃推拉门可完全打开藏入墙体，使阅览空间最大限度地与开敞的户外庭院相连，满足室内讲座或户外活动的需求。

策略统合分析示例

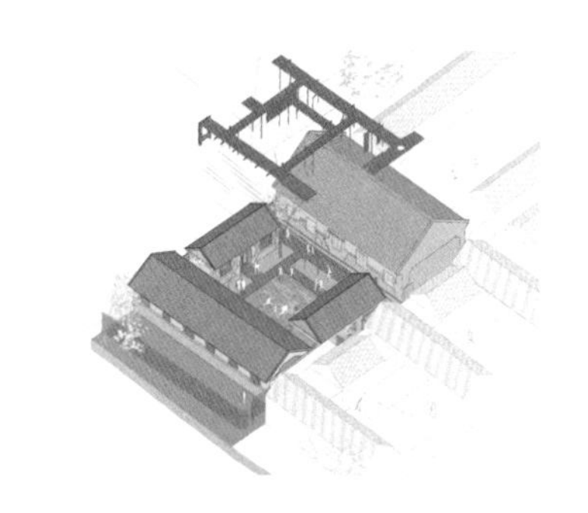

核心策略：改造设计插入一个廊道系统，与原有建筑立面分离，且在质感、尺度、肌理等方面完全对立，实现了对外部空间的激活。这一策略的实施解决了空间、功能、结构、材料等多维度的问题，产生了积极的统合效应，实现了以下统合目标。

统合目标 1：使院落形成不同层次的空间体验，统合了秩序重构策略

改造以植入的连廊将各个空间串连起来，使院落的空间划分从“一”到“多”，形成一个可灵活使用的户外场地以及四处绿化的院落，院子虽小，但是不同层次的划分使得原先单一的空间变得丰富。

统合目标 2：实现了不同功能的统一，统合了提升空间功效的策略

回廊系统明确标记了入口，形成的院落作为背景，增加了使用者进入的体验感；串联起了社区图书馆包括入口、阅览室、咖啡厅、展厅和卫生间在内的各个功能空间，也为使用者提供了室外遮风避雨的场所。

统合目标 3：同旧建筑、景观形成对比，统合了新旧并置和对照的策略

改造尽可能简化连廊的结构体系，以轻薄的体量减小连廊介入对老建筑的影响，并从基地本身出发，积极地提取原有建筑中的色彩、材质、空间、形体等元素，使植入的新体系与旧建筑、景观在对比中达到统一。

统合目标 4：不同年代的加建是十分宝贵的“时间痕迹”，统合了时间性氛围营造的策略

以现代材料建构的回廊系统与经过修缮的来自不同年代的加建结构一起，构成了连续的、完整的时间轴线，在旧建筑得以延续的生命周期中刻画出清晰且宝贵的“时间痕迹”。

10 南京小西湖街区的保护与再生——花迹行旅

项目建设地点：江苏省南京市
原建筑建造时间：20世纪70年代
改造设计时间：2018年—2021年
改造竣工时间：2021年3月
主创建筑师：韩冬青、鲍莉、孙艺畅、穆勇、胡蝶、张楷凡

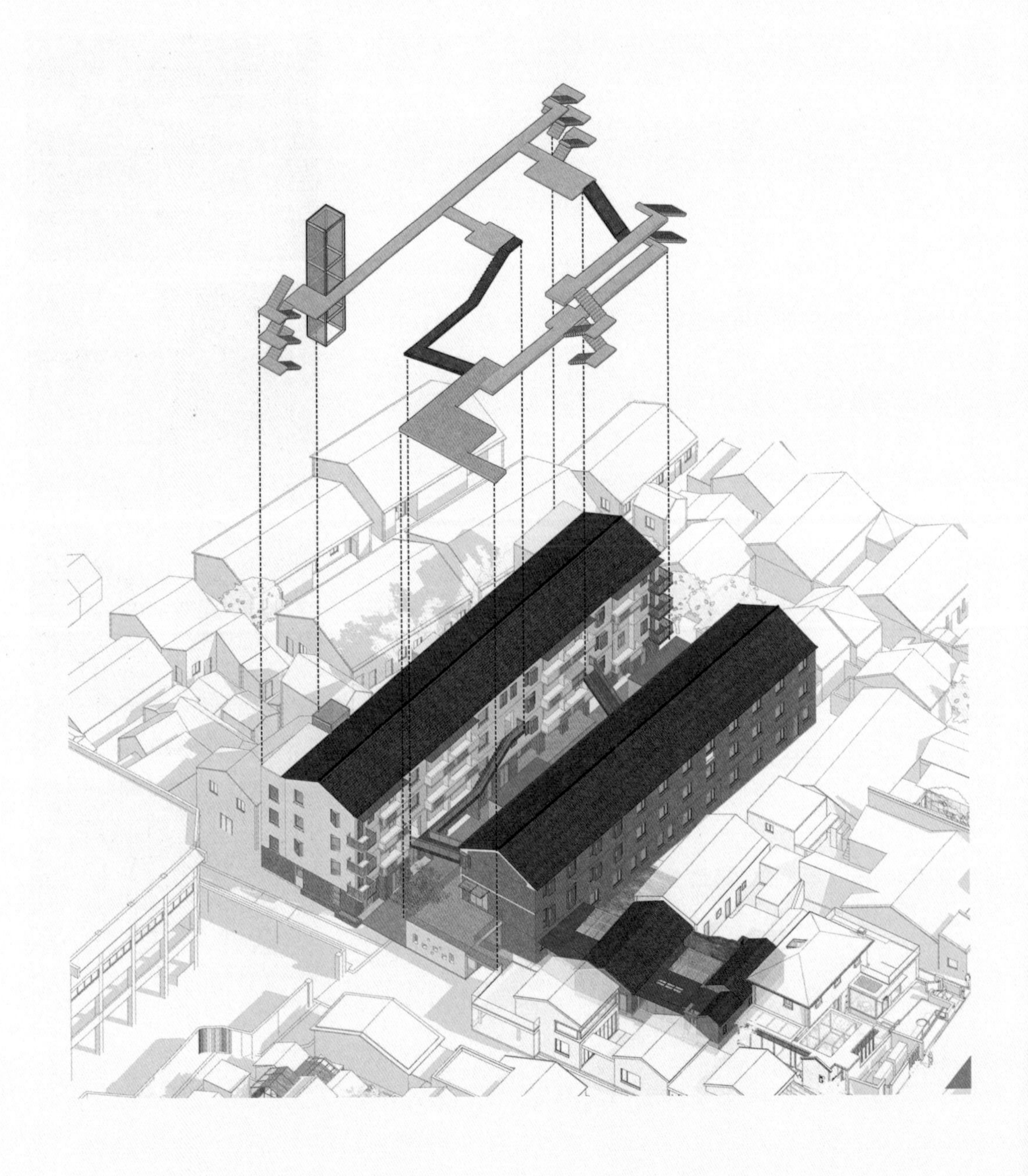

改造前

功能： 住宅

建筑结构： 砖混结构

建筑面积： 2990m²

建筑层数： 1层、3层、4层

建筑材料： 混凝土、黏土砖

入口：

局部：

通道：

改造后

功能： 民宿、商业

建筑结构： 砖混结构、钢结构

建筑面积： 3099m²

建筑层数： 1层、3层、4层

建筑材料： 混凝土、钢、黏土砖、玻璃

入口：

局部：

底层街市：

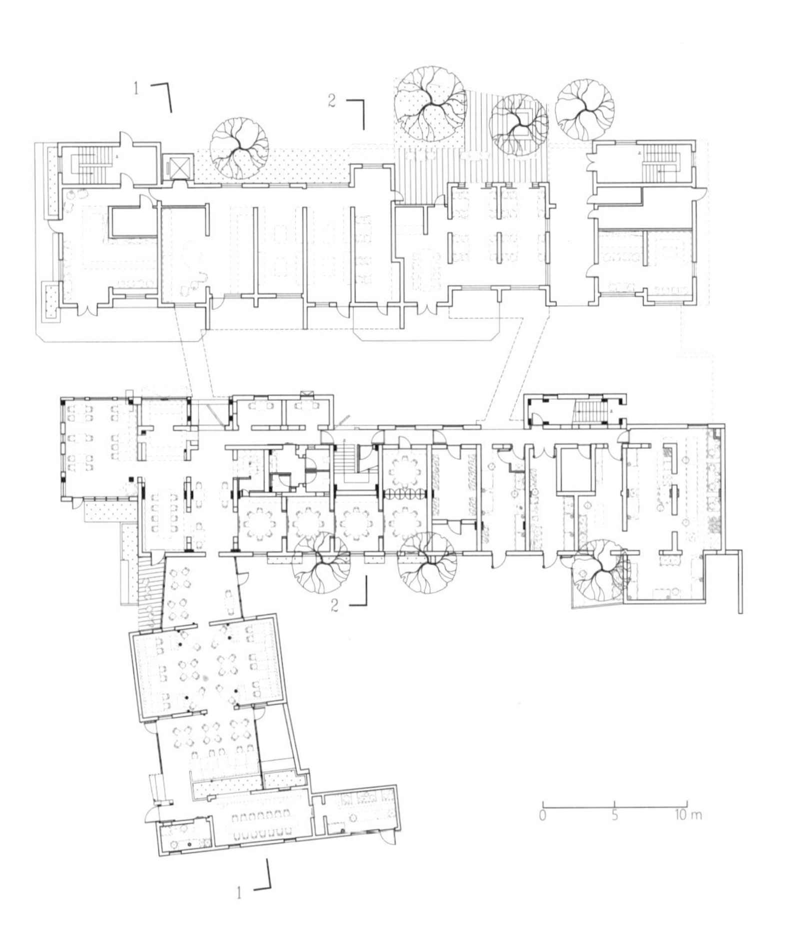

1 | 2
3
4

图 1
北楼南立面图

图 2
西侧沿街立面图

图 3
首层平面图

图4
从西侧看向建筑

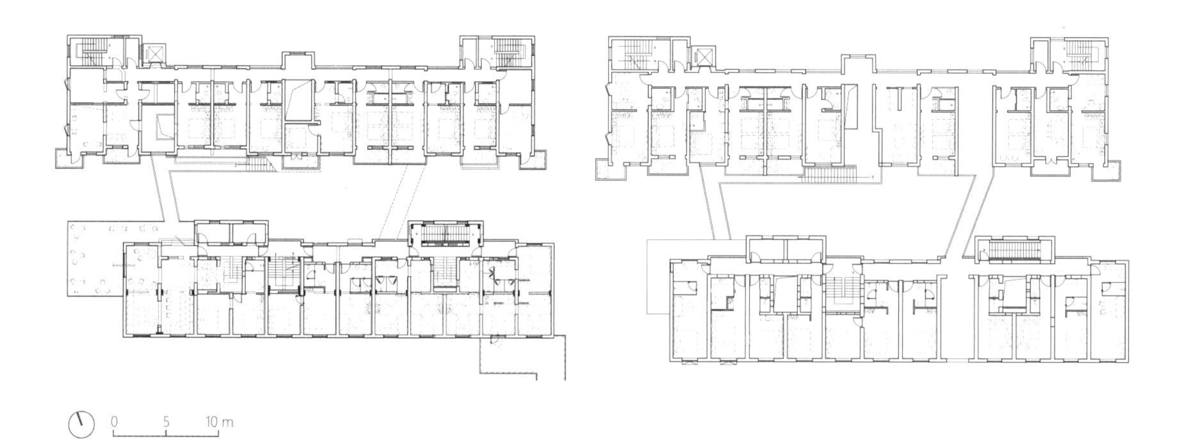

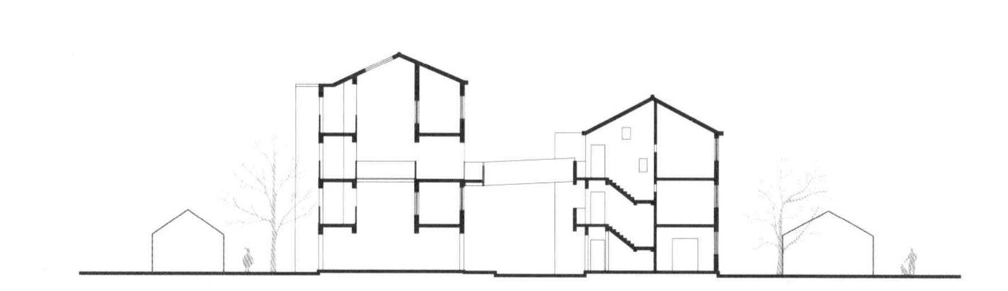

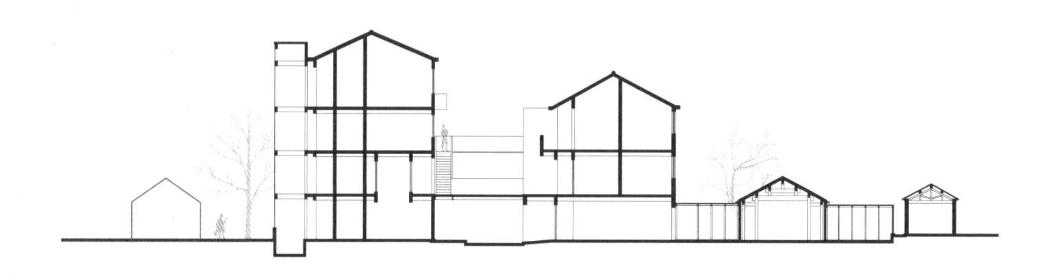

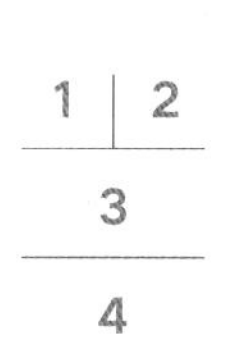

图 1
二层平面图

图 2
三层平面图

图 3
剖面图

图4
建筑室内

改造设计特点

1）总图布局恢复了街道原有秩序

拆除所有内院和占道的临时建筑，保留虽高低错落、大小不一却有着基本同向体量的主体建筑，恢复街道原本的空间和方向秩序；同时，坡顶山墙面沿街巷形成了一定的形式秩序。

2）建筑形象强化了街巷界面特征

对南侧临街的熙湖里咖啡馆进行整体调整，以增建的青砖山墙界定入口空间并作为小西湖的宣传标志，与拆除内院和临时建筑后被释放出的两栋红砖主体建筑的山墙形成清晰的韵律，强化其形式特征。

3）功能布局还原了传统街市场景

方案将民宿的入口和早餐厅设于北楼一层，早餐厅可兼作社区食堂对外开放，与南楼底层商业共同还原出“上住下商”的传统街市场景和市井气息。

4）空间设置形成了丰富的空间和视觉体验

设计通过底层架空、设置内院、延伸外部活动平台、开设洞口等方式，打通人行通道和视觉通廊，在底层形成丰富的空间和视觉体验。

5）新增体量回应了街区历史肌理和记忆

新增的玻璃盒子延续到公房西侧的一层建筑上，形成虚实相间、进退有律的连续界面；在体量上既是对相邻建筑尺度差异的调和，也是对场地上原有历史肌理和记忆的回应。

策略统合分析示例

核心策略：改造将两栋本不相连的公房定位为酒店、民宿，并通过设置空中廊桥将两者在二、三层连通。这一策略从功能流线组织角度出发，在不同层面产生了多重功效，统合了多项其他策略，实现了以下统合目标。

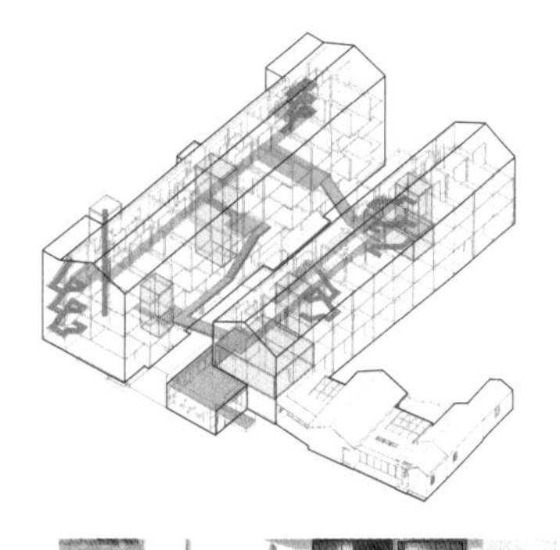

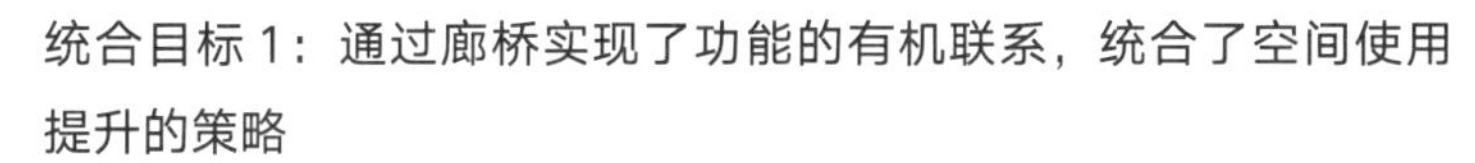

统合目标 1：通过廊桥实现了功能的有机联系，统合了空间使用提升的策略

两栋原本不相连通的公房通过空中连廊成为一体，保证了同一功能区流线的完整与顺畅，提升了使用者的便捷性。

统合目标 2：通过空中廊桥连接、打破既有空间，统合了秩序重构的策略

垂直方向的廊桥打破原有公房及街道相互平行的空间秩序，活化了既有空间，使室内外空间在不同楼层之间转化、衔接，为使用者提供了丰富的体验；同时加强了南北楼的内向性，使多重视线交汇于通道空间，也与南北楼内部的局部贯通空间共同形成了客房区内部富有流动性的立体公共空间体系。

统合目标 3：植入空间为感知传统街区提供了平台，统合了传承记忆的策略

通过这一半公共性空间系统的植入，形成廊道、平台、视窗与外部环境交织互借的丰富关系，提供了感知和体验传统风貌的空中视角，传承和强化了街区记忆。

附录 国内外优秀建筑改造案例简明信息

国内案例

田岗乡村会客厅
民宅-公建
保定
2020
袈蓝建筑

1959时光里
厂房-商业
北京
2020
水发绿建（北京）城市科技发展有限公司

Lens北京总部办公室
厂房-办公
北京
2017
迹·建筑事务所（TAO）

半壁店1号文化创业园8号楼改造
厂房-办公
北京
2016
CPLUS

北京798CUBE美术馆
厂房-美术馆
北京
2020
朱锫建筑设计事务所

北京大学法学院
法学院改造
北京
2010
Kokaistudios

北京鼓楼7号院
四合院-工作室
北京
2015
BUZZ庄子玉工作室

北京工业大学校医院立面改造设计
立面改造
北京
2016
中国建筑设计研究院有限公司 一合建筑设计研究中心

北京花木公司办公楼改造
办公楼改造
北京
2020
北京墨臣建筑设计事务所

北京混合宅
住宅改造
北京
2022
建筑营设计工作室

北京焦化厂建筑改造加固项目
厂房-办公
北京
2020
中国建筑设计研究院有限公司 本土设计研究中心

北京成府路150号
商场-办公
北京
2021
URBARNUS都市实践

北京今日美术馆
厂房-美术馆
北京
2006
王晖

冬奥之家 北京亚运村街道社区办事处改造
展厅-社区办事处
北京
2021
中国建筑设计研究院

北京民国小院改造
民居改造
北京
2021
胡越工作室

国家图书馆一期
图书馆改造
北京
中国建筑设计研究院有限公司 本土设计研究中心

北京七舍合院
住宅更新
北京
2020
筑境设计

国家体育总局冬季训练中心及配套设施项目
厂房-体育场馆
北京
2018
筑境设计

北京首钢西十冬奥广场
厂房-办公
北京
2017
筑境设计

鼓楼西大街33号院改造
四合院-餐饮
北京
2021
中国建筑设计研究院有限公司 一合建筑设计研究中心

北京外国语大学图书馆改造
图书馆改造
北京
中国建筑设计研究院有限公司 本土设计研究中心

嘉铭桐城会所
厂房-会所
北京
2005
刘力

北京文化创新工场新媒体基地园
供热公司-创意园区
北京
2015
加拿大考斯顿设计

乐成四合院幼儿园
四合院-幼儿园
北京
2019
MAD建筑事务所

隆福大厦改造
商业-办公
北京
2017
中国建筑设计研究院有限公司 本土设计研究中心

首钢工舍智选假日酒店
厂房-酒店
北京
2018
中国建筑设计研究院有限公司 李兴钢工作室

六工汇购物中心
厂房-商业
北京
2021
筑境设计

首钢三高炉博物馆及全球首发中心
厂房-博物馆
北京
2019
筑境设计

“绿之屋”近零碳办公空间改造
办公室改造
北京
2022
中国建筑设计研究院有限公司 绿色建筑设计研究院

首钢制氧厂南片区更新改造
厂房-办公
北京
2021
筑境设计

木木美术馆入口改造
美术馆改造
北京
2016
直向建筑设计事务所

万科时代中心改造
商业综合体改造
北京
2018
SHL建筑事务所

偏锋画廊改造设计
厂房-画廊
北京
2021
建筑营设计工作室

伊比利亚当代艺术中心设计
厂房-艺术中心
北京
2008
北京场域建筑事务所

曲廊茶室
四合院-茶餐厅
北京
2015
建筑营设计工作室

中粮广场改造
商业综合体改造
北京
2017
Kokaistudios

首钢二通厂房改造
厂房-餐饮
北京
2015
中国建筑设计研究院有限公司 一合建筑设计研究中心

中央美术学院教室501改造
教室改造
北京
2016
中央美术学院建筑学院

长春拖拉机厂1958铸光仓

厂房-商业

长春

2021

E+UV

长春万科蓝山社区街头公园

厂房-公园

长春

2019

Partner Space派澜设计

江南刺绣服装厂改造

厂房-文创

常熟

2021

米丈建筑

中车成都工业遗存改造项目

厂房-办公、商业

成都

2019

中国建筑设计研究院有限公司 本土设计研究中心

重庆故宫学院

纪念馆改造

重庆

2020

非常建筑

高明对川茶庄园重建

茶园-展览、旅游

佛山

2020

源计划建筑师事务所

广州蒙圣住宅改造

住宅改造

广州

2018

URBANUS都市实践

珠江啤酒汽机间改造

厂房-文创综合体

广州

2021

竖梁社建筑设计

内蒙古工业大学建筑馆二期

系馆扩建

呼和浩特

2013

内蒙古工大建筑设计有限责任公司

内蒙古工业大学建筑馆

厂房-科教

呼和浩特

2008

内蒙古工大建筑设计有限责任公司

内蒙古师范大学青年政治学院图书馆

厂房-图书馆

呼和浩特

2020

内蒙古工大建筑设计有限责任公司

盛乐遗址博物馆改扩建

博物馆扩建

呼和浩特

2019

内蒙古工大建筑设计有限责任公司

桐乡东浜头村双创客厅改造

厂房-公建

嘉兴

2019

上海严旸建筑设计工作室

景德镇丙丁柴窑

柴窑

景德镇

2018

张雷联合建筑事务所

江西画院美术馆
厂房-美术馆
景德镇
2021
筑境设计

江苏省园艺博览会主展馆A筒仓改造
厂房-书店
南京
2021
中国建筑设计研究院有限公司 本土设计研究中心

锦溪祝家甸村砖厂改造
砖窑-博物馆
昆山
2016
中国建筑设计研究院有限公司 本土设计研究中心

金陵美术馆
厂房-美术馆
南京
2013
西安建筑科技大学刘克成建筑工作室

昆山计家墩村会议中心
办公-会议中心
昆山
2021
上海严旸建筑设计工作室

南京博物院扩建
扩建
南京
2013
筑境设计

西浜村农房改造工程
农房-昆曲学社
昆山
2016
中国建筑设计研究院有限公司 本土设计研究中心

金陵大报恩寺遗址公园
报恩寺塔-遗址博物馆
南京
2015
东南大学建筑设计研究院有限公司

中央美术学院燕郊校区图书馆改造
图书馆改造
廊坊
2021
三文建筑 / 何崴工作室

南京江苏园艺博览会主展馆
厂房-展馆
南京
中国建筑设计研究院有限公司 本土设计研究中心

先锋松阳陈家铺平民书店
村民礼堂-图书馆
丽水
2018
张雷联合建筑事务所

南京先锋汤山矿坑书店
砖窑-书店
南京
2021
东南大学建筑学院+艺合境建筑事务所

文里・松阳三庙文化交流中心
堂庙-文化中心
丽水
2020
家琨建筑设计事务所

屏南先锋厦地水田书店
民居-书店
屏南
2019
迹・建筑事务所（TAO）

1933老场坊
厂房-创意园区
上海
2006
巴尔弗斯

剑腾二期厂房改建项目
厂房-厂房办公
上海
2017
上海中森建筑与工程设计顾问有限公司

“一・二九”教学楼改建博物馆
教学楼-博物馆
上海
2013
同济大学建筑设计研究院（集团）有限公司

上海BROWNIE/Project画廊
厂房-画廊
上海
2019
Offhand Practic

百联集团时尚中心衍庆里
办公-商业
上海
2018
博埃里事务所

上海龙美术馆西岸馆
码头-博物馆
上海
2014
大舍建筑设计事务所

东艺大厦改造
办公改造
上海
2015
Kokaistudios

绿地上海之鱼商业项目改建
商业改造
上海
2021
同济大学建筑设计研究院（集团）有限公司 原作设计工作室

光新泰仓库建筑改造
厂房-文创
上海
2016
Kokaistudios

绿之丘 上海杨浦滨江原烟草公司机修仓库改造
仓库-办公
上海
2019
同济大学建筑设计研究院（集团）有限公司 原作设计工作室

灰仓美术馆
厂房-美术馆
上海
2019
同济大学建筑设计研究院（集团）有限公司 原作设计工作室

民生码头八万吨筒仓改造
厂房-展馆
上海
2017
大舍建筑设计事务所

嘉佩乐建业里酒店
石库门-酒店
上海
2017
Kokaistudios

上海滨江道办公楼
仓库-办公
上海
2018
中国建筑上海设计研究院有限公司

上海大学上海美术学院
厂房-美术学院
上海
GMP

上海武夷320城市更新项目
厂房-市场商业餐饮
上海
2021
同济大学建筑设计研究院（集团）有限公司 原作设计工作室

上海华商所旧址改造
办公-商业
上海
2016
博埃里事务所

上海鞋钉厂改建项目
厂房-办公
上海
2013
同济大学建筑设计研究院（集团）有限公司 原作设计工作室

上海嘉杰国际广场改造
商业改造
上海
2021
AIM 恺慕建筑事务所

上海霞飞织带有限公司厂房改造
厂房-办公
上海
2018
同一建筑设计事务所

上海老码头改造
码头仓库-产学研展商
上海
2019
三益中国

上海艺仓美术馆
厂房-美术馆
上海
2016
大舍建筑设计事务所

上海世博会城市未来馆绿色改造（上海当代艺术博物馆）
厂房-展馆
上海
2010
同济大学建筑设计研究院（集团）有限公司 原作设计工作室

思南书局诗歌店
教堂-书店
上海
2019
Wutopia Lab

上海世茂广场改造
商业改造
上海
2018
Kokaistudios

申窑艺术中心（二期）
厂房-文化
上海
2018
刘宇扬建筑事务所

上海水舍微更新
锅炉房-社会展示窗
上海
2020
三益建筑设计有限公司

申窑艺术中心（一期）
厂房-展览
上海
2016
刘宇扬建筑事务所

杨浦滨江明华糖厂改造
厂房-办公
上海
2019
同济大学建筑设计研究院（集团）有限公司 原作设计工作室

深圳南海意库3号楼改造
厂房-办公
深圳
2009
（加拿大）毕路德国际设计公司+深圳市清华苑建筑设计有限公司

中石化一号加油站改造
加油站改造
上海
2020
同济大学建筑设计研究院（集团）有限公司 原作设计工作室

深圳沙井村民大厅
厂房-文创馆
深圳
2020
趣城工作室

沈阳东贸库2号库改造
仓库-社区中心
沈阳
2021
URBANUS都市实践

艺象满京华美术馆
厂房-美术馆
深圳
2014
源计划建筑师事务所

深圳南头杂交楼
居民楼-商业
深圳
2022
URBARNUS都市实践

慧剑社区中心 钻采厂影剧院改造
影剧院改造
什邡
2017
同济大学建筑设计研究院（集团）有限公司 原作设计工作室

深圳南头古城“if工厂”
厂房-办公
深圳
2020
MVRDV建筑设计事务所

元和观村党群服务中心
住宅-服务中心
十堰
2019
罗宇杰工作室

深圳国际低碳城会展中心升级改造
会展中心改造
深圳
2021
同济大学建筑设计研究院（集团）有限公司 原作设计工作室

台南河乐广场
地下车库-广场
台南
2020
MVRDV建筑设计事务所

深圳明德学院
厂房-学校
深圳
2019
源计划建筑师事务所

太原市滨河体育中心改造
场馆改造
太原
2019
中国建筑设计研究院有限公司 本土设计研究中心

天津京杭大运河创想中心
厂房-展览
天津
2018
URBANUS都市实践

乌海青少年创意中心
厂房-文化
乌海
2013
内蒙古工大建筑设计有限责任公司

天津南开大学海冰楼
礼堂
天津
2018
直向建筑设计事务所

武汉融创1890
厂房-文化
武汉
2019
日清设计

天津天拖J地块厂房改造
厂房-商业、文化
天津
2017
深圳华汇设计

婺源虹关村留耕堂修复与改造
古宅-民宿
婺源
2019
三文建筑

西安大华1935
纺纱厂-商业
西安
2014
中国建筑设计研究院有限公司 本土设计研究中心

厦门厢语香苑民宿
古宅-民宿
厦门
2019
中国美术学院风景建筑设计研究总院有限公司

西安贾平凹文学艺术馆
印刷厂-博物馆
西安
2007
西安建筑科技大学刘克成建筑工作室

雄安设计中心
服装厂-设计中心
雄安
2018
中国建筑设计研究院有限公司 本土设计研究中心

桐庐莪山畲族乡先锋云夕图书馆
民居-图书馆
桐庐
2015
张雷联合建筑事务所

烟台所城里社区图书馆
住宅-图书馆
烟台
2017
直向建筑设计事务所

内蒙古西部实训基地
厂房-科教
呼和浩特
2017
内蒙古工大建筑设计有限责任公司

阿丽拉阳朔糖舍酒店
厂房-酒店
桂林
2017
直向建筑设计事务所

中山岐江公园
工业遗址-厂房
中山
2001
北京土人城市规划设计股份有限公司

国外案例

Schloss Orth：**博物馆扩建**
博物馆扩建
奥地利 Orth an der Donau
2005
synn建筑师事务所

Gammel Hellerup
高中扩建
学校扩建
丹麦 哥本哈根
2015
BIG建筑事务所

Handelszentrum 16号仓库改造
仓库-办公
奥地利 萨尔茨堡
2020
Smartvoll

犹太人博物馆改造
原皇家最高法院大楼-博物馆
德国 柏林
1999
里伯斯金工作室

盖尔海事火车站改造
货运火车站-办公综合体
比利时 布鲁塞尔
Neutelings Riedijk建筑事务所

KÖNIG GALERIE展馆
教堂-展览建筑
德国 柏林
2011
Arno Brandlhuber

COOST公寓
公寓改造
比利时 奥斯坦德
2020
Declerck-Daels建筑事务所

军事历史博物馆
博物馆扩建
德国 德累斯顿
2021
里伯斯金工作室

CopenHill新型垃圾焚烧发电厂+滑雪场
垃圾处理厂-发电厂+滑雪场
丹麦 哥本哈根
2019
BIG建筑事务所

库普斯墨赫博物馆（MKM博物馆）扩建
博物馆扩建
德国 杜伊斯堡
2021
赫尔佐格和德梅隆建筑事务所

杜伊斯堡北风景公园
厂房-公园
德国 杜伊斯堡
1991
彼得・拉茨

里尔美术馆改扩建
美术馆扩建
法国 里尔
1997
让・马尔卡・伊博斯；米尔塔・维塔特

Where the Wild Morels Grow House
农场预制大棚-住宅
德国 勃兰登堡
2022
c/o now

阿尔斯通仓库改造+南特高级艺术学校设计
仓库-科教
法国 南特
2017
Franklin Azzi建筑事务所

易北爱乐厅
码头仓库-音乐厅综合体
德国 汉堡
2016
赫尔佐格与德梅隆建筑事务所

韩华集团总部大楼改造
办公楼改造
韩国 首尔
2019
UNStudio建筑事务所

科伦巴博物馆
教堂-博物馆
德国 科隆
2007
彼得・卒姆托

De Walvis办公楼改造
办公楼改造
荷兰 阿姆斯特丹
2020
卡恩建筑师事务所

康多尔・瓦查纳山峰天文台改造
工作室改建
厄瓜多尔 基多
2019
丹尼尔・莫雷诺・弗洛雷斯、玛丽・科贝特、巴勃罗・贝当古

Goede Doelen Loterijen办公楼改造
办公楼改造
荷兰 阿姆斯特丹
2019
Benthem Crouwel建筑事务所

GES 2文化之家
变电站-文化中心
俄罗斯 莫斯科
2021
伦佐・皮亚诺建筑工作室

屋顶平台（The Podium）
博物馆改造
荷兰 鹿特丹
2022
MVRDV建筑设计事务所

卢浮宫金字塔入口
历史建筑扩建
法国 巴黎
1989
贝聿铭

蒙特福德小镇的排房改造
住宅改造
荷兰 蒙特福德
1975
Bouwhulp Groep

魁北克大剧院修复改造
剧院立面升级
加拿大 魁北克
2021
Lemay + Atelier 21

磨坊城市博物馆
面粉厂-博物馆
美国 明尼苏达
MSR建筑事务所

哈佛艺术博物馆改扩建
艺术馆扩建
美国 波士顿
2014
佐伦·皮亚诺建筑工作室

纽约高线公园
铁路-公园
美国 纽约
2014
詹姆斯·科纳

Xilinx总部大楼改造
办公楼改造
美国 加利福尼亚
2020
Noll & Tam

普特拉艺术学院加建
学院扩建
美国 纽约
2005
斯蒂文·霍尔建筑事务所

纳尔逊-阿特金斯艺术博物馆扩建
博物馆扩建
美国 堪萨斯
2007
斯蒂文·霍尔建筑事务所

煤气厂公园景观改造
煤气厂-公园
美国 西雅图
1976
理查德·哈格

耶鲁大学美术馆扩建
美术馆改造
美国 康涅狄格
2012
路易斯·康

Jojutla 学校
坍塌学校重建
墨西哥 莫雷洛斯
2017
阿尔伯托·卡拉奇建筑事务所

滨水植物园
垃圾填埋场-公园
美国 路易斯维尔
Perkins & Will

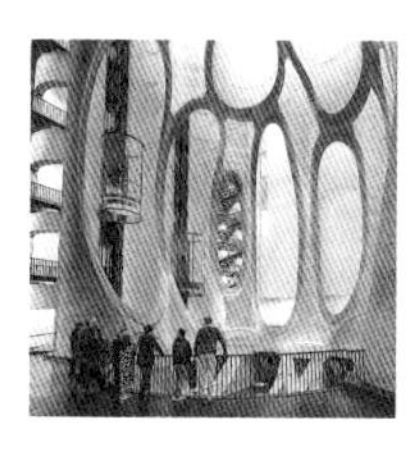

蔡茨非洲当代艺术博物馆
仓库-博物馆
南非 开普敦
赫斯维克事务所

华盛顿大街北厂房
库房-艺术家中心
美国 明尼苏达
MSR建筑事务所

塔利亚剧院
剧院改造
葡萄牙 里本斯
2012
Lopes建筑事务所

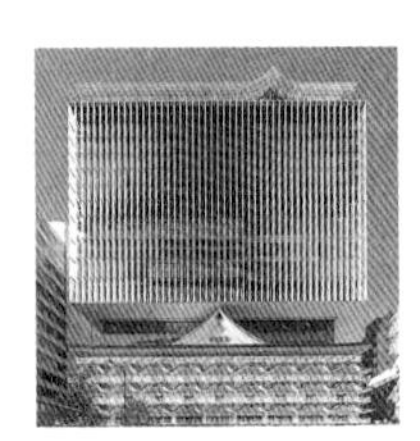

皇家经典酒店改造

酒店改造

日本 大阪

2020

隈研吾建筑都市设计事务所

Double Sukin住宅改造

住宅改造

日本 大分

2018

Makoto SATO-Shiqeru Aoki建筑师事务所（佐藤信）

村井正诚纪念美术馆

旧宅-纪念

日本 东京

2004

隈研吾建筑都市设计事务所

田尻屋（Tajiri2）住宅

农舍-住宅

日本 福山

2012

Kazunori Fujimoto建筑师事务所

瑞典哥德堡法院扩建

法院扩建

瑞典 哥德堡

1937

贡纳尔·阿斯普朗德

SUVA办公楼改建

办公楼改造

瑞士 巴塞尔

1993

赫尔佐格与德梅隆建筑事务所

Dorshada度假酒店改造

酒店改造

泰国 春武里

2020

ACA建筑事务所

水泥工厂工作室

厂房-工作室

西班牙 巴塞罗那

1973

RBTA工作室（里卡多·波菲）

格拉纳达阿拉伯浴场

浴场改造

西班牙 格拉纳达

2009

伊瓦涅斯建筑事务所

卡斯蒂略代拉卢斯博物馆

城堡-博物馆

西班牙 加那利群岛

2013

Nieto Sobejano建筑师事务所

CaixaForum艺术中心

发电站-艺术中心

西班牙 马德里

2001

赫尔佐格和德梅隆建筑事务所

Tumo创新技术中心

历史歌剧院-新媒体技术学院

亚美尼亚 久姆里

2016

伯纳德·库利 / DW5

帕尔马帕格尼音乐厅

糖厂-音乐厅

意大利 罗马

1999

伦佐·皮亚诺建筑工作室

意大利维罗纳老城堡博物馆改建

城堡-博物馆

意大利 维罗纳

1974

卡洛·斯卡帕

菲亚特灵格托大楼
工厂-综合体
意大利 都灵
2003
伦佐・皮亚诺建筑工作室

Coal Drops Yard购物中心改造
厂房-购物中心
英国 伦敦
2018
赫斯维克事务所

奎瑞尼・斯坦帕里亚基金会改造
宫殿-展厅
意大利 威尼斯
1963
卡洛・斯卡帕

泰特现代博物馆改扩建
发电站-博物馆
英国 伦敦
2016
赫尔佐格和德梅隆建筑事务所

奥利维蒂陈列室改造
商业-展厅
意大利 威尼斯
1958
卡洛・斯卡帕

艺术家工作室改造
工作室-住宅
英国 伦敦
2020
VATRAA建筑和室内设计事务所

Synergy Lifestyles办公室
仓库-办公室
印度 卡拉乔基
2015
SJK建筑事务所

大英博物馆中央庭院改建
博物馆改造
英国 伦敦
2003
诺曼・福斯特

格拉斯哥艺术学院雷德大楼改建
教学楼改建
英国 格拉斯哥
2014
斯蒂文・霍尔建筑事务所

图片来源

壹

图1　高祥生. 亘古、优雅、多情的城市——维罗纳的风采[J]. 建筑与文化, 2022（3）: 266-271.

图2　吕昱达 摄

图3　徐洁, 支文军. 法国弗雷斯诺国家当代艺术中心的新与旧[J]. 时代建筑, 2001（4）: 48-53.

图4　JAIMES　D D. AD经典：新德国国会大厦/福斯特建筑事务所[EB/OL]. 舒岳康, 译.（2015-11-02）[2024-05-09]. https://www.archdaily.cn/cn/914112/adjing-dian-xin-de-guo-guo-hui-da-sha-fu-si-te-jian-zhu-shi-wu-suo?ad_source=search&ad_medium=projects_tab.

图5　童明. 学院传统与专业因素——关于杨廷宝先生的建筑设计研究[J]. 建筑学报, 2021（10）: 78-89.

图6　范路, 李东, 易娜, 崔愷. "转盘子"与"提问"式设计方法——建筑师崔愷访谈[J]. 建筑师, 2006（2）: 150-157.

图7　内蒙古工大建筑设计有限责任公司 提供

图8　吕昱达 摄

图9　赵崇新. 1933老场坊改造[J]. 建筑创作, 2008（3）: 50-57.

图10　三里屯CHAO巢酒店更新改造[EB/OL].（2018-08-17）[2024-02-05]. https://www.gooood.cn/chao-hotel-beijing-in-a-new-cloak-china-by-gmp.htm.

图11　吕昱达 摄

图12　谢振宇. 价值的挖掘和提升 同济"一·二九"教学楼改建同济大学博物馆的设计体验[J]. 时代建筑, 2014（02）: 104-113.

图13　内蒙古工大建筑设计有限责任公司 提供

图14　张雷联合建筑事务所 提供

图15　天然气厂公寓大楼-贮气罐B[EB/OL].（2022-09-05）[2024-02-05]. https://www.gooood.cn/apartment-building-gasometer-b-vienna-austria-by-coop-himmelb-l-au.htm.

图16　圣拉斐尔医院-新外科和急诊中心[EB/OL].（2022-05-09）[2024-02-05]. https://www.gooood.cn/san-raffaele-hospital-new-surgical-and-emergency-pole-by-mario-cucinella-architects.htm.

图17　kHaus–Kaserne军营主楼改造设计[EB/OL].（2022-09-05）[2024-02-05]. https://www.gooood.cn/khaus-basel-focketyn-del-rio-studio.htm.

图18　大连三十七相[EB/OL].（2022-10-19）[2024-02-05]. https://www.gooood.cn/dalian-37-xiang-china-by-uua.htm.

图19　韩林飞, 张凯琦. 传统中的现代——圣彼得堡总参谋部东翼建筑改造与空间利用[J]. 建筑遗产, 2022（2）: 138-146.

图20　木构模块化建筑-伊萨尔爱乐音乐厅[EB/OL].（2021-10-09）[2024-02-05]. https://www.gooood.cn/isarphilharmonie-concert-hall-completed-in-timber-module-construction-by-gmp.htm.

图21　中国建筑设计研究院有限公司 提供

图22　天然气厂公寓大楼-贮气罐B[EB/OL].（2022-09-05）[2024-02-05]. https://www.gooood.cn/apartment-building-gasometer-b-vienna-austria-by-coop-himmelb-l-au.htm.

图23　巴塞尔SBB火车站改造与扩建[EB/OL].（2018-09-26）[2024-02-05]. https://www.gooood.cn/basel-sbb-railway-station-by-cruz-y-ortiz-arquitectos.htm.

贰

A1-01

案例一　张广源 摄

A1-01

案例二　上海霞飞织带有限公司厂房改造/同一建筑设计事务所[EB/OL].（2021-03-16）[2024-03-20]. https://www.gooood.cnfactory-renovation-of-shanghai-xiafei-ribbon-co-ltd-china-by-tongyi-architects.htm.

A1-02　中国建筑设计研究院有限公司 提供

A1-03　都市立体公共空间“宫下公园”，东京/株式会社日建设计[EB/OL].（2021-04-27）[2024-03-20]. https://www.gooood.cn/miyashita-park-by-nikken-sekkei-ltd.htm.

A2-01　张广源 摄

A2-02　GES 2美术馆，莫斯科/Renzo Piano Building Workshop[EB/OL].（2021-12-21）[2024-03-20]. https://www.gooood.cn/ges-2-renzo-piano-building-workshop.htm.

A2-03

案例一　桐乡东浜头村双创客厅改造/严旸建筑[EB/OL].（2021-10-21）[2024-03-20]. https://www.archdaily.cn/cn/970579/tong-xiang-dong-bang-tou-cun-shuang-chuang-ke-ting-gai-zao-yan-yang-jian-zhu?ad_source=search&ad_medium=projects_tab.

A2-03

案例二　长春万科蓝山社区街头公园/派澜设计[EB/OL].（2019-12-11）[2024-03-20]. https://www.gooood.cn/vanke-lanshan-community-pocket-park-china-by-partner-design-studio.htm.

A2-04

案例一　张广源 摄

A2-04

案例二　高凡，傅晓铭 摄

A3-01　张广源 摄

A3-02

案例一　隈研吾建筑都市设计事务所官方网站

A3-02

案例二　内蒙古工大建筑设计有限责任公司 提供

A3-03

案例一　中国建筑设计研究院有限公司 提供

A3-03

案例二　内蒙古工大建筑设计有限责任公司 提供

A3-03

案例三　humanzhang.photo.pconline.com.cn

A3-04

案例一　上海当代艺术博物馆，上海/同济原作设计工作室[EB/OL].（2012-11-05）[2024-03-20]. https://www.gooood.cn/power-station-of-art-shanghai-by-original-design-studio.htm.

A3-04

案例二　日常项目深度报道：龙美术馆（西岸馆）/大舍[EB/OL].（2014-09-22）[2024-03-20]. https://www.gooood.cnlong-museum-west-bund-deshaus.htm.

A3-04

案例三　内蒙古工大建筑设计有限责任公司 提供

B1-01

案例一　桐乡东浜头村双创客厅改造/严旸建筑[EB/OL].（2021-10-21）[2024-03-20]. https://www.archdaily.cn/cn/970579/tong-xiang-dong-bang-tou-cun-shuang-chuang-ke-ting-gai-zao-yan-yang-jian-zhu?ad_source=search&ad_medium=projects_tab.

B1-01

案例二　上海武夷320城市更新项目/同济原作设计工作室[EB/OL].（2022-06-07）[2024-03-20]. https://www.gooood.cn/the-urban-renewal-of-320-wuyi-road-in-shanghai-original-design-studio-tjad.htm.

B1-02

案例一　中国建筑设计研究院有限公司 提供

B1-02

案例二　中国建筑设计研究院有限公司 提供

B1-03

案例一　时代文仓 – 沈阳东贸库2#库改造/都市实践[EB/OL].（2022-01-21）[2024-03-20]. https://www.gooood.cn/revitalization-of-shenyang-dongmaoku-no-2-warehouse-by-urbanus.htm.

B1-03

案例二　先锋云夕图书馆，浙江桐庐/张雷联合建筑事务所[EB/OL].（2017-10-20）[2024-03-20]. https://www.gooood.cn/librairie-avant-garde-ruralation-library-in-zhejiang-china-by-azl-architects.htm.

B2-01　内蒙古工大建筑设计有限责任公司 提供

B2-02　原作设计工作室 提供

C1-01

案例一　中国建筑设计研究院有限公司 提供

C1-01

案例二　灰仓美术馆，上海/同济原作设计工作室[EB/OL].（2020-08-25）[2024-03-20]. https://www.gooood.cnash-gallery-original-design-studio.htm.

C1-02

案例一　内蒙古工大建筑设计有限责任公司 提供

C1-02

案例二　Tank Shanghai, China by OPEN Architecture[EB/OL].（2020-03-10）[2024-03-20]. https://www.gooood.cntank-shanghai-china-by-open-architecture.htm.

C1-03

案例一　中国建筑设计研究院有限公司 提供

C1-03

案例二　Renovation of 80,000-ton silos on Minsheng Wharf, China by Atelier Deshaus[EB/OL].（2018-01-16）[2024-03-20]. https://www.gooood.cnrenovation-of-80000-ton-silos-on-minsheng-wharf-china-by-atelier-deshaus.htm.

C1-04

案例一　Shanghai Shimao Festival City Renovation, China by Kokaistudios[EB/OL].（2019-04-09）[2024-03-20]. https://www.gooood.cn/shanghai-shimao-festival-city-renovation-china-by-kokaistudios.htm.

C1-04

案例二　No.150 Chengfu Road, China by URBANUS[EB/OL].（2021-12-29）[2024-03-20]. https://www.gooood.cn/no-150-chengfu-road-china-by-urbanus.htm.

C2-01

案例一　内蒙古工大建筑设计有限责任公司 提供

C2-01

案例二　内蒙古工大建筑设计有限责任公司 提供

C2-02

案例一　中国建筑设计研究院有限公司 提供

C2-02

案例二　零舍，大兴近零能耗乡居改造/天津市天友建筑设计[EB/OL].（2020-05-13）[2024-03-20]. https://www.archdaily.cn/cn/939405/ling-she-da-xing-jin-ling-neng-hao-xiang-ju-gai-zao-tian-jin-shi-tian-you-jian-zhu-she-ji.

C2-03

案例一　Shanghai Kailong Jiajie Plaza Transformation, China by AIM[EB/OL].（2021-08-31）[2024-03-20]. https://www.gooood.cnshanghai-kailong-jiajie-plaza-transformation-by-aim.htm.

C2-03

案例三　中国建筑设计研究院有限公司 提供

C2-04

案例一　中国建筑设计研究院有限公司 提供

C2-04

案例二　The Podium opens, allowing the public to visit the roof of Het Nieuwe Instituut[EB/OL].（2022-06-02）[2024-03-20]. httpswww.gooood.cnthe-podium-opens-allowing-the-public-to-visit-the-roof-of-het-nieuwe-instituut.htm.

C3-01　原作设计工作室 提供

C3-02

案例一　中国建筑设计研究院有限公司 提供

C3-02

案例二　Gare Maritime by Neutelings Riedijk Architects[EB/OL].（2020-10-21）[2024-03-20]. https://www.gooood.cngare-maritime-neutelings-riedijk-architects.htm.

C3-03

案例一　Redevelopment of Vanke Times Center in Beijing, China by Schmidt Hammer Lassen Architects[EB/OL].（2018-08-29）[2024-03-20]. https://www.gooood.cnredevelopment-of-vanke-times-center-in-beijing-china-by-schmidt-hammer-lassen-architects.htm.

C3-03

案例二　Zeitz MOCAA by Heatherwick studio[EB/OL].（2017-09-25）[2024-03-20]. https://www.gooood.cnzeitz-mocaa-by-heatherwick-studio.htm.

C3-03

案例三　Shenyao Art Centre (Phase I), China by Atelier Liu Yuyang Architects[EB/OL].（2019-04-12）[2024-03-20]. https://www.gooood.cn/shenyao-art-centre-phase-i-china-by-atelier-liu-yuyang-architects.htm

C3-04

案例一　Artist studio conversion, London by VATRAA[EB/OL].（2022-06-08）[2024-03-20]. https://www.gooood.cnartist-studio-conversion-london-by-vatraa.htm

C3-04

案例二　经典再读208 | 卢浮宫扩建：玻璃金字塔革命[EB/OL].（2023-12-04）[2024-03-20]. https://www.archiposition.com/items/27f19a5968

C3-04

案例三　Fernando Alda 摄

C3-05

案例一　内蒙古工大建筑设计有限责任公司 提供

C3-05

案例二　PIFO GALLERY Renovation, Beijing, China by ARCHSTUDIO[EB/OL].（2022-06-16）[2024-03-20]. https://www.gooood.cnpifo-gallery-renovation-archstudio.htm.

C4-01　中国建筑设计研究院有限公司 提供

C4-02

案例一　中国建筑设计研究院有限公司 提供

C4-02

案例二　Gare Maritime by Neutelings Riedijk Architects[EB/OL].（2020-10-21）[2024-03-20]. https://www.gooood.cngare-maritime-neutelings-riedijk-architects.htm.

C4-03　中国建筑设计研究院有限公司 提供

D1-01

案例一　Idea Factory in Nantou Old Town, Shenzhen by MVRDV[EB/OL].（2021-11-29）[2024-03-20]. https://www.gooood.cnmvrdv-transforms-disused-industrial-building-into-a-creative-factory-with-a-green-public-roof-in-shenzhen.htm.

D1-01

案例二　Co-build Roof Garden "Green Cloud Garden", China by 11ARCHITECTURE[EB/OL].（2022-03-10）[2024-03-20]. https://www.gooood.cn/co-build-roof-garden-green-cloud-garden-china-by-11architecture.htm.

D1-02　Topic: Quanzhi Technology Innovation Park Renovation[EB/OL].（2020-06-16）[2024-03-20]. https://www.gooood.cn/topic-quanzhi-technology-innovation-park-renovation.htm.

D1-03　中国建筑设计研究院有限公司 提供

D1-04　中国建筑设计研究院有限公司 提供

D1-05　上海霞飞织带有限公司厂房改造/同一建筑设计事务所[EB/OL].（2021-03-16）[2024-03-20]. https://www.gooood.cnfactory-renovation-of-shanghai-xiafei-ribbon-co-ltd-china-by-tongyi-architects.htm.

D1-06　BIG建筑事务所官方网站

D2-01

案例一　筑境设计 提供

D2-01

案例二　M WOODS Art Community Renovation, China by B.L.U.E. Architecture Studio[EB/OL].（2020-04-02）[2024-02-05]. https://www.gooood.cnm-woods-art-community-renovation-blue-architecture-studio.htm.

D2-02　三里屯CHAO巢酒店更新改造[EB/OL].（2018-08-17）[2024-02-05]. https://www.gooood.cn/chao-hotel-beijing-in-a-new-cloak-china-by-gmp.htm.

D2-03　中国建筑设计研究院有限公司 提供

D2-04　中国建筑设计研究院有限公司 提供

D2-05　中国建筑设计研究院有限公司 提供

D3-01

案例一　Beijing Cultural Innovation Park In China New Media Development Zone by COBBLESTONE[EB/OL].（2018-12-13）[2024-02-05]. https://www.gooood.cnbeijing-cultural-innovation-park-in-china-new-media-development-zone-cobblestone.htm.

D3-01

案例二　Dorshada Resort Renovation by ACA ARCHITECTS[EB/OL].（2020-07-17）[2024-02-05]. https://www.gooood.cndorshada-resort-renovation-by-aca-architects.htm.

D3-02　原作设计工作室

D3-03　中国建筑设计研究院有限公司 提供

D3-04

案例一　建筑工业养老金基金会扩建[EB/OL].（2006-04-25）[2024-02-05]. https://bbs.zhulong.com/101010_group_201803/detail10002856/

D3-04

案例二　Life cycle energy savings in office building[EB/OL].(2001-08-16))[2024-04-15].http://ibse.hk/sbe/case_study/case/jap/Earthport/index.html.

D3-05　中国建筑设计研究院有限公司 提供

叁

E1-01

案例一　趣城工作室 提供

E1-01

案例二　深圳南头古城"if工厂"[EB/OL].（2021-11-29）[2024-02-05]. https://www.gooood.cn/mvrdv-transforms-disused-industrial-building-into-a-creative-factory-with-a-green-public-roof-in-shenzhen.htm.

E1-02　德国科伦巴博物馆[EB/OL].（2019-07-26）[2024-02-05]. https://www.archdaily.cn/cn/921728/de-guo-ke-lun-ba-bo-wu-guan-bi-de-star-zu-mu-tuo?ad_source=search&ad_medium=projects_tab.

E1-03　西安大华1935：纱厂厂房及生产辅房改造[EB/OL].（2018-02-27）[2024-02-05]. https://www.archdaily.cn/cn/889763/xi-an-da-hua-sha-han-han-fang-ji-sheng-chan-fu-fang-gai-zao-zhong-guo-jian-zhu-she-ji-yuan-ben-tu-she-ji-yan-jiu-zhong-xin?ad_source=search&ad_medium=projects_tab.

E1-04　里卡多·波菲尔“水泥工厂工作室”室内现状大曝光[EB/OL].（2018-03-07）[2024-02-05]. https://www.archdaily.cn/cn/890140/tou-guo-marc-goodwinde-jing-tou-xin-shang-li-qia-duo-star-bo-fei-er-gai-zao-de-shui-ni-gong-han-gong-zuo-shi?ad_source=search&ad_medium=search_result_articles.

E1-05　景德镇丙丁柴窑[EB/OL].（2019-06-04）[2024-02-05]. https://www.archdaily.cn/cn/918363/jing-de-zhen-bing-ding-chai-yao-zhang-lei-lian-he-jian-zhu-shi-wu-suo?ad_source=search&ad_medium=projects_tab.

E1-06　南开大学海冰楼[EB/OL].（2019-10-24）[2024-02-05]. https://www.archdaily.cn/cn/926968/nan-kai-da-xue-hai-bing-lou-zhi-xiang-jian-zhu?ad_source=search&ad_medium=projects_tab.

E1-07　经典再读17 | 哥德堡法院扩建：瑞典式优雅[EB/OL].（2019-02-27）[2024-02-05]. https://www.archiposition.com/items/20190226010720

E2-01 案例一　赫尔佐格和德梅隆建筑事务所官方网站

E2-01 案例二　哈佛艺术博物馆改扩建工程[EB/OL].（2015-07-01）[2024-02-05]. https://www.gooood.cn/harvard-art-museums.htm.

E2-02　内蒙古工大建筑设计有限责任公司 提供

E2-03　Lens 北京总部 [EB/OL].（2018-05-09）[2024-02-05]. https://www.gooood.cn/lens-office-beijing-by-hua-li-tao-trace-architecture-office.htm.

E2-04　德累斯顿军事历史博物馆[EB/OL].（2022-06-13）[2024-02-05]. https://www.gooood.cn/dresden-museum-of-military-history-by-studio-libeskind.htm.

E2-05　刘克成. 贾平凹文学艺术馆，西安，陕西，中国[J]. 世界建筑，2014（12）：76-79.
贾平凹文学艺术[EB/OL].（2017-10-23）[2024-02-05]. https://sie.xauat.edu.cn/xzjd1/xszy1/jpawxysg.htm.

E2-06　赫尔佐格和德梅隆建筑事务所官方网站

E2-07　朱培建筑设计事务所 提供

F1-01 案例一　内蒙古工大建筑设计有限责任公司 提供

F1-01 案例二　时代文仓 - 沈阳东贸库2#库改造[EB/OL].（2022-01-21）[2024-02-05]. https://www.gooood.cn/revitalization-of-shenyang-dongmaoku-no-2-warehouse-by-urbanus.htm.

F1-02　趣城工作室 提供

F1-03　内蒙古工大建筑设计有限责任公司 提供

F1-04　混合宅[EB/OL].（2022-08-08）[2024-02-05]. https://www.gooood.cn/mixed-house-china-by-archstudio.htm.

F1-05　内蒙古工大建筑设计有限责任公司 提供

F2-01 案例一　URBANUS都市实践 提供

F2-01 案例二　URBANUS都市实践 提供

F2-02　先锋汤山矿坑书店[EB/OL].（2021-09-24）[2024-02-05]. https://www.gooood.cn/tangshan-mine-bookstore-of-librairie-avant-grade-china-by-seu-arch-artzen-architects.htm.

F2-03 先锋厦地水田书店[EB/OL].(2020-01-13)[2024-02-05]. https://www.gooood.cn/xiadi-paddy-field-bookstore-of-librairie-avant-garde-china-by-tao.htm.

F2-04 绿之丘[EB/OL].(2020-04-15)[2024-02-05]. https://www.gooood.cn/green-hill-regeneration-of-no-1500-yang-shupu-rd-yangpu-district-shanghai-china-by-tjadoriginal-design-studio.htm.

F2-05 Gammel Hellerup高中扩建项目[EB/OL].(2015-05-13)[2024-02-05]. https://www.gooood.cn/expansion-gl-hellerup-by-big.htm.

G1-01 案例一 胡军 摄

G1-01 案例二 张超建筑摄影工作室 提供

G1-02 内蒙古工大建筑设计有限责任公司 提供

G1-03 朱思宇 摄

G1-04 Hiroshi Ueda 摄

G1-05 陈颢 摄

G1-06 卡斯蒂略代拉卢斯博物馆[EB/OL].(2015-04-24)[2024-02-05]. https://www.gooood.cn/castillo-de-la-luz-museum.htm.

G1-07 Fernando Alda 摄

G1-08 艺术家工作室改造[EB/OL].(2022-06-08)[2024-02-05]. https://www.gooood.cn/artist-studio-conversion-london-by-vatraa.htm.

G1-09 胡彦昀 摄

G2-01 斯蒂文・霍尔建筑事务所官方网站

G2-02 北京花木公司办公楼改造[EB/OL].(2021-04-16)[2024-02-05]. https://www.gooood.cn/renovation-of-office-building-of-beijing-florascape-by-mochen-architects-engineers.htm.

G2-03 SCARPA C: Furnishings[M]//CO F D, MAZZARIOL G. Carlo Scarpa:The Complete Works.Electa/Rizzoli.1984.

G2-04 Duccio Malagamba 摄

G2-05 Marco Introini 摄

G2-06 赫尔佐格和德梅隆建筑事务所官方网站

G2-07 David Sundberg, Steven Holl, Andy Ryan, Paul Warchol 摄

G2-08 里伯斯金工作室官方网站

G2-09 斯蒂文・霍尔建筑事务所官方网站

G2-10 Ezio Zupelli 摄

H1-01 案例一 伦佐・皮亚诺建筑工作室官方网站

H1-01 案例二 赫尔佐格和德梅隆建筑事务所官方网站

H1-02 案例一 CreatAR Images 摄

H1-02 案例二 中国建筑设计研究院有限公司 提供

H1-03 Andrés Villota Pelusa 摄

H1-04 内蒙古工大建筑设计有限责任公司 提供

H1-05 案例一 直向建筑设计事务所 提供

H1-05 案例二 存在建筑Arch-Exist 摄

H2-01 案例一 经典再读147 | 耶鲁大学美术馆：路易斯・康的第一座美术馆[EB/OL].(2022-06-30)[2024-02-05]. https://www.archiposition.com/items/a06564ad7c.

H2-01 案例二 中国建筑设计研究院有限公司 提供

H2-02 案例一 Coal Drops Yard购物中心[EB/OL].(2018-10-31)[2024-02-05]. https://www.gooood.cn/coal-drops-yard-by-heatherwick-studio.htm.

H2-02	
案例二	龙美术馆西岸馆[EB/OL].（2015-12-02）[2024-02-05]. https://www.archdaily.cn/cn/778009/long-mei-zhu-guan-xi-an-guan-da-she-jian-zhu.
H2-03	胡越工作室 提供
H2-04	Sebastian van Damme，Dominique Panhuysen 摄
H2-05	
案例一	胡越工作室 提供
H2-05	
案例二	Handelszentrum16号仓库改造[EB/OL].（2022-06-08）[2024-02-05]. https://www.gooood.cn/handelszentrum-16-by-smartvoll-architekten.htm.

肆

文里·松阳三庙文化交流中心，138页图1～图3.139页图2、图5，140页第4张图，141页第2、4张图	文里·松阳三庙文化交流中心[EB/OL].（2020-09-03）[2024-02-05]. https://www.gooood.cn/culture-neighborhood-songyang-three-temple-cultural-communication-center-china-by-jiakun-architects.htm.
沙井村民大厅237页图3，238页第3张图、239页第3、5张图	沙井村民大厅（蚝乡湖文创馆）[EB/OL].（2021-12-17）[2024-02-05]. https://www.gooood.cn/shajing-village-hall-arcity-office.htm.

注：未注明来源者，均为作者自绘或自摄。改造案例与策略统合部分（肆）未单独说明的，其案例及照片由各设计单位提供，版权归各设计单位所有。

后 记

总能听到设计师说现在的新项目越来越少、做好项目越来越难，好像除了以往那些大规模的新房子，不知道身边能设计什么，也不知未来该如何期待。诚然，中国大量的当代城市都逐渐进入了一个新的阶段，快速发展的大潮开始平息，虽然新的建设慢慢趋于饱和，但旧的存留却大量亟待更新。我们似乎要重新审视周边的环境和设计的方向。

国家层面在大力推动绿色低碳的发展，科技进步也呼唤着技术的更迭，人们更是在不断追求着生活的新活力，城市如何实现更加有机的更新开始成为时代的主题。大量的建筑实体远没有达到其使用寿命，却因为功能、性能、体验等的缺失而丧失了内在的生命力。我们该以何种态度面对这些既有建筑？我们又该以何种策略去应对？是要大拆大建，还是要针灸微创？是头疼医头，还是系统诊断？手法的轻重与否、策略的巧妙与否都决定了最终效果的良莠。建筑师们在实践中不断地尝试与验证着。

基于共同的价值导向和多年改造设计的实践，在张鹏举老师的倡导下，我们共同展开了对“建筑改造设计策略”的研究。希望这本书能在存量建筑的改造中找到方向，明晰路径，梳理策略；也希望这本书不仅仅是价值理念的宣讲，还能像一本手册一样，伴随着建筑师去面对纷繁复杂的既有建筑改造的全过程，在不同的情境中找到最有效的方法。

近三年的编写工作汇聚了众多人大量的努力与付出。张鹏举老师对方向的把控、要点的提炼、细节的梳理及精准的判断都体现出来建筑大师深厚的专业学识和丰富的实践经验，让整个团队都受益良多。内蒙古工业大学的老师与学生投入了大量的热情并取得了丰富的成果，我也有幸带领中国建筑设计研究院绿色建筑设计研究院的同事们参与了其中的编写、绘制与案例的梳理工作。很多建筑师在紧张的设计工作之余还能积极投入、认真总结，真是难能可贵，想必也是收获满满。大家在众多建筑改造的案例中搜寻，又从200多个国内外精选案例里去提炼有效的设计策略，这个过程确实不易，感谢团队成员们为之投入的热情与艰辛的付出。

其中，吕昱达主要执笔壹和肆5个案例；徐风、严冰清、王凡、赵晨伊、吕蕊与韩玲共同执笔贰；张舒菡主要执笔叁E部分和肆2个案例；王帅主要执笔叁F部分和肆3个案例；刘摇、徐永红、夏子惠分别执笔叁G1、G2、H部分；徐常毓与严冰清共同执笔肆10个案例。另外，张鹏举老师重点对壹、叁，我重点对贰进行策划和审校，并共同完成肆案例的策划、审校工作。所有参与的同志既有分工、又有合作，共同探讨、分别深入，让编写的过程愉快而充满收获。

整个编写过程还获得多方的悉心指导。感谢崔愷院士由始至终的支持，给予编写团队方向的指引与大量细致的建议，让这本书能有针对性地去挖掘当下实践的痛点，形成切实可行的设计策略，脚踏实地地解决问题。感谢中国建筑工业出版社的徐冉主任、刘静编辑的全过程参与，在定位、体系、效果等多方面精心把控，让这本书能够在行业书籍中更具有学术和实战的价值。感谢提供详细案例的崔愷院士、李兴钢院士、张杰大师、韩冬青大师、胡越大师、刘家坤、刘克成、柳亦春、章明、董功、王辉、朱锫、张雷、柴培根、赖军、薄宏涛、李立、张宇星等各位知名建筑师，他们通过优秀的实践去印证其创作的价值理念，也进一步展现了精准有效的设计策略在建筑改造中的魅力。

“改”是为了使用的变换与场景的更新，巧妙的改变更迭了腐朽，延续了建筑内在的生命力；“造”则表达了人们对未来工作与生活的向往，去积极地创造，迎接一个更加多元、创新、绿意的未来。改造的过程其实更需要建筑师的智慧，我们期待优秀的设计策略可以整合众多要素，在功能、性能、观感中找到最佳的结合点；我们也期待更好的改造带给人们更加绿色、健康的体验，让生活更丰富，对未来更有信心。

建筑改造的外延其实涵盖方方面面的细节，一本书总是不够收纳，但策略的梳理让我们更加坚定信念，找到方向，也将更好的方法留给了未来的实践，希望这本书能不断地完善，逐渐地生长！期待还在前方！

刘恒

2023年秋